测绘地理信息科技出版资金资助

GNSS 监测地壳形变理论与方法

Theory and Method for Monitoring Crustal Deformation Signals Using GNSS

徐克科　著

U0276071

测绘出版社

·北京·

内容简介

本书系统介绍了利用 GNSS 监测地壳形变的理论与方法,主要包括 GNSS 地壳形变数据高精度处理、地壳形变信息提取和断层滑动时空反演三部分。本书从 GNSS 数据质量评估、基线解算等方面介绍了 GNSS 地壳形变数据高精度处理策略与精度评定,并提出了融合 GNSS、InSAR 数据与断层位错模型方向信息为约束重建三维形变场的新方法等内容。本书以地表形变检测与断层滑移反演为一体,构建了基于 GNSS 主成分和卡尔曼滤波的断层滑动时空反演模型,获取了断层破裂时的形变时空分布及其演变特征。

本书可作为高等院校大地测量学与测量工程专业、固体地球物理专业等高年级的选修教材,或作为地球物理大地测量课程的研究生教材与参考用书,也可供 GNSS 大地测量与地壳形变研究学者参考。

图书在版编目(CIP)数据

GNSS 监测地壳形变理论与方法/徐克科著. — 北京:
测绘出版社,2019.10
ISBN 978-7-5030-4265-2

Ⅰ. ①G… Ⅱ. ①徐… Ⅲ. ①卫星导航－全球定位系统－卫星监测－评估方法 Ⅳ. ①P228.4

中国版本图书馆 CIP 数据核字(2019)第 214034 号

责任编辑 李伟	执行编辑 侯杨杨	责任校对 石书贤	责任印制 吴芸

出版发行	测绘出版社	电　话	010－83543965(发行部)
地　址	北京市西城区三里河路 50 号		010－68531609(门市部)
邮政编码	100045		010－68531363(编辑部)
电子信箱	smp@sinomaps.com	网　址	www.chinasmp.com
印　刷	北京建筑工业印刷厂	经　销	新华书店
成品规格	169mm×239mm		
印　张	13	字　数	254 千字
版　次	2019 年 10 月第 1 版	印　次	2019 年 10 月第 1 次印刷
印　数	001－800	定　价	86.00 元
书　号	ISBN 978-7-5030-4265-2		

本书如有印装质量问题,请与我社门市部联系调换。

前　言

我国是世界上地质灾害最为严重的国家之一,开展对地震、滑坡、崩塌、泥石流、地面沉降和地裂缝等地质自然灾害的异常监测,掌握不同地质现象和地质灾害的变形规律和特征,从而实现对地质灾害的危险性评价和预警,尤为必要和迫切。尤其,我国位于世界两大地震带——环太平洋地震带与欧亚地震带之间,受太平洋板块、印度板块和菲律宾海板块的挤压,地震断裂带十分活跃。有关研究表明,地震的孕震是一个长期、复杂、缓慢的过程,地震发生时断层破裂所释放的能量只是其中一部分,有很大一部分能量在常规地震前后,以无震蠕滑的形式释放,监测地壳运动异常形变信息对于地震危险性评估、探索孕震机制具有重要的理论意义和应用价值。

随着全球导航卫星系统(GNSS)监测网络的加密布设和持续观测,得到的结果不再仅仅是离散分布的两期观测处理后的位移,而是一个在时间上和空间上分布越来越密集的坐标变化时空序列。至今,中国大陆构造环境监测网络,简称陆态网络,已经拥有约 2 260 个 GNSS 观测站将近 20 年的观测数据。有了这些丰富的GNSS 资料的支撑,就可能从中挖掘出更有价值的地壳运动信息。本书基于GNSS 卫星大地测量技术与现代测量数据处理理论,利用日益丰富的 GNSS 时空观测数据,分为 GNSS 地壳形变数据高精度处理、地壳形变信息提取和断层滑动时空反演三个部分,从 GNSS 地壳形变数据高精度处理、全球板块运动模型建立与板块欧拉参数估计、GNSS 多尺度速度场与应变场的球面小波估计、区域 GNSS网时空滤波与地壳运动微动态形变异常检测(包括震间瞬态蠕滑信息检测、震后余滑、震前形变)、GNSS 约束下的活动断层滑移时空反演、高频 GNSS 形变监测模型构建及预警、融合 GNSS 与合成孔径雷达(InSAR)观测重建三维形变场等七个方面研究了一套利用 GNSS 监测地壳形变的理论与方法,旨在从庞大的 GNSS 观测网络位移时空序列中快速检测地壳形变异常信息,揭示其时空分布与演变特征,为研究地壳应变积累与能量释放过程、地球动力学机制提供重要的科学依据。

高精度数据处理是地壳形变分析的重要前提。本书从 GNSS 观测数据质量评估、基线解算、网平差、坐标时序分析、速度估计模型、高频单历元和精度评定等方面重点探讨了 GNSS 地壳形变观测数据高精度处理策略。详细推导了 GNSS测站运动速度估计的四种模型,即法方程重构模型、基线向量最小二乘综合模型、基线向量卡尔曼滤波模型和坐标时序拟合模型。对于前三种模型,考虑了测站坐标、速度、年、半年周期项同时作为参数,并引入适当的起算数据,通过参数估计的方法在进行网平差的同时一并求解各测站的坐标和运动速度。对于坐标时序拟合模型,考虑了白噪声和幂律噪声,并分析了区域测站年周期项的相位和幅度,得出了区域年周期项振幅与相位具有空间分布一致性的特点。利用这些速度估计模型对川滇地区 2010—2014 年陆态网络 GNSS 数据进行了解算与对比分析,三种模型所解算的测站运动速度差值基本都小于 1 mm/a,验证了这些速度估计模型的可靠性。

为便于分析区域地壳形变的细节特征,提出了基于统计假设检验和稳健估计的全球板块运动模型构建方法。建立了现今全球板块运动模型,估计了板块运动的欧拉参数,与先前模型 ITRF96VEL、ITRF97VEL、ITRF2000VEL 相比,具有较好的一致性。并建立了相对欧亚板块的中国大陆地壳运动速度场,分析了中国大陆现今地壳形变特征。

面对复杂的板内孕震构造环境,提出了 GNSS 多尺度应变场和速度场估计理论。利用球面小波将交织在一起的 GNSS 观测信号分解成多种尺度成分,基于球面小波,构建了 GNSS 多尺度速度场和应变场的估计模型。详细推导了两种球面小波,即高斯差分小波和泊松小波函数式;根据不同的形变特征,探讨了小波位置和尺度的确定问题。通过负位错模型进行了球面小波多尺度应变场检测地壳形变的试验,得出了不同空间影响的地壳形变会在相应尺度的应变场中得以体现,小尺度应变场有检测区域地壳形变局部细节特征的优势。利用陆态网络 2009—2011 年的共 1 970 个 GNSS 测站的观测数据构建了我国大陆多尺度应变场,揭示了不同空间尺度下发生的地壳形变特征及时空分布。

以活动断层为研究对象,基于卡尔曼滤波和主成分时空分析,集时空滤波与断层蠕滑形变检测于一体,研究了检测瞬态无震蠕滑时空分布及滑移特征的理论方法。通过模拟试验和实际案例进行了验证与分析。结果表明,该方法可进一步提高数据时空信噪比,并清晰检测到了卡斯凯迪亚(Cascadia)地区 2007 年与 2008 年发生的两次慢地震事件,分析其滑移特征与有关文献研究结果一致。通过对滇西地震活跃区域 2011—2013 年陆态网络 GNSS 连续站数据的处理,分析发现了期间有微弱的震后余滑信息,主要表现在澜沧江断裂、红河断裂和小江断裂的南段。其时空分布与 2011 年缅甸 Mw 7.2 级地震相对应。结合其他学者研究综合判断,2011—2013 年期间云南地区的断层活动可能与缅甸地震带有着密切的关系。

提出了基于 GNSS 基线解算的平面应变和基于 GNSS 网形变化的微形变异

常提取方法,发现了断层"亚失稳阶段"应变的变化过程。针对 2013 年芦山 Ms7.0 级地震和日本近年来发生的四次大地震,提取并分析了对应地震前后近场区域地壳形变的动态演变过程及其时空分布特征。均发现了在震前数月的时间内有不同程度的非正常趋势性偏离,震前有明显的闭锁状态和反向加速过程,整个变化曲线类似抛物线的弧形,可概括为均匀线性变化—加速—稳定闭锁—反向加速—发震—调整—恢复原线性变化,可解释为弹性阶段—强化阶段—局部变形—断裂阶段—调整阶段,与岩石力学形变理论相吻合。尤其发现了芦山地震震前第一剪切应变和角度的显著异常变化,推断发震断层南缘在这次地震活动中产生了强大的左旋剪切构造力,可能强化了此次地震的发生,与地应力资料分析结果相互吻合。

为揭示断层内部位错分布与破裂过程,开展了以地壳形变检测与断层滑移反演为一体的研究。构建了基于 GNSS 位移时空序列的主成分和基于 GNSS 网络卡尔曼滤波的无震蠕滑时空反演模型。通过主成分时空响应分析,得出了断层滑移类型及演变特征与地表位移主成分时空响应分布之间有着对应的关系。即由地表位移时间响应变化率可以判断断层滑移演化过程;由地表位移空间响应的梯度、方向和大小可以判断活动断层分布和滑移特征。大量模拟试验表明,当断层滑移引起的地表位移大小至少与白噪声水平相当,并且为有色噪声两倍时,通过地表位移主成分时空响应分析能够反映断层无震蠕滑时空分布特征。这为下一步进行断层参数反演提供了至关重要的先验信息和约束条件。在此基础上,通过反演模拟试验,分析了不同信噪比和不同台站分布密度情况下的断层滑移反演模型的反演效果,得出了正确反演断层滑移时空分布所需要的最低信噪比和最优的台站分布密度。以 2005 年印尼苏门答腊 Mw 8.6 级地震震后余滑和 2006 年墨西哥慢滑移事件为例,检测并反演了活动断层无震蠕滑的时空分布,揭示了断层的破裂过程与演变特征。

利用高频 GNSS 单历元动态定位结果,在有效消除多路径误差和测量噪声两大误差源后,提取的形变信息水平方向精度为 2 mm,垂直方向达 4 mm。在此基础上采用频谱分析,提取了长时间位移序列主成分,基于高阶谐函数,构建了变形体的实时动态监测模型,实现了变形体的异常行为的及时预警。通过相关试验表明,由两个月连续观测数据预测第三个月的位移变化,结果与实际观测位移值相比,水平方向误差优于 ±3 mm,垂直方向误差优于 ±7 mm。

针对 InSAR-LOS 一维形变存在方向模糊的问题,利用断层破裂所引起的地表形变具有高空间相关性的特点,其方向在一定范围内具有较强空间一致性的规律,以断裂位错模型的方向信息为约束,融合高精度的 GNSS 观测数据和高空间分辨率的 InSAR 数据,基于断层位错模型,重建了具有物理意义的地表三维形变场。以汶川地震为例,用该方法重建的三维形变场与 GNSS 实际观测、地质野外调查结果进行对比,吻合效果较好,变化趋势整体特征一致。重建的三维形变场相比位错模型直接正演的三维形变结果更加可靠地反映了特定方向的形变特征,为揭示大区域近、远场真实的三维形变特征提供了一个新方法。

本书是作者攻读博士学位期间及近年来主要研究成果的提炼与总结,绝大部分内容已发表在国内外的专业期刊上。在此期间,得到了同济大学伍吉仓教授和中国地震局地质研究所甘卫军研究员的指导及国家自然科学基金(No. 41774041,No. 41404023)、中国博士后科学基金资助项目(No. 2017M610954)和河南省高校青年骨干教师培养计划(No. 2016GGJS-041)的资助,在此一并表示感谢!

由于作者水平有限,错误和不足之处在所难免,恳请读者批评指导!

目　录

CONTENTS

第1章 绪 论

1.1 研究背景

1.1.1 地壳形变监测的重要性

人类生活在地球上,无时无刻不受到地壳运动的影响和束缚。地震灾害是地壳运动的主要表现形式,它直接威胁着人类的生命和安全。中国大陆处于全球地壳的特殊部位,受到南部印度板块向北东方向的强烈冲击和东部太平洋板块向西的俯冲,内部形变和各块体间的相互运动十分剧烈,显示出各种复杂的地壳形变特征,形成了地震多发地带。例如,川滇地区、青藏地区、新疆地区都是现今地壳运动的活跃地区。近年来,不断有地震发生,如 2008 年 5 月 12 日,我国四川汶川发生了 Ms 8.0 级地震,造成 69 227 人死亡,374 643 人受伤,17 923 人失踪;2010 年 4 月 14 日,我国青海玉树发生了 Ms 7.1 级地震,造成 2 698 人遇难;2011 年 3 月 11 日,日本东北部海域发生 Mw 9.0 级地震并引发海啸,造成 15 884 人遇难,2 633 人失踪,对我国东北地区产生了一定程度的影响(Cheng et al,2014)。2013 年 4 月 20 日我国四川雅安市芦山县发生了 Ms 7.0 级地震,造成 196 人死亡,21 人失踪,11 470 人受伤,受灾人口约 152 万,受灾面积约 12 500 平方千米。2015 年 4 月 25 日,尼泊尔(喜马拉雅山南缘)发生了 Ms 8.1 级地震,造成 6 659 人死亡、14 062 人受伤,我国西藏地区受到波及。每次地震的发生都给国民经济和人民生命财产带来巨大损失。近年来的地震频发也不断将地震预测预报问题推向了风口浪尖。尽管可以从大地测量、地球物理、地质构造和地震学等不同的学科来研究地震问题,但探索现代地壳形变稳态中的异常变化是进行地震预测预报工作的第一步。

根据弹性回跳理论,地震的发生是由于地壳中岩石发生了断裂错动,而岩石本身具有弹性,已经发生弹性变形的岩石在断裂发生错动时解除了其所受构造力而向相反的方向整体回跳,恢复到未变形前的状态,这种弹跳可以产生惊人的速度和力量,把长期积蓄的能量刹那间释放出来,造成地震。研究表明,地震的孕震过程是一个长期、复杂、缓慢的过程,地震发生时断层破裂所释放的能量只是其中一部分,很大一部分能量在常规地震前或后,以断层无震蠕滑或慢地震等微动态形变的形式释放(Wallace et al,2014)。无震蠕滑或慢地震是地震孕育过程中的一个重要组成部分,在地震成核中起着至关重要的作用。它通常是指在几个月到几年的时间尺度内缓慢发生有限的断层位移,但没有明显地震波信号的断层慢滑动事件。从空间尺度来说,它发生在一个特定的区域内,不同于分布在较大范围内的岩层蠕变(Fukuda et al,2014;Jolivet et al,2015)。由于板块表面深处的滑移事件在闭锁板块表面产生了应力积累,滑移事件可能触发一次破坏性地震。也就是说,阵发性慢地震的高发期可以产生一个地震的高发时段(Rogers et al,2003)。如果慢地震发生在原破裂附近,而无正常大地震发生的现象,地震的危险性将会降低,因为慢地震释放了累积的地应力或者能量;如果发生在断层的闭锁段,则发生大地震的可能性将会增加,因为这会造成断层闭锁段的解锁,断层之间的摩擦力突然减小,产生快速滑动甚至破裂。这对应于慢地震之后有正常地震的现象,或慢地震触发了正常地震的假说(Costello et al,1999)。发现这些蠕滑现象有极其重要性,因为它可能揭示更多的板块边界运动形式(Costello et al,1999;Segall et al,2006)。有关研究表明(Beroza et al,2011;Marsan et al,2013),发生在断层带深部的小地震和极小颤动地震可能就是由慢地震引起的,这种慢地震也许是在俯冲带发生震源比较浅、震级高、破坏力强的大地震的前兆,如 2004 年 12 月发生的尼亚斯地震。Peng等(2010)和 Ikari 等(2013)在《Nature Geoscience》发表文章称,慢地震和无震蠕滑会导致断层之间的摩擦力突然减小,产生快速滑动甚至破裂,可能触发一次破坏性地震。监测这些蠕滑过程能够为某些由蠕滑触发正常地震的地区提供可靠的地震预测依据。Kato 等(2012)在《Science》上发表文章指出,发现无震蠕滑现象可能有助于震源物理学的发展,或许能为前兆异常资料的解释提供一些新的模式,并证实了2011 年 3 月发生的日本东北太平洋近海地震之前存在无震蠕滑。Hirose 等(2014)研究了日本中部房总半岛附近的慢滑移事件的空间分布,发现这些慢滑移事件伴随着地震群每四到七年反复出现,暗示了房总慢滑移是地震发生的强大推动力量。

　　综上表明,活动断层微动态形变的识别和定位是探索地震物理机制的第一步,及时检测出地壳形变异常现象对于探索孕震机制及进行地震危险性评估具有重要的理论意义和应用价值。

1.1.2　GNSS 在地壳形变监测中的优势

　　研究地壳形变的技术手段主要包括地震学、地质学和大地测量学等。地震学是基于地震波,时间尺度为秒;而地质学是大空间范围内的百万年尺度的平均。两者之间的时间尺度相差极大,存在着一个很大的时间域空档,使得地壳形变研究在时间上不能实现连续,从而在地震预测中的作用大打折扣。常规大地测量只能测定各孤立点在某个时刻的运动,即无法给出远距离变形点之间的连续运动信息和大范围整体运动。而全球导航卫星系统(GNSS)具有全天时、全天候、高精度、高时空分辨率、观测点间不需要通视等优势,使得地壳形变监测的内容更加丰富,观测工作也更加灵活便利,弥补了常规大地测量手段的不足。而且,GNSS观测的时间尺度可以为每年、每天、每小时、每秒等高分辨率的动态时间间隔,正好填补了地震学和地质学这一时间域空档。GNSS技术将以百万年为时间尺度的现代地壳运动研究推进到以几年、几十年为时间尺度的现今地壳运动研究的新阶段。随着GNSS观测技术的发展和定位精度的不断提高,GNSS观测结果在地壳运动研究中的应用越来越广泛。GNSS可以直接测定板块边界和内部的区域性地壳形变,包括冰期后地壳回弹、地震事件等引起的形变,这是地质学方法难以做到的。GNSS不仅在监测全球性的板块运动方面,而且在监测区域性块体运动和块体内的地壳变形方面都具有广阔的应用前景。GNSS技术的出现使得建立高精度的现代地壳运动的次级板块定量模型和监测较短时间尺度的地壳形变成为可能(江在森 等,2012;赵国强 等,2013;丁开华 等,2013b;Mccaffrey et al,2013;Demir et al,2014;Qu et al,2014;Devachandra et al,2014)。GNSS在研究地壳形变方面的优势可归纳为以下四个方面:

(1)传统地震仪可以监视地震发生、记录地震波信号等相关信息。然而遇到强震时经常会超出记录量程,无法完整地记录地震波波形。而且通常需要积分完成震级和海啸高度位移量的计算,积分中因受仪器倾斜、旋转等因素影响会引入许多误差,难以获得准确的地壳形变信息。而利用高频GNSS数据实时精密单点定位技术(RTPPP)可实时获得同震时地表瞬时动态形变和地震波信号。采用单站独立测量模式,具有很好的定位灵活性。为地震三要素(发震时刻、震源位置和震级)的快速确定、地震快速响应及海啸预警提供更加丰富可靠的实时观测资料(Xu et al,2013;方荣新 等,2013)。

(2)利用GNSS长期观察数据能够获得相对于全球参考框架的高精度测站坐标时空序列和运动速度。可以纳入统一的参考框架,如国际地球参考框架ITRF2008。这样就使得各期观测的GNSS位置坐标有了可比性。同时,还可以利用GNSS构建板块或块体运动模型,获得扣除区域相对于板块或块体的刚性运动后的区域局部运动信息。此外,GNSS还可以解算得到测站间的基线长度和基线三分量(N、E、U向)的时间变化序列,用来反映站与站之间的高精度相对运动状态(上百千米范围内可以测量1 mm/a的水平方向变化,基线相对精度为$10^{-10} \sim 10^{-8}$)。

(3)利用GNSS构建地壳形变的运动学模型,获得区域应变参数,如最大和最小主应变、最大剪切应变,最大面膨胀、旋转率、弗兰克(Frank)第一和第二剪切应变等。用来定量研究活动板块或块体的活动方式和活动强度,从而更直观、更全面地认识地壳运动的形变特征及其与地震活动的关系(许才军 等,2014)。

(4)利用GNSS地表观测数据通过地球物理反演的方法获得断层位错模型运动参数和断层走滑、倾滑和张裂三维运动的滑移时空分布,用来分析发震断层机制及区域构造应力状况,研究活动断层破裂及扩展、特征断层演化、震后形变机制、大陆岩石圈内应变的吸收与调整和应力变化等地球动力学特征。

1.1.3　GNSS 地壳运动观测网络的建立

随着空间大地测量技术的发展,GNSS 地壳运动观测网络逐渐建立起来,可以获得连续的测站坐标时间序列数据,使得进行现今地壳运动与现今地球动力学研究成为可能,也为检测地壳运动微动态形变异常信息创造了条件。目前,很多国家已经围绕活动断层带布设了高密度的 GNSS 监测网。日本作为一个地震灾害频繁的国家,建立了由近 1 200 个固定 GNSS 观测站组成的日本地壳运动连续观测网络(GEONET),站间距为 15～30 km,这是目前世界上最大、最密集的用于地球科学研究的 GNSS 观测网络,大大加强了对日本列岛地壳运动和变形的监测。利用 GNSS 观测资料初步确立了由于太平洋与菲律宾海板块下插造成地壳形变的运动学模型,并在局部地区观测到了由于断层及岩浆活动造成的地表形变,为研究形变源的时空演化提供了重要的基础。美国的板块边界观测(PBO)计划拥有 875 个 GNSS 连续观测站,用来观测地壳长期大范围连续形变。在美国西部从阿拉斯加到加利福尼亚沿板块边界建立了多个永久台站与流动台站相结合的监测网,包括在加州南部由 250 个观测站组成的永久性密集网(Southern California Integrated Geodetic Network,SCIGN)等。这些台网产生的数据已服务于地震监测与科学研究,其中包括区域性中长期地震危险性估计,地壳结构、断层演化过程及地震破裂动力学过程研究等。

我国于 2007 年 9 月开始建设中国大陆构造环境监测网络(简称"陆态网络"),属于国家重大科技基础设施。陆态网络在中国大陆及周边地区形成由 260 个连续观测基准站和 2 000 个区域站(含一期网络工程——中国地壳运动观测网络已建的 1 000 个区域站)组成的观测网构架,它是一个基本覆盖整个中国大陆的高精度、高时空分辨率、自主研发的地壳运动观测网络,将与美国 PBO、日本 GEONET 并立,成为国际地球科学研究与发展的基础平台。1997—2000 年建设的中国地壳运动观测网络是以 GNSS 作为主要观测手段,覆盖范围广,测量精度高,有较高的分辨率,整个网络包含四个部分,基准网、基本网、区域网、数据传输与分析处理系统,如表 1.1 所示。

表 1.1　两期网络工程组成

项目名称	基准站	基本站	区域站	数据传输与分析处理系统
中国地壳运动观测网络	27 个	55 个	1 000 个	1 中心＋3 子系统
陆态网络	260 个 (新建:境内229＋境外4 个;改造:一期27 个)	—	2 000 个 (新建1 000 个)	1 中心＋5 子系统

基准网是中国地壳运动观测网络的基本框架,从 1999 年建成并开始观测,基本每天都有观测数据,有时会因更换仪器、仪器设备故障或人为因素丢失一段数据。但总的来说运行良好,数据质量较高。主要目的在于以高精度和高稳定性的观测技术,实现对中国大陆七个一级构造块体的监测,获取中国大陆地壳运动的主体时空变化趋势,为基本网与区域网提供计算地壳运动所必需的精确地心坐标,为我国地震预测预报提供大范围地壳运动数据。

作为基准网的补充,基本网由均匀分布在中国大陆的定期复测的 GNSS 站组成,与基准站一起均匀布设,平均测站间距约为 350 km。基本网主要目的是:通过基本站的定期复测,并结合基准站的连续观测,定量获取我国大陆内主要构造块体的相对运动和变形图像;结合区域站密集观测获取我国主要活动块体边界带的变形差异活动图像,完成一级块体本身及块体间地壳变动的监测;为地震中长期预测预报服务,指导进一步部署流动 GNSS 观测和其他跟踪观测,为研究地壳运动的动力学机制提供依据。

作为基准网和基本网的补充,区域网由 2 000 个不定期复测的 GNSS 区域站组成,2～3 年观测一期,每期观测 4 天。第一期的 1 000 个站中约 700 个站密集布设于我国大陆主要断裂带及重点地震危险区,如南北地震带、祁连、龙门山—燕山地震带,站间距为 50～120 km。在加密的地区内仍按大致均匀的原则布设,用来研究这些地区地壳运动细节变化,为地震预报服务;约有 300 个站均匀分布在全国,一般地区的平均间距为 250～350 km,用于监测主要地块的运动。通过精密的GNSS 测量技术,可以对重点地区进行连续监测,得到地块间包括地块内部之间的运动和形变速度。新建的 1 000 个区域站中约 400 个构成了约 50 个密集线状观测点阵,跨越主要活动断裂带,用于研究断层结构和形变特征;约 300 个用于加密25 个地震危险区,点间距为 30～70 km;约 300 个在全国均匀分布,在全国的大部分地区区域站的平均间距可以达到 100 km 左右。基准网、基本网和 2 000 个不定期复测的 GNSS 区域站,在全国的大部分地区区域站的平均间距可以达到 100 km左右,有望能够监测到 5 级地震(如 2014 年 8 月 17 日云南永善地震)产生的形变。

同时,国际 GNSS 大地测量和地球动力学服务(International GNSS Service,IGS)自 1992 年起,在全球建立了多个数据存储及处理中心和百余个常年观测的台站。我国境内目前有 12 个,分别为上海佘山 SHAO、武汉 WUHN、西安临潼XIAN、拉萨 LHAZ、北京房山 BJFS、长春 CHAN、昆明 KUNM、乌鲁木齐 URUM和 GUAO、台湾新竹 TCMW 和 TNML、台湾桃园 TWTF,这些台站的观测数据可以从 IGS 的数据存储中心获得,为了确保在与全球网进行框架转换时模型和方法的统一,绑定 IGS 站观测数据进行处理已经成为研究地壳运动的一个重要手段。

此外,俄罗斯的格洛纳斯导航卫星系统(GLONASS)和 2012 年底已向亚太地区正式提供服务的中国第二代北斗卫星导航系统(BDS)及正在研发即将投入使用的欧盟伽利略卫星导航系统(Galieo satellite navigation system)也已经和将会成为研究现代地壳运动的重要手段。

随着连续和分期 GNSS 网观测的持续积累,地表运动观测数据越来越多,形成了分布在监测区域地表上的站点坐标时空序列。这对于地壳形变研究工作者来说,是一笔极其宝贵的财富。如何利用丰富、高精度的 GNSS 时空数据挖掘出精确、可靠、更有价值的地壳形变信息,以及揭示地球动力学机制成了 GNSS 测量数据处理与分析的科学目标。

1.2　GNSS 监测地壳形变研究现状

GNSS 在地壳形变方面最初的研究成果是,通过全球连续 GNSS 网观测数据已经成功地解算了全球板块运动模型参数,其结果与百万年尺度的地质和地球物理数据得到的板块运动模型参数 NUVEL-1A 非常接近(朱文耀 等,1998;Altamimi et al,2007)。我国利用 GNSS 技术监测地壳运动起步较早,自 20 世纪80 年代中期开始至中国地壳运动观测网络建成,取得了中国大尺度地壳运动的初步结果。研究认为,中国地壳运动以中部的南北地震带为界,西部地壳形变量大、复杂,东部形变量小,相对比较平稳。西部的地壳运动在印度板块对欧亚板块的作用影响下,呈现南北向缩短、东西向伸长的基本特征。运用 GNSS 观测资料还对我国活动地块模型进行了定量分析,初步得到了活动地块的相对运动特征(党亚民等,1998;刘经南 等,2001;王琪 等,2001,2002;江在森 等,2003)。这些成果对研究地块内部的稳定性、块体边界断层的活动性、震害危险性和建立大陆地壳动力学模型提供了重要的基础。

目前,国内外研究关注的焦点和难点是如何通过 GNSS 观测时空序列提取块体边界或断层带的地壳运动微动态形变信息,进而研究孕震机理的地球动力学过程。因此,不少学者开展了一系列关于 GNSS 地壳形变信息提取方面的研究工作,并取得了大量研究成果。从现有的研究成果来看,主要可归纳为三个方面,即GNSS 地壳形变时空数据处理、构造形变信息提取和断层滑动分布时空反演。

1.2.1　GNSS 地壳形变时空数据处理方面

如何从一手的观测资料中获取真实可靠的地壳形变信息,高精度的数据处理技术是重中之重。数据处理的目的是获得 GNSS 测站高精度的地壳形变位移和速度信息。目前,主要有三种高精度 GNSS 数据处理软件,分别是麻省理工学院(MIT)的 GAMIT、喷气推进实验室(JPL)的 JIPSY 及瑞士伯尔尼大学的Bernese。在上述数据处理过程中,已经加入了固体潮汐模型改正、大气延迟模型改正、轨道参数改正、极移改正等,这些改正不可避免地仍残留有模型误差。同时,

GNSS 测站坐标时间序列中包含时空相关噪声和非构造形变已成共识。顾及最优噪声模型、共模误差和非构造形变改正模型,改善提取形变信息的精度是目前国际上研究的热点。Agnew(1992)首次将幂律(power-law)噪声的概念引入大地测量数据处理中来,通过实际数据解算发现,连续测量数据中的噪声不是纯粹的白噪声,而是由若干种有色噪声,包括闪烁噪声和随机漫步噪声叠合而成。从此,GNSS 坐标时间序列中由于站点不稳定性存在着时间相关的有色噪声得以证实。研究结果表明,如果忽略有色噪声的影响,GNSS 坐标时间序列拟合时的参数解精度存在 2～10 倍的高估(Mao et al,1999)。Williams 等(2004,2008)对不同数据处理中心的 GPS 坐标时间序列中的噪声分析结果进行了对比,得到了有色噪声与白噪声随机模型对速度场估计的影响,并编写了实用的 GPS 噪声分析软件 CATS(Create and Analysis TimeSeries)。随后,GPS 时间序列噪声模型得到了进一步的完善,把有色噪声扩展到幂律噪声、高斯-马尔可夫噪声和带通噪声等,使噪声分析更加精细化(Beavan,2005;Bos et al,2008;Amiri-Simkooei,2009;Langbein,2012;Santamaría-Gómez et al,2011;Dmitrieva et al,2015)。关于季节项(周期项)在对速度估计误差的影响,有关研究表明,当 GPS 坐标时间序列跨度大于 4.5 年时,拟合中是否有季节项的加入对速度估计误差影响可以忽略不计;低于 2.5 年,对速度估计影响较大,不可忽视。当时间跨度是整数年加上半年时,季节项对速度场的影响最小(Blewitt et al,2002;Bos et al,2010)。同时,国内的研究人员也开展了相应的研究工作,对陆态网络 GPS 连续站坐标序列进行了分析(黄立人 等,2007;杨国华 等,2007;田云锋 等,2009;李昭 等,2012;Xu 等,2013;赵国强 等,2013;张风霜 等,2015)。关于空间相关噪声的处理,是通过对所有站点的残差时间序列利用区域叠加滤波、主成分滤波或改进的主成分滤波正确提取了空间域共模误差(Dong et al,2006;伍吉仓 等,2008;Han et al,2013;Shen et al,2014;He et al,2015)。

　　GNSS 观测得到的地壳形变信息中通常包含有非构造形变的影响,其物理起源主要包括两大类,第一类是潮汐形变,包括固体潮、海洋潮和极潮,这类形变目前已经建立了较为精确的计算模型,在 GNSS 数据处理中已做了相应的改正。固体潮和极潮改正采用 IERS2003 标准模型,海洋潮模型采用 NA099b 模型。第二类是地球表面流体圈中的大气和各态水的质量迁移引起的地表质量负荷变化,主要包括大气、非潮汐海洋、积雪和土壤水等质量负荷,这类形变在 GNSS 数据处理中未作改正。如果能够考虑不同地表质量负载造成的测站位移,并进行恰当的改正,能够进一步提高 GNSS 提取地表形变信息的精度(袁林果 等,2008;姜卫平 等,2013;Jiang et al,2013)。由于非构造形变的复杂性和地球物理因素的不确定性,改正模型本身是一种近似和假设,难免会存在模型误差。以大气负荷引起的地壳形变为例,其振幅与相位在不同年份有着较大的差别,而且还有高频变化和异常变化,模型计算所依赖的物理量(如降水、气压)在观测过程中本身也存在误差。

综上所述,GNSS 时序中时间相关噪声的研究更多是采用 GNSS 单站、单分量位移序列拟合模型(长期线性运动＋年/半年周期运动＋阶跃),采用加权最小二乘法求解。对残差序列基于谱指数计算或最小范数二次无偏估计(MINQUE)或极大似然估计等方法,顾及白噪声、闪烁噪声、随机游动、幂指数噪声和带通滤波噪声等不同噪声模型,求取测站长时间的运动速度。固然通过长时间的观测数据能够得到精度较高的测站运动速度,但速度只是表达了地壳形变长期整体的运动状况。而且,时空相关噪声是从拟合模型残差的角度,基于统计学意义上的考虑。而实际上 GNSS 残差时间序列中可能包含有区域性局部构造形变信息。如何能够描述地壳运动微动态形变过程与运动细节,是需要研究的一个问题。

1.2.2　构造形变信息提取方面

通常,GNSS 监测网观测得到的是若干个空间分布的站点的坐标时空序列。利用这些离散观测点的时空序列和速度来检测并分析慢地震或无震蠕滑等微动态形变信息,是目前 GNSS 地壳形变研究的重点和难点。地壳形变信息的检测工作通常可分为两类:一是利用 GNSS 基线或位移时空序列直接分析;二是利用位移或速度求取应变或应变率参数来分析板块或块体构造应力状况和活动强度。

基于 GNSS 基线或位移时空序列分析地壳形变的方法,顾国华等(2009a,2009b,2012,2015)利用 Bernese 解算的 GNSS 位移时空序列分析了汶川地震和芦山地震震前形变特征。武艳强等(2007)利用最小二乘配置方法对 GNSS 位移时间序列和 GPS 基线时间序列进行分析,完成滤波并提取出不同频段的信息。方颖等(2008)利用 9 期 25 个 GNSS 台站数据基于主成分分析(PCA)方法研究了昆仑山大地震引起川滇地区地壳变形的时空演化过程。江在森等(2009)、Wu 等(2015)、Zhang 等(2015)利用 GPS 等观测资料研究了大区域地壳运动微动态变化过程,讨论了汶川地震前近 10 年区域地壳变形的表象所反映的大震孕震的物理过程。陈光齐等(2013)利用 GPS 资料分析了震前应变积累及其时空特征与同震变形特征的差异,讨论了震前日本东海岸地区位移曲线的趋势性转折现象,反映了地震的孕震特征。Ji 等(2013)对 GNSS 位移时间序列,利用滤波和主成分分析的方法成功检测到了 1999 年 Mw 7.1 级美国南加州赫克托矿山(Hector Mine)地震的同震和地下水引起的地壳瞬态形变。Chieh-Huang 等(2010,2014)、李文军等(2014)利用希尔伯特-黄变换(HHT)扣除长期的板块运动、短期噪声及与频率相关的变化的影响后,能够提取微小形变,提供了更有价值的孕震信息。Riel 等(2014)提出了稀疏估计理论,通过评估瞬态信号的发生概率及其时间演化特征,自动检测慢地震的发生。

基于位移或速度求取应变或应变率参数的地壳形变分析方法,最先的方法是利用德洛奈三角形网求每个三角形的应变。该方法假定地壳是弹性体,其应变张量在局部小区域是一个常数,那么通过小区域内任一个三角形的三个顶点的位移或三条边长的变化量就可以解算应变张量的各个分量。但是由于观测数据,如位移或边长变化量是有误差的,这些误差显然要传播到应变计算结果上,而且同样的误差会因三角形形状因子的不同,得到的应变结果的误差也不一样(伍吉仓 等,2003a)。为了克服三角形法计算应变的随意性和结果的差异性,Shen 等(1996)提出利用高斯距离加权法计算连续应变,并运用该方法计算了南加州地区 GPS 应变率场。El-Fiky 等(1999)提出了一种最小二乘拟合推估的方法,该方法把观测数据中的位移看作随机信号,利用离散的观测点上的位移数据本身构建位移信息的经验空间协方差矩阵,并且据此给出监测区域连续分布的位移场函数,进而通过对位置求导的方法计算区域的应变场。江在森等(2010)、杨元喜等(2011)基于最小二乘配置拟合推估模型,更好地顾及了位移场的整体变化趋势和局部运动特征,利用 GPS 资料建立了中国大陆地壳水平速度场统一模型和应变场。Tape 等(2009)利用球面小波求取了 GNSS 多尺度速度场和应变场,从不同尺度刻画了地壳形变应变场特征。Ohtani 等(2010)提出了网络应变滤波模型,以空间小波基函数来表示瞬态滑移模型,用卡尔曼滤波估计随时间变化的基函数系数,基于 GEONET 的 GPS 数据检测到了 1996 年的日本房总(Boso)慢地震事件。Ghiasi 等(2015)基于广义克里金插值对应变估计算法进行了改进。

上述研究表明,利用 GNSS 观测数据可直接检测到整体静态地壳形变和较为明显的动态断层活动信息。还需要进一步研究 GNSS 数据处理与地壳形变检测的理论方法,构建更加可靠的地壳形变运动学模型,进一步提高 GNSS 位移时空序列信噪比,提取无震蠕滑或慢地震等更加微弱的动态形变信息,以便及时准确地发现地壳形变异常时空分布。

1.2.3 断层滑动分布时空反演方面

通过地表 GNSS 位移数据可以直接检测得到地下活动所引起的地表形变的时空分布,但并没有建立其断层滑移与地表 GNSS 位移之间的关系。需要进一步分析地下活动断层内部位错分布与滑移特征,揭示断层的破裂过程和地震的孕震机制。因此,必须进行活动断层参数的反演工作。断层反演模型主要有两种,一种是有限元方法,另一种是半无限空间的弹性位错模型。对二维有限元反演而言,反演的断层要求通达地表,并且只能具有走滑或张裂分量,无法顾及倾滑分量,更无法适用于可能仅发生在深部的错动。虽然这些缺陷有可能通过引入三维有限元来加以克服,但相应的计算工作量大大增加(黄立人 等,1994)。断层反演模型常用半无限空间的弹性位错模型,该模型将地壳简化成一个各向同性、弹性半无限空间,而断层面则用一个嵌埋在其中的矩形位错面来描述。假设均匀地球介质内存在一个断层面上发生错动,即不连续的位移向量,用格林函数求断层滑移量(Steketee,1958;Okada,1985,1992)。随后,位错理论模型得到了进一步扩展与完善,考虑了大地水准面形变(高锡铭 等,1990)流变体模式的动态大地测量反演的理论方法(赵少荣,1994)及地球分层、黏弹性介质的位错模型(Pollizt,2003;许才军 等,2009;丁开华 等,2013a;李志才 等,2014;Wang et al,2006)、地球曲率的球体位错模型(孙文科 等,1994;孙文科,2012)和地球内部横向不均匀结构的位错模型(付广裕 等,2012)。

为表述地壳内部特别是断层内部的应变积累、闭锁程度和滑动亏损分布,在位错模型研究基础上提出了负位错理论(Savage et al,1973)。负位错理论认为,断层可以分为上下两层,下层断层可以自由滑动,上层断层存在闭锁,不能自由滑动,断层附近会积累剪切应变。块体边界区域的震间地表位移为纯刚性块体的平移减去块体边界对块体相对运动的锁定或部分锁定在地表产生的位移。基于负位错理论,利用 GPS 数据可以分析活动断层带闭锁程度和滑动亏损分布(高锡铭 等,1994;McCaffrey et al,2013;伍吉仓 等,2002b,2003a;张希 等,2012;赵静 等,2013a)。Mendoza 等(2015)提出基于分块模型利用 GPS 速度场反演了断层的滑移速率和锁定深度等震间形变特征。

上述的反演研究是针对两期观测得到的位移或速度来进行的,随着 GNSS 连续站或分期区域站观测的持续积累,提供了时空采样越来越密集的 GNSS 位移时空序列。这时就不能仅仅局限于同震反演和基于地壳运动速度的负位错反演等静态反演方面,更多的应关注在震前、震间和震后断层无震蠕滑时空分布的动态反演方面。Segall(2000)和 McGuire 等(2003)提出了基于位错理论的 GPS 网络滤波动态反演模型,成功得到了 1999 年加拿大卡斯凯迪亚慢地震的瞬态滑移分布。网滤波反演的优势是,滤波直接作用在原始位移时空序列上,而且滑移速率作为时间函数的非参数描述,顾及了时间相关噪声即测站随机游动。Fukuda 等(2004)提出一种新的网络反演滤波模型 MCMKF,联合蒙特卡洛和卡尔曼滤波,把光滑比例因子作为随机游走变量,考虑了其随时间的变化,并对反演公式进行了详细推导。Kositsky 等(2010)、Perfettini 等(2010)、Gualandi 等(2014)利用主成分分析方法实现了震后余滑和慢地震时空分布的快速反演。Radiguet 等(2011)把位错模型简化为线性模型,用 15 个 GPS 台站反演了 2006 年墨西哥慢滑移事件的时空分布。Nakata 等(2014)利用卡尔曼滤波反演方法再现了日本西南日向滩区域无震蠕滑时空分布,研究结果与实际的地质构造背景相吻合。

随着连续 GNSS 站观测或多期连续观测的持续,不断地有新的观测数据产生,这时就不能再把模型参数当作是固定的值,需要考虑部分模型参数随时间变化。可以引入动态卡尔曼滤波方法来检测和反演时变模型参数,致力去寻找震间或震前稳态地壳形变中的异常偏离。

1.2.4 现状分析与总结

综合国内外研究现状,利用 GNSS 监测网时空数据研究地壳形变要求必须从 GNSS 观测数据中提取精确可靠的测站位移信息。否则,后续的地壳形变识别与分析、活动断层参数的反演结果都有可能因噪声过大而淹没了微弱形变信息导致错误的结果。因此,在保证 GNSS 地壳形变数据高精度处理的前提下,如何尽可能分离观测数据中的有用信号与噪声,检测出有价值的形变异常信息就成了一个关键性的问题。随着 GNSS 监测网络的加密布设和持续观测,得到的结果不再仅仅是离散分布的两期观测处理后的位移,而是一个在时间上和空间上分布越来越密集的坐标变化时空序列。至今,中国陆态网络已经拥有约 2 260 个 GNSS 观测站多年的观测数据,有了这些丰富的 GNSS 资料的支撑,就可以从中挖掘出更有价值的地壳运动微动态形变信息。这使得有可能把区域 GNSS 地壳形变监测网作为一个整体时空观测单元。根据地壳形变高空间相关性的特点,既可以通过长时间观测序列时空分析的方法建立噪声背景场,达到消除或削弱观测数据中的噪声的目的。又可以通过引入更加符合实际的地壳形变物理模型,来抑制数据中的噪声,从而提高活动断层参数反演结果的精度。实际上,地壳形变信息检测与物理模型的反演是一个相辅相成的过程,需要两者相互结合并不断深入研究系统理论与方法,以便检测与反演出更加真实可靠的地壳形变信息。从而为探索地球内部构造、块体划分和变形、物质运移等提供约束条件和先验信息,为研究地震孕育、地震活动的时空变迁、未来地震的位置和强度及地震预报作出一些服务和贡献,提高我国地质自然灾害监测的整体能力和水平。

1.3 本书主要工作

1.3.1 研究内容

基于上述分析,本书基于 GNSS 卫星大地测量技术和现代测量数据处理理论,利用日益丰富的 GNSS 地壳形变时空观测数据,研究了一套 GNSS 监测地壳形变的理论与方法,以 GNSS 数据时空滤波与地壳形变信息提取相结合,集地表形变分析与深部断层滑动时空分布反演于一体,显著提高了 GNSS 观测数据时空信噪比,便于从庞大的 GNSS 网络位移时空序列中及时检测出地壳运动微形变时空分布信息,揭示其断层滑移时空分布及演变过程,为进一步了解地壳应变积累与能量释放过程及震源断层的力学性质,探索地球动力学机制提供重要的科学依据。具体内容包括:

(1)从 GNSS 数据质量评估、基线解算、网平差、速度估计、高频单历元解算和精度评定等方面,研究了 GNSS 地壳形变数据高精度处理方案。构建了 GNSS 测站运动速度估计的四种模型:法方程重构模型、基线向量最小二乘综合解算模型、基线向量卡尔曼滤波解算模型和坐标时序拟合模型。对于前三种模型,考虑测站坐标、速度、年、半年周期项同时作为参数,并引入适当的起算数据,通过参数估计的方法在进行网平差的同时一起求解出 GNSS 网中各测站的坐标和速度。对于坐标时序拟合模型考虑了白噪声和幂律噪声的影响,并分析了区域测站年周期项的相位和幅度。得出了区域年周期项的相位和振幅具有空间分布一致性的特点。利用这些速度估计模型对川滇地区 2010—2014 年中国地壳运动观测网络 GNSS 参考站数据进了解算与对比分析。

(2)提出了两种全球板块运动模型的建立及欧拉参数的求取方法。基于统计假设检验和稳健估计,自动选取刚性板块稳定台站,构建了现代全球板块运动模型 ITRF2005VEL 和 ITRF2008VEL。解算板块运动模型参数与先前的板块运动模型进行了对比分析。通过全球板块运动背景场的应用,建立了中国大陆相对欧亚板块的运动速度场,分析了中国大陆及周边地区的现今地壳运动形变特征。

(3)构建了 GNSS 速度场和应变场的球面小波多尺度估计模型。详细推导了两种球面小波基函数 DOG 小波和泊松(Possion)小波函数式。研究了球面小波多尺度模型构建的关键技术和核心问题,如小波中心位置和尺度的确定等。基于负位错理论开展了基于球面小波多尺度应变场检测地壳形变异常的试验;构建了中国大陆 GNSS 多尺度速度场和应变场模型,刻画了不同尺度下的中国大陆的地壳形变特征。

(4)基于卡尔曼滤波和主成分时空分析,集时空滤波与断层蠕滑形变检测于一体,研究了断层瞬态无震蠕滑信息检测的方法。通过基于一阶高斯马尔可夫(first order Gaussian Markov,FOGM)的卡尔曼滤波和主成分分析,正确消除了线性趋势项、年/半年周期项,分离了白噪声和空间共模误差的影响,进一步提高了时空信噪比。通过模拟试验和实际案例进行了验证与分析。结果表明,清晰地检测到了卡斯凯迪亚地区 2007 年 1 月和 2008 年 4 月发生的两次慢地震事件,分析其滑移特征与有关文献研究结果一致。通过对滇西地震活跃区域 2011—2013 年陆态网络数据的处理,分析发现了期间有微弱的震后余滑信息,主要表现在澜沧江断裂、红河断裂和小江断裂的南段。其时空分布与 2011 年缅甸 Mw 7.2 级地震相对应。结合其他学者研究综合判断,2011—2013 年云南地区的断层活动可能与缅甸地震带有着密切的联系。

(5)提出了两种震前地壳形变异常的检测方法。一是基于基线变化解算面应变时序曲线。二是基于 GNSS 网形变化的时序分析方法。同时,从 GNSS 网基线长度变化与基线间夹角变化时间序列,以及各站水平位移变化和各基线方位角变化序列四个方面作趋势性分析。分析了芦山 Ms 7.0 级地震和日本四次地震前后区域地壳形变的动态变化过程,均发现了在震前数月的时间内由不同程度的非正常趋势偏离。整个变化过程可概括为均匀线性变化—加速—稳定闭锁—反向加速—地震发生—恢复原线性变化。

(6)以活动断层带为研究区域,构建了基于 GNSS 位移时空序列的主成分和基于 GNSS 网络卡尔曼滤波的无震蠕滑时空反演模型。利用覆盖断层带地表 GNSS 网络时空数据的主成分时空响应分析,先研究了不同断层活动方式与演化过程对地表位移造成的不同时空影响规律,得出了可由地表位移时空序列主成分直接判断断层滑移类型和演变特征的结论。这为进行下一步更为精细的反演提供了至关重要的先验信息和约束条件。基于此,通过反演模拟试验,分析了不同信噪比和不同台站分布密度情况下的断层滑移反演模型的反演效果,得出了正确反演断层滑移时空分布所需要的最低信噪比和最优的台站分布密度。最后,以 2005 年苏门答腊 Mw 8.6 级地震震后余滑和 2006 年墨西哥慢滑移为例,检测并反演了活动断层无震蠕滑的时空分布,揭示了断层的破裂过程与演变特征。

(7)针对 InSAR-LOS 存在方向模糊的问题,利用断层破裂所引起的地表形变具有高空间相关性,其方向在一定的范围内具有较强空间一致性,以断裂位错模型的方向信息为约束,融合高精度的 GNSS 观测数据和高空间分辨率的 InSAR 数据,基于断层位错模型,重建了具有物理意义的地表三维形变场。以汶川地震为例,用该方法重建的三维形变场与 GNSS 实际观测、地质野外调查结果进行对比,吻合效果较好,变化趋势整体特征一致。重建的三维形变场相比位错模型直接正演的三维形变结果更加可靠地反映了特定方向的形变特征,为揭示大区域近、远场真实的三维形变特征提供了一个新方法。

基于以上七个方面的研究内容,本书的研究技术路线与章节安排如图 1.1 所示。

1.3.2 本书结构

本书共有 9 章。

第 1 章,介绍了本书的研究背景,分析了国内外研究现状,提出了本书研究内容。研究背景包括地壳形变异常检测的必要性,GNSS 技术在地壳形变检测中的潜能和当下可利用的丰富的 GNSS 地壳运动观测网络。详细探讨了 GNSS 地壳形变高精度数据处理、地表形变信息检测和地下断层滑移反演三个方面的国内外研究现状,分析了当前 GNSS 技术在地壳形变检测中已取得的研究成果和面临的主要问题。经过深入剖析,提出了本书的切入点和研究内容。

第 2 章,从 GNSS 数据预处理、数据质量评估、基线解算、网平差、速度估计、结果评价六个方面,论述了 GNSS 地壳形变数据高精度处理方法中的关键技术问题。分别利用 GNSS 高精度处理软件 GAMIT/BLOKE10.4 和 Bernese 5.2 进行了数据解算与比较分析。构建了 GNSS 坐标速度估计的四种模型:法方程重构模型、基线向量最小二乘解算模型、基线向量卡尔曼滤波解算模型和 GNSS 坐标时序分析速度拟合模型。并利用这些模型对川滇地区 2010—2014 年中国大陆构造环境监测网络 GNSS 参考站数据进了解算与对比分析。

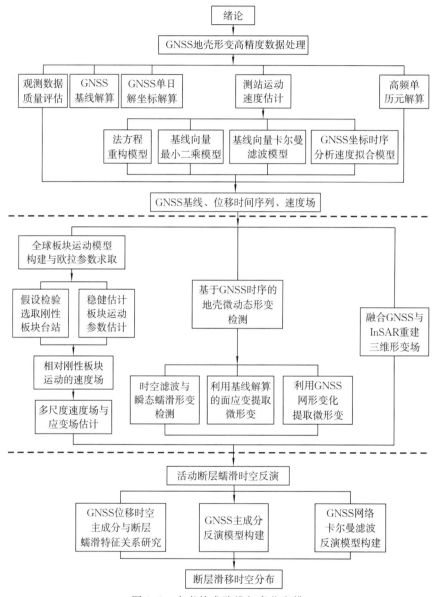

图 1.1　本书技术路线与章节安排

第 3 章，提出了基于假设检验和稳健估计的全球板块运动背景场的建立方法，构建了现代全球板块运动模型 ITRF2005VEL 和 ITRF2008VEL，解算了板块运动模型欧拉参数。利用全球板块运动模型,建立了相对欧亚板块的中国大陆速度场,分析了中国大陆当今地壳运动与形变特征。

第 4 章,研究了 GNSS 多尺度速度场与应变场的球面小波估计。详细推导了 DOG 球面小波和泊松球面小波函数式。探讨了多尺度球面小波建模的关键技术,如小波位置和尺度的确定等。实现了利用球面小波求取应变场、多尺度应变场检测地壳形变异常的模拟试验。在此基础上,构建了中国大陆多尺度速度场和应变场的球面小波估计模型,分析了在不同尺度下中国大陆的地壳形变特征。

第 5 章,以活动断层为研究区域,基于卡尔曼滤波和主成分时空分析,集时空相关噪声处理与断层蠕滑形变检测于一体,研究了检测断层瞬态无震蠕滑时空分布及滑移特征的理论方法,通过模拟试验进行了验证与分析。通过对卡斯凯迪亚消减带和滇西地震活跃区域的检测与分析,得出了一些有益的结论。

第 6 章,提出了两种震前形变异常的检测方法。基于基线变化解算面应变时序分析和基于 GNSS 网形变化时序分析。从面应变、基线长度变化与基线间夹角变化时间序列,测站水平位移变化和各基线方位角变化序列等方面做趋势性分析。研究了 2013 年芦山 Ms 7.0 级地震和日本近年来发生的四次地震前后区域地壳形变动态变化过程。

第 7 章,提出了地表形变检测与地下断层滑移反演于一体的理论方法。构建了基于 GNSS 位移时空序列的主成分分析和基于 GNSS 网络的卡尔曼滤波的断层无震蠕滑时空反演模型。通过模拟试验,研究了不同断层活动方式与演化过程对地表位移造成的不同时空影响规律,以此作为反演的先验信息和约束条件,通过断层滑移时空反演的模拟试验和实际案例进行了分析与应用。

第 8 章,针对 GNSS 高频多天连续观测数据,在单历元解算的基础上,研究了两大主要误差源多路径误差和测量噪声的特性及其影响规律,并进行了相应的消除和分离,最终提取出了微形变信息。为了避免或减少形变对人身安全和国民经济造成的损失,对形变监测数据进行科学的分析处理,利用统计的方法分析发现了形变特征在时间和空间的变化规律。基于高阶谐函数构建了形变模型,实现了形变异常的实时动态监测及预警。

第 9 章,以断裂位错模型的方向信息为约束,融合高精度的 GNSS 观测数据和高空间分辨率的 InSAR 数据,基于断层位错模型,重建了具有物理意义的地表三维形变场。首先,利用高精度的 GNSS 观测数据对 InSAR-LOS 向位移进行纠正的方法。基于非均匀分布的位错模型,先利用 GNSS 观测数据反演断层参数,再正演地表位移场。根据同震引起的地表位移在局部区域方向上具有一致性的特点,以正演得到的地表三维位移方向矢量为约束,将 InSAR-LOS 视线向 N、E、U 方向进行三维形变,实现了同震地表三维形变位移场的精确建立。

第 2 章　GNSS 地壳形变观测数据高精度处理

随着中国地壳运动观测网络的开展,连续和分期 GNSS 观测的持续,积累了时空分辨率越来越高的地表形变观测数据。如何从一手的观测资料中获取高信噪比、真实可靠的测站位移序列或速度信息,为后续的地壳形变特征分析、断层活动反演提供技术支撑,高精度的数据处理技术是重要的必备前提。本章从数据预处理、数据质量评估、基线解算、网平差、速度估计和精度评定等方面,论述了 GNSS 地壳形变数据高精度处理方法中的关键技术问题。构建了 GNSS 坐标、速度估计的四种模型:法方程重构模型、基线向量最小二乘综合解算模型、基线向量卡尔曼滤波解算模型和坐标时序拟合模型。利用这些模型对川滇地区 2010—2014 年中国地壳运动观测网络 GNSS 参考站数据进了解算与对比分析。

2.1　GNSS 数据预处理

为确保 GNSS 高精度地壳形变数据处理和参数估计质量,在数据处理之前,需要对 GNSS 接收机的观测数据进行必要的数据预处理和数据质量评估分析。以便清楚了解测站周边的环境是否存在对参考站的干扰、是否有强烈多路径效应及电离层和对流层的影响程度等,及时有效地掌握数据质量情况。这对随后的基线解算及网平差结果有着至关重要的影响。另外,通过数据质量检查,还可用于 GNSS 连续运行参考站站址的选择,评估 GNSS 设备使用过程中的老化、故障等原因引起的数据质量下降等情况。

数据预处理主要包括:

(1)统一数据文件格式。将不同类型接收机的数据记录格式转换为标准 RINEX 格式。

(2)原始数据编辑。文件的合并、分割和 RINEX 头文件的编辑等。

(3)数据质量检查与评估。主要是指对影响数据精度的多路径效应、电离层折射和数据信噪比等信息进行质量检查。

此外,考虑卫星系统的选择、禁用特定卫星、卫星高度角重设、观测值类型选择等,分流出各种专用的信息文件,以便对数据质量分析结果进行查看,及时发现观测数据的质量问题,并采取相应的解决办法。例如,对于噪声较大的观测值应舍弃;选择可视卫星多、信噪比较高的观测时段;提高卫星截止高度角等。

2.1.1　观测数据质量评估

根据 GNSS 不同类型的观测值,可以列出观测方程如下,即

$$L_i = R + c(\mathrm{d}t_r + \mathrm{d}t_s) - I_i + N + m_i + n_i\lambda_i \tag{2.1}$$

$$P_i = R + c(\mathrm{d}t_r + \mathrm{d}t_s) - I_i + N + M_i \tag{2.2}$$

式中，L_i 为频率为 i 的相位观测值，P_i 为频率为 i 的伪距观测值，R 为卫星和接收机之间的距离，c 为光速，$\mathrm{d}t_r$、$\mathrm{d}t_s$ 分别为接收机和卫星的钟差，I_i 为频率为 i 的电离层相位延迟，N 为对流层延迟，m_i 为频率为 i 的相位多路径效应，M_i 为频率为 i 的伪距多路径效应，$n_i\lambda_i$ 为频率为 i 的模糊度整数部分。

GPS 载波相位频率分别为 1 575. 42 MHz（$i=1$）、1 227. 60 MHz（$i=2$）和 1 176. 45 MHz（$i=5$）；对于 GLONASS（格洛纳斯导航卫星系统），频率分别为 1 602 + 0. 562 5 × k MHz（$i=1$）和 1 246 + 0. 437 5 × k MHz（$i=1$），k 为整频数。对于北斗二代，载波相位频率分别为 1 561. 098 MHz（$i=1$）、1 207. 14 MHz（$i=2$）和 1 268. 52 MHz（$i=5$）。

一般单频电磁波相位速度称为相速，码测量的速度称为群速。其折射率分别为

$$n_{\mathrm{ph},i} = 1 + \frac{c_2}{f_i^2} \quad n_{\mathrm{gr},i} = 1 - \frac{c_2}{f_i^2} \tag{2.3}$$

式中，$c_2 = -40.3 N_e$，N_e 为电子密度。则相速和群速分别为 $v_{\mathrm{ph},i} = \dfrac{c}{n_{\mathrm{ph},i}}$，$v_{\mathrm{gr},i} = \dfrac{c}{n_{\mathrm{gr},i}}$。由电磁波在电离层中的传播速度可求得测距码测量和载波相位测量的电离层延迟改正分别为 $I_{\mathrm{gr}} = -\dfrac{40.3}{f^2}\displaystyle\int_s N_e \mathrm{d}s$，$I_{\mathrm{ph}} = \dfrac{40.3}{f^2}\displaystyle\int_s N_e \mathrm{d}s$。因此可得

$$f_2^2 I_1 = f_1^2 I_2, \quad a = \frac{f_1^2}{f_2^2} \tag{2.4}$$

设定 L_1、L_2 两种频率穿过大气路径一致，可得

$$I_1 + \frac{1}{a-1}(n_1\lambda_1 - n_2\lambda_1 + m_1 - m_2) = \frac{1}{a-1}(L_1 - L_2) \tag{2.5}$$

$$I_2 + \frac{a}{a-1}(n_1\lambda_1 - n_2\lambda_1 + m_1 - m_2) = \frac{a}{a-1}(L_1 - L_2) \tag{2.6}$$

为逐历元检查电离层的变化，计算电离层延迟变化率为

$$I_{2,\mathrm{IOD}} = \frac{\dfrac{a}{a-1}((L_1-L_2)_{j+1} - (L_1-L_2)_j)}{(t_{j+1} - t)} \tag{2.7}$$

由式（2.7），可得 L_1 载波 C/A 码或 P 码伪距的多路径和 L_2 载波 P 码伪距的多路径影响求取模型（Estey et al,1999）为

$$MP_1 = P_1 - \left(1 + \frac{2}{a-1}\right)L_1 + \left(\frac{2}{a-1}\right)L_2 = M_1 + B_1 - \left(1 + \frac{2}{a-1}\right)m_1 + \left(\frac{2}{a-1}\right)m_2 \tag{2.8}$$

$$MP_2 = P_2 - \left(\frac{2a}{a-1}\right)L_1 + \left(\frac{2a}{a-1} - 1\right)L_2 = M_2 + B_2 - \left(\frac{2a}{a-1}\right)m_1 + \left(\frac{2a}{a-1} - 1\right)m_2 \tag{2.9}$$

其中

$$B_1 = -\left(1 + \frac{2}{a-1}\right)n_1\lambda_1 + \left(\frac{2}{a-1}\right)n_2\lambda_2 \qquad (2.10)$$

$$B_2 = -\left(\frac{2a}{a-1}\right)n_1\lambda_1 + \left(\frac{2a}{a-1} - 1\right)n_2\lambda_2 \qquad (2.11)$$

由式(2.11)所求 MP_1、MP_2 分别表示 L_1、L_2 载波上的多路径效应对伪距和相位影响的综合指标。

衡量观测数据质量的另一个指标是信噪比(SNR),它是指 GNSS 接收的载波信号强度与噪声强度的比值,通常用载噪功率密度比表示。其大小主要受卫星发射机增益、地面接收机增益、收发点之间的几何距离、接收机处的仰角、电离层介质衰减和多路径效应等的共同影响。信噪比能较好地反映接收卫星信号的质量。

2.1.2 实例分析

依托项目,在川滇地区红河断裂带建设了两条 GNSS 站观测剖面,分别为"宾川—永平"和"峨山—墨江",每条剖面上分布有 8 个观测站,共 16 个站。其中,有 4 个基准站和 12 个区域站,点位分布如图 2.1 所示。区域站需要定期观测,每期测量时间不少于 72 小时,采样间隔为 1 秒,高度角设置为 5°。笔者在项目中参与了 2014 年 4 月、2014 年 11 月与 2015 年 4 月三期的观测任务。

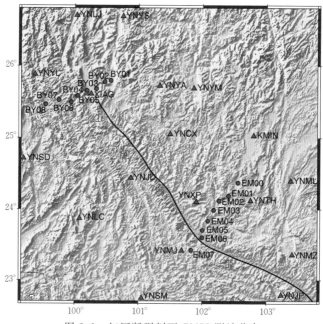

图 2.1   红河断裂剖面 GNSS 测站分布

(三角点为陆态网络基准站,圆圈点为课题组监测站)

　　计算 2014 年,年积日为 308 天两条剖面上 16 个站的 L_1 和 L_2 多路径效应的均方根值分别如图 2.2 和图 2.3 所示。整体情况 MP_1 优于 MP_2。站间相比,图 2.2 中,除 BY08 测站 MP_1 达到 0.8 m 之外,其他测站 MP_1 基本都低于 0.5 m。图 2.3 中,除 BY08 测站 MP_2 较大,达到了将近 1 m 之外,其他测站 MP_2 大都低于 0.6 m。说明除 BY08 外其他测站点位附近没有大型的反射平面,多路径效应较小,观测环境较为理想,观测数据质量较好。根据中国地壳运动观测技术规程要求,陆态网络 GNSS 观测数据质量要求观测质量 MP_1 和 MP_2 小于 0.5 m。因此得出,课题组所建的 16 个 GNSS 站中,除 BY08 站外,其他 15 个站基本满足中国地壳运动观测技术规程的要求,适合作为地壳形变监测站。

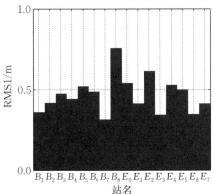
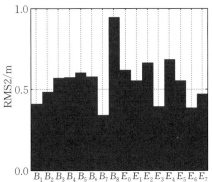

图 2.2　各测站的 L_1 多路径均方根值　　图 2.3　各测站的 L_2 多路径均方根值

（BY01 简称 B_1,EM01 简称 E_1,其余类似)　　（BY01 简称 B_1,EM01 简称 E_1,其余类似)

　　图 2.4 和图 2.5 给出了所有台站 2014 年,年积日 308 天 L_1 和 L_2 的信噪比(SNR)均方根值。整体信噪比情况 L_1 优于 L_2。比较测站之间发现,BY08 信噪比最低。图 2.4 中,除测站 BY08 的 L_1 信噪比在 42.2 之外,其他 15 个测站 L_1 信噪比均在 44 以上。图 2.5 中,除测站 BY08 的 L_2 信噪比在 30.2 之外,其他 15 个测站的 L_2 信噪比均在 31 以上。这与图 2.2、图 2.3 的多路径效应分析的结果一致。可见,多路径效应与信噪比有着相辅相成的关系。当卫星信号发射多路径效应时,卫星信号的观测质量下降,信噪比值也随之降低。因此在动态定位中,可以通过观测值信噪比来调整观测值的权值,对受多路径效应干扰的观测值进行降权处理,利用信噪比削弱多路径效应的影响,从而提高 GNSS 观测数据质量。

　　图 2.6 显示了测站 BY08 的实际的周边环境情况。可以看出,测站位于一围墙旁边,周围有多棵树的遮挡,这势必会产生较强的多路径效应。表明了上述多路径效应和信噪比的分析结果与测站的实际环境相符合。

　　为了进一步深入研究测站 BY08 在不同时间段对不同卫星的观测质量,以便在后续基线解算中采取相应措施,对测站 BY08 的 24 小时的天空图、可视卫星和精度衰减因子(DOP)等进行了深入分析。图 2.7、图 2.8 显示了测站 BY08 的 L_1、L_2 的天空图。图中表明,信噪比随着高度角及方位角的变化而变化,每颗卫星在低高度角 15°以下时,信噪比低于 25。考虑 BY08 测站信噪比均方根较低,可适当提高截止高度角,获取较高的信噪比。

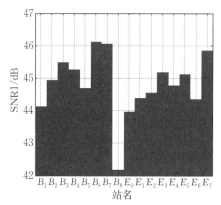

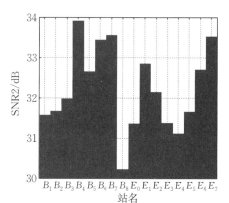

图 2.4　各测站的 L_1-SNR 均方根值　　　　图 2.5　各测站的 L_2-SNR 均方根值

(BY01 简称 B_1;EM01 简称 E_1,其余类似)　　(BY01 简称 B_1;EM01 简称 E_1,其余类似)

图 2.6　测站 BY08 周边环境

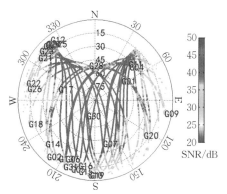
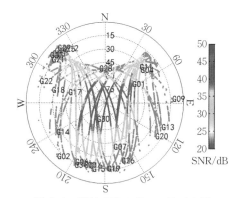

图 2.7　测站 BY08 的 L_1 的天空图　　　　图 2.8　测站 BY08 的 L_2 的天空图

　　图 2.9、图 2.10 显示了 24 小时所有可视卫星的 L_1、L_2 信噪比随时间的变化。通过分析可以有效剔除某一卫星在某一时段观测质量比较差的数据,如 G24 号卫星初始段(0:00～06:00)的观测值,以提高观测数据的观测质量。

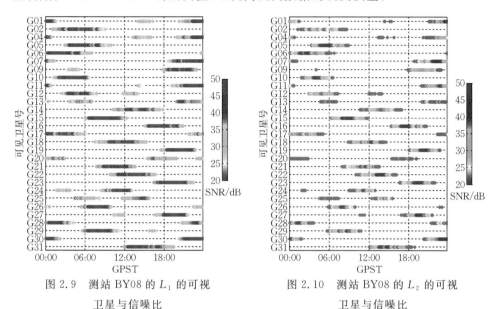

图 2.9　测站 BY08 的 L_1 的可视　　　　图 2.10　测站 BY08 的 L_2 的可视
卫星与信噪比　　　　　　　　　　　　卫星与信噪比

　　卫星可见性与 DOP 是评估卫星导航系统性能的两个重要参数。可见性表示在接收机位置可以观测到的卫星数目,只有在可见性大于或等于 4 时才可以利用卫星导航系统进行定位。DOP 则反映了接收机伪距观测误差与最终定位误差之间的比例关系。DOP 值越小,表示卫星在不同的方位区域分布的越均匀,卫星几何位置构型越好,观测数据质量越高。反之,DOP 值越大,所代表的单位矢量构成体积越小,即接收机至空间卫星的角度十分相似。卫星几何因子越差,观测数据质量越差。对测站 BY08 分别统计了年积日为 308 天 24 小时的平面位置精度因子 HDOP、几何精度因子 GDOP、高程精度因子 VDOP、三维位置精度因子 PDOP 和卫星可见数 NSAT 随时间的变化情况,结果如图 2.11 所示。图 2.11 表明,DOP 值基本在 1～4。在大多时间段内可见卫星数基本保持在 6～8 颗,在 15:00～18:00 时段仅有 4 颗,卫星可见性并不是很好。曾在 GPST 为 07:30、16:00、23:00 前后三次出现了可见卫星数急剧下降的情况,对应的 DOP 值急剧增加,出现了极不稳定的波动现象。在 20:00 前后卫星数出现明显增加的趋势,DOP 值随之减小。这说明,随着可见卫星数目的增多,其 DOP 值会相应减小,空中卫星分布的几何关系变得较好。

　　测站 BY08 的数据检查结果表明,随着卫星高度角的降低,信噪比也会随之降低,多路径效应和电离层影响会随之加剧;随着可见卫星数的减少,DOP 会随之增大,从而对定位结果造成一定影响。通过每天的质量检测报告,可以快速、准确地查看各种误差源对观测数据的影响,从而评定数据质量的好坏,必要时采取相应的措施。

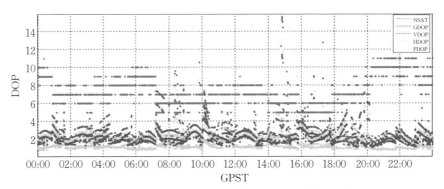

图 2.11   测站 BY08 的可见卫星数与 DOP 随时间的变化

为了检查所建的四个连续观测基准站长时间工作接收机性能的稳定情况,分析了从 2014 年 094 日至 2014 年 310 日共 217 天的 L_1、L_2 的 SNR 随时间的变化情况。其中,测站 BY01 的结果如图 2.12 所示。图中表明,SNR1、SNR2 均出现了近似线性衰减的趋势,SNR1、SNR2 衰减速度近似相同,均为 0.71 dB/a。虽然衰减速度较小,但是,随着使用时间的增加将会导致接收机性能越来越不稳定,势必会影响数据解算的结果,不可忽视。因此,需要继续跟踪评估连续观测基准站接收机性能的日常变化和稳定情况。

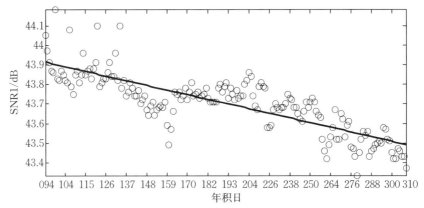

图 2.12   基准站 BY01 的 L_1、L_2 的 SNR 随时间的变化

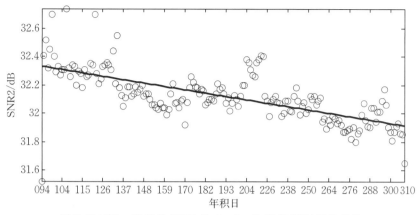

图 2.12(续)　基准站 BY01 的 L_1、L_2 的 SNR 随时间的变化

2.2　GNSS 单日解坐标解算

　　基线处理是 GNSS 地壳形变高精度数据处理中最关键的环节之一,其结果质量好坏直接决定着最终测站坐标、速度和地壳形变信息提取的成果。在基线解算过程中,由多台 GNSS 接收机在野外通过同步观测所采集到的观测数据,被用来确定接收机间的基线向量及其方差-协方差矩阵。基线解算结果除了被用于检验外业观测质量和后续的网平差外,更重要的是,因基线向量提供了点与点之间的相对位置关系,并且与解算时所采用的卫星星历同属于一个参考系,不受参考框架和共模误差的影响。通过基线向量,可确定 GNSS 网高精度的几何形状和基线变化量,基线相对精度可达到 $10^{-10} \sim 10^{-8}$ 量级,对捕捉地壳微动态形变信息有着巨大的优势。

　　目前国际上著名的高精度 GNSS 数据处理软件有:美国麻省理工学院(MIT)的 GAMIT/GLOBK 软件、瑞士伯尔尼大学的 Bernese 软件、美国喷气推进实验室(JPL)的 GIPSY 软件、德国地学研究中心(GFZ)的 EPOS. P. V3 软件等。这些软件数据处理主要分为两部分:一是对 GNSS 原始数据进行解算获得同步观测网的基线解;二是对各同步观测网的基线解进行整体平差和分析,获得 GNSS 网的整体解。

2.2.1　解算方案

　　GAMIT 与 Bernese 作为两款最常用的 GNSS 高精度数据处理软件,无论使用两者中的哪一个,都可以利用另一个作为外部参考来进行验证。只有这样,才能客观评价解算结果的可靠性。本书利用 GAMIT 10.4 和 Bernese 5.2 分别对川滇地区中国地壳运动观测网络连续参考站实施解算。在处理过程中,为了能客观地比较两种软件的处理结果,尽量采用相同的处理参数,如相同的参考框架(ITRF2008)、惯性系(J2000.0)、卫星截止高度角(10°)、国际 GNSS 服务(IGS)精密星历和参考框架站等。

GAMIT 的解算方案是:利用双差观测值,组成与观测值和参数相关的非线性数学模型,整个 GNSS 网全部基线一起参与解算。解算中采用了最小二乘算法反复迭代来估计测站的相对位置、轨道、地球自转参数、对流层天顶延迟参数和大气水平梯度参数等,得到的载波相位整周模糊度分别为实数和整数的约束解与松弛解。采用双差观测量的优点是可以完全消除卫星钟差和接收机钟差的影响,同时也可以明显减弱诸如轨道误差、大气折射误差等系统性误差的影响。关于观测值定权,采用随高度角定权的方法。

在 GAMIT 解算中,需要准备的文件有各测站的 RINEX 观测文件、广播星历 brdc 文件、精密星历 sp3 文件和表文件。表文件包括系统自带的表文件和待更新的表文件两类。系统自带的表文件包括:大地水准面参数表 gdetic. dat;天线相位中心偏差改正参数表 antmod. dat/antex. dat;卫星天线相位中心误差改正表 svnav. dat;接收机及天线类型信息表 rcvant. dat;接收机天线高的测量偏差统计表 hi. dat;码相关型接收机伪距改正参数统计表 dcb. dat;全球格网或各测站的海洋潮汐参数表 otl. grid。定期更新的表文件有:月亮星历表 luntab、太阳星历表 soltab、章动表 nutabl 和跳秒表 leap. sec,需每年更新一次;国际时间系统表 ut1、极移表 pole,需每周更新一次。此外,还有五个重要的表文件,分别是测站近似坐标文件 lfile、解算参数控制文件 sestbl、测站信息文件 station. info、测站约束文件 sittbl 和目录信息表文件 process. defaults。这五个表文件需要根据 GNSS 网的实际情况和计算目的来配置。由于 GNSS 相对定位的基准是由卫星星历和基准站的坐标共同给定的,因此当轨道误差较小,即星历精度较高时,可以尝试将起算点的坐标约束强一点,反之则松一点。通常,IGS 基准站约束为水平方向 5 mm,垂直方向 10 mm。观测站可先采用精密单点定位技术(PPP)解算结果作为坐标初值,一般给予的约束为水平方向 10 cm,垂直方向 20 cm。整个解算过程需要进行迭代处理,以消除区域网 GNSS 点坐标和速度初值误差的影响。sestbl 中参数的确定方法要根据实际的情况确定,通常是和数据处理的目的紧密相连。因为研究的重点是提取地壳形变信息,对于天顶延迟时间分辨率不必太高,对大气水平梯度的刻画不必太详细;否则只会增加计算量、延长计算时间,而且对于水平定位精度的提高改善不明显,尤其对于大量 GNSS 数据的处理得不偿失。可根据网规模的大小选择 2~4 小时估计一个对流层参数。潮汐模型中最复杂的是海潮部分,其模型改正直接在 GNSS 数据处理软件中完成非常困难。可以采用直接从文件 station. oct 中读取或通过全球范围的栅格表 grid. oct 内插得到测站分潮波的振幅和相位即海潮系数。GAMIT 软件包发布的 station. oct 文件包含了全球 465 个跟踪站(GNSS/SLR/VLBI)的海潮系数,主要是采用 CRS 4.0 全球海潮模型得到的,个别站也辅以 CRS 3.0 或其他模型。在具体操作中,测站如果距 station.oct 中某个跟踪站的距离小于 10 km,则测站的海潮系数就直接取用这个跟踪站的,否则就需要通过 grid.oct 内插而得到(Herring et al,2010a)。但一些实际的数据处理结果表明,直接利用随 GAMIT 软件包发布的 station.oct 文件对中国大陆的测站进行海潮改正的效果并不理想。这可能是由于海潮模型及 station.oct 文件中跟踪站分布的局限性造成的。

　　GNSS 地壳形变监测网基线之间的距离达数百至上千千米,仅仅利用几个 IGS 站来确定整网的框架基准远远不够,这时还需要利用卫星轨道来共同提供基准。因此,对于试验来说,选择 RELAX 模式,强约束 IGS 测站坐标,采用松弛轨道,解算得到松弛解(合并全球 IGS h-文件时需要)。因为 RELAX 模式估计卫星轨道和测站坐标定位精度及基线重复率会更高。对于观测来说,选择 LC_AUTCLN 为采用宽巷模糊度值并用伪距在 autcln 中解算;对于小于几千米的基线,用 L_1 和 L_2 独立载波相位观测值(L1,L2_INDEPEND)或者仅用 L_1(L1_ONLY),相比用无电离层组合(LC_HELP)可以减少噪声水平。

　　基线处理是利用伪距和载波相位观测资料的双差组合求得台站坐标和卫星轨道的单日松弛解。因为 GNSS 卫星的轨道和测站坐标都不在同一个稳定的参考框架里。因此,整个 GNSS 网作为一个刚体每次解算都会存在整体平移和旋转。由于基线向量无法提供确定点的绝对坐标所必需的绝对位置基准,因此必须引入外部基准进行网平差。网平差是数据处理的最后阶段,基本过程是先利用双差数据进行最小二乘参数估计,解算出各时段的基线和模糊度,然后将各同步观测网自由基准的法方程矩阵进行叠加,再对平差系统给予确定的基准,获得最终的平差结果。GAMIT/GLOBK 软件采用了卡尔曼滤波的模型,对同步网解进行整体处理,获取测站坐标和速度。利用 GLOBK 将整个监测网每天的单日松弛解和圣地亚哥海洋研究所轨道中心(SOPAC)计算出的全球 IGS 跟踪站的多个单日松弛解(IGS1～IGS6)合并,得到一个包含 GNSS 测站全球分布的合并单日松弛解。最后,以全球单日松弛解作为准观测值,利用 GLOBK 进行卡尔曼滤波参数估计,并通过全球均匀分布、不受地震影响的 IGS 站作为参考站进行赫尔默特七参数相似变换,得到国际地球参考框架(ITRF)下的测站坐标和速率。参考框架点的选择必须满足的条件是:全球均匀分布;站点稳定,不受大震或大的构造活动的影响;水平向重复性误差不超过 3 mm;站点线性趋势项明显,一致性较好等。

　　Bernese 解算方案是:利用 GPSEST 程序计算基线浮动解,并在此基础上,基于最小二乘估计准则,只解算独立基线。先采用准电离层(quias_ionosphere free,QIF)方式,忽略基线之间的相关性,逐条确定基线中的相位模糊度。然后,顾及基线之间的相关性,根据相位双差观测方程,利用 GPSEST 程序计算获得 GNSS 测站的坐标自由解。最后,选择合适的框架基准,选择 ITRF 框架或局部框架,采用重心基准平差的方法,利用 ADDNEQ2 程序将观测网依附至特定框架系中,获得观测网中 GNSS 测站的坐标约束解。在对 ITRF 或 IGS 先验坐标作为约束时,设定适当的阈值,如 N 向 10 mm、E 向 10 mm、U 向 30 mm。根据约束阈值,从框架站列表中自动剔除重心基准下残差超限的测站。

Bernese 软件数据处理分为手工处理与批处理两种方式,两种处理方式的数据解算流程基本一致。Bernese 软件的数据处理方法不是固定和唯一的,本书主要利用 Bernese 软件对 GNSS 双差相位观测值进行处理,并求解测站坐标单日解。处理过程主要分为:数据准备、卫星轨道标准化、数据的预处理、参数估计。

1)数据准备

需要预先准备的数据有:GNSS 观测文件中的 RINEX 文件(包括区域网内测站及 ITRF/IGS 站观测数据)、外部辅助文件(包括星历文件、地球自转参数文件、电离层文件、对流层文件、天线相位文件、海潮改正文件等)和内部辅助文件(包括测站信息文件等)。并将相关文件转换成 Bernese 软件二进制格式。

2)卫星轨道标准化

卫星星历可以选择精密星历或广播星历。Bernese 软件在轨道计算部分有两个主要程序:第一个是 PRETAB,其主要工作是将星历从地固坐标框架转换成惯性坐标框架,并提取卫星钟的钟差;第二个是 ORGEN,主要将 PRETAB 生成的轨道表文件插值转换成标准轨道文件。

3)数据预处理

利用 CODSPP 程序,基于单点定位原理计算出接收机的粗略时钟改正量,并储存到相位和伪距的二进制观测文件中;利用 SNGDIF 程序,根据选定的原则(最大观测时段、最大边长等)在整个 GNSS 网测站和框架站中形成独立的基线单差文件;利用 MAUPRP 程序,基于 GNSS 相位观测值相关组合(无几何关系组合、电离层无关组合等)的特性,剔除相位观测值中的异常值,尽可能获得干净的相位观测值。

4)参数估计

首先,计算基线浮动解,而后,基于最小二乘估计准则,获得处理网中 GNSS 测站的坐标约束解。

Bernese 批量处理引擎(简称 BPE)是采用 Perl 语言编写的,是一个独立的模块,采用 C/S 结构,有交互式和非交互式两种模式可以选择。

BPE 的实现主要依靠 4 个过程控制文件(process control file,PCF):PPP. PCF、RNX2SNX. PCF、CLK. PCF 及 BASTST. PCF。在这些控制文件中,定义了解算流程中需要调用的各种命令和脚本的顺序,具体的含义如下:

（1）PPP. PCF（Teferle et al，2007）：主要估计各个点位的坐标及其他各项参数，如对流层延迟及接收机钟差等。一般用来为精确定位提供坐标初始解。

（2）RNX2SNX. PCF：根据原始观测值估计测站的坐标及各种解算参数，同时形成法方程，进而可以求出测站的速度参数，同时将解算结果以 SINEX 标准格式输出。该控制文件在 BPE 中应用最广泛，是计算测站坐标单日解的核心控制文件。

（3）CLK. PCF：根据网内的原始观测值和星历文件，计算接收机钟差和卫星钟差，并且合并生成一个钟差 RINEX 文件。

（4）BASTST. PCF：差分模式下的基线解算控制文件。

2.2.2　结果分析

在 GNSS 高精度地壳形变数据处理中，为了得到准确可靠的结果，必须对结果进行验证。如果仅仅通过基线解算的中误差来评价精度，很不客观，因为它只代表了内符合情况。因此，采用了 GAMIT 10.4 和 Bernese 5.2 两种软件的不同算法对同一数据进行解算，通过对两者结果时序趋势的一致性和离散度的比较，来判断解算结果的质量与可靠性。利用这两种软件对川滇地区 2010—2014 年陆态网络 62 个 GNSS 连续观测基准站进行了基线解算，其中 SCLH-SCXJ 基线解算结果如图 2.13 所示，其他基线结果见附录 D。由基线结果可以看出，DX、DL 离散度在 5 mm 之内，DY、DZ 离散度在 10 mm 之内。两种软件解算结果整体吻合度较高，时序曲线趋势变化一致。可见，两种软件基线解算结果基本能够满足高精度地壳形变监测的要求。

利用 GAMIT 10.4 和 Bernese 5.2 解算了川滇地区陆态网络 62 个 GNSS 连续观测基准站 2010—2014 年共 5 年的单日解坐标时间序列。其中的一个测站 SCSM 的解算结果如图 2.14 所示，其他测站结果见附录 E。由测站坐标时间序列可以看出，两种软件网平差后单日解坐标时间序列离散度接近，基本都在 10 mm 之内，中误差均优于 3 mm。两者坐标序列及其中误差的整体趋势变化一致，吻合度较高。虽 Bernese 解算中误差整体略低于 GAMIT，但这并不说明中误差小者解算精度就高，因为可能两者解算中误差之间存在系统偏差，并且同一软件之间的相互比较只能说明处理方案内部的一致性。而不同软件、不同方法的解算结果之间的比较，能更客观地评价数据处理结果的外部一致性与可靠性。

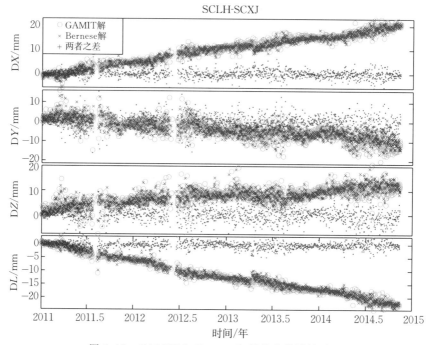

图 2.13　GAMIT 和 Bernese 解算的基线结果对比

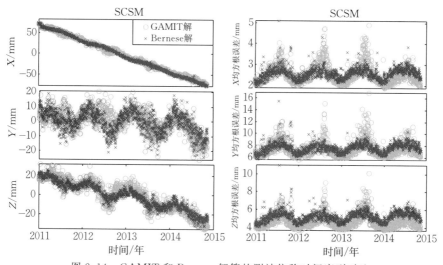

图 2.14　GAMIT 和 Bernese 解算的测站位移时间序列对比

2.2.3　精度评定

基线重复率是衡量基线解算质量的重要指标之一,重复率定义为

$$R_c = \sqrt{\dfrac{\dfrac{n}{n-1} \displaystyle\sum_{i=1}^{n} \dfrac{(C_i - C_m)^2}{\sigma_{c_i}^2}}{\displaystyle\sum_{i=1}^{n} \dfrac{1}{\sigma_{c_i}^2}}} \qquad (2.12)$$

式中，R_c 为基线的重复性统计值，n 为同一基线的总的观测时段数，C_i 为一个时段所求得的基线某一分量或边长，σ_{c_i} 为相应于 C_i 分量的中误差，C_m 为基线结果的加权平均值。

$$C_m = \dfrac{\displaystyle\sum_{i=1}^{n} \dfrac{C_i}{\sigma_{c_i}^2}}{\displaystyle\sum_{i=1}^{n} \dfrac{C_i}{\sigma_{c_i}^2}} \qquad (2.13)$$

　　基线结果的评价还可以基线长度与误差的关系来衡量。按最小二乘拟合出基线重复率和基线长度之间的线性关系，得出固定误差和比例误差部分，作为衡量基线精度的参考标准。

$$R_c = a + bL_c \qquad (2.14)$$

式中，L_c 为基线长度；a 为常数部分，是与基线长度无关的误差部分；b 为比例部分，是与基线长度成正比的比例误差。

　　解算川滇地区各基线，利用单日解分别计算基线重复率。选取一周内的重复率结果如图 2.15 所示，其中基线重复率的固定部分单位为 mm，比例部分的基线长度 L 单位为 m。由图 2.15 可知，单日解的相对精度达到了 10^{-10} 的量级。选择网中最长的基线 SCXJ-SCMB，长度为 264 428.667 m。经计算，N、E、U 向和长度 L 的重复率分别为 0.77 mm、1.14 mm、3.54 mm 和 1.04 mm。这说明对于最长的基线来说，其绝对重复率也能达到水平向 1 mm 左右、垂直向 3 mm 左右的水平。

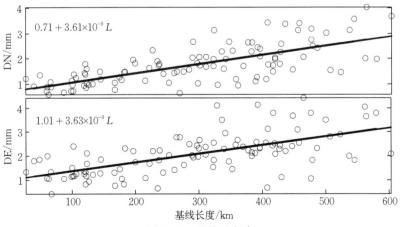

图 2.15　基线重复率

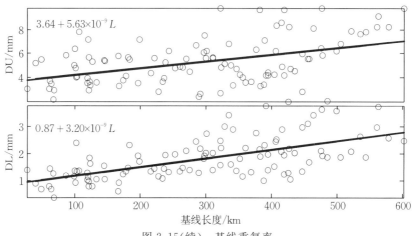

图 2.15（续）　基线重复率

NRMS 值用来表示单时段解算出的基线值偏离其加权平均值的程度，是从历元的模糊度解算中得出的残差。解算 2010—2014 年的 NRMS 值如图 2.16 所示。图 2.16 中显示，NRMS 值均优于 0.2，表明 GNSS 基线处理精度较高。

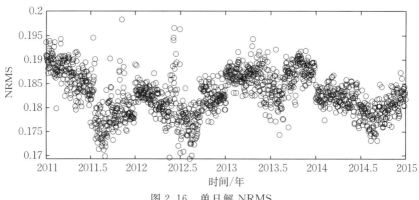

图 2.16　单日解 NRMS

2.3　GNSS 测站运动速度估计

求取测站速度对划分板块或块体边界、评估地质构造、研究地震的触发机制至关重要。通过 GAMIT 软件处理 GNSS 基线解算得到的松弛解，相当于自由网平差的结果。如果只观测两期，经过赫尔默特相似变换后便可得到这两期的 ITRF 坐标，两期的坐标相减除以两期间隔时间便可得到 ITRF 框架下测站的实际运动速度。然而，实际地壳形变的研究通常需要经过长时间多期的区域站观测或是连续站的连续观测序列。对此，可采用两类方法进行测站运动速度的估计，一是将测站坐标和速度同时作为参数,在进行网平差的同时一起求解,主要有法方程重构解算模型和基线向量最小二乘综合解算模型;二是对网平差后单日解测站坐标序列进行时序分析,估计噪声模型来拟合线性趋势项即速度。

2.3.1　法方程重构解算模型

对于分期 GNSS 观测,为了求出该网某一历元的测站坐标和运动速度,可先对每个独立基线解的协因数矩阵求逆得到法方程系数矩阵,再由改正数求出法方程的常数项,去掉法方程中原来加入的先验限制(王解先,1997)。对区域 GNSS 网处理时必须加入较强的先验约束,并将其扩充至包含测站坐标、测站运动速度,以及年、半年周期项等未知参数,再将得到的所有法方程迭加起来,得到总的法方程。因法方程是秩亏的,需附加一定的约束条件,如固定其中的某些点的坐标速度,或进行拟稳平差和重心基准平差等,求出最终解。

对于第 i 天的观测数据,可列出以下误差方程,即

$$v_i = A_i \hat{x}_i - l_i \qquad (2.15)$$

式中,v_i 为观测值的改正数,A_i 为误差方程系数,l_i 为常数项,$\hat{x}_i$ 为未知参数的改正值,则第 i 测段观测的法方程可写为

$$N_i \hat{x}_i = C_i \qquad (2.16)$$

式中,法方程系数 N_i 为 Q_i 的逆矩阵,Q_i 表示第 i 天观测的坐标及其他参数的协因数矩阵,法方程的常数项 C_i 可由式(2.16)反求出,将法方程系数矩阵中已加入的先验条件去除,去除后仍计为 N_i。即 X_i 为未知参数近似值,考虑到每次采用的未知量近似值原来并不统一,若要总体平差必须采用一致的近似值 X'_i。因为对每次观测值作平差所采用的近似值是比较接近的,选用的 X'_i 与 X_i 仍比较接近,所以误差方程系数可不作改变,即 N_i 不变,而法方程常数项由 C_i 改变为

$$C'_i = C_i - N_i(X_i - X'_i) \qquad (2.17)$$

变化后的法方程表示为

$$N_i \hat{x}_i = C'_i \qquad (2.18)$$

由于测站受地壳运动、季节项等因素的影响,每个测站点的坐标是变化的,定义站坐标在参考时刻 t_0 的值为 $X'_i + \hat{x}_i$,则第 i 观测段即 t_i 时刻的坐标为

$$X_i = X'_i + \hat{x}_i + \Delta t_i v + c_i \sin(2\pi t_i) + d_i \cos(2\pi t_i) + e_i \sin(4\pi t_i) + f_i \cos(4\pi t_i) \qquad (2.19)$$

其中,v 为测站运动速度,其初值设为零。c 和 d 表示全年性周期项系数,e 和 f 表示半年性周期项系数。在此引入测站运动速度和年、半年周期项同时作为待估参数,误差方程和法方程将会发生变化。变化后的误差方程为

$$v_i = A_i[\hat{x}_i + \Delta t_i v + c_i \sin(2\pi t_i) + d_i \cos(2\pi t_i) + e_i \sin(4\pi t_i) + f_i \cos(4\pi t_i)] - l_i \qquad (2.20)$$

化为矩阵形式为

$$
\boldsymbol{v}_i = \begin{bmatrix} \boldsymbol{A}_i & \boldsymbol{A}_i\Delta t_i & \boldsymbol{A}_i\sin(2\pi t_i) & \boldsymbol{A}_i\cos(2\pi t_i) & \boldsymbol{A}_i\sin(4\pi t_i) & \boldsymbol{A}_i\cos(4\pi t_i) \end{bmatrix} \begin{bmatrix} \hat{\boldsymbol{x}}_i \\ \boldsymbol{v}_i \\ c_i \\ d_i \\ e_i \\ f_i \end{bmatrix} - \boldsymbol{l}_i
$$

（2.21）

变化后第 i 天的法方程为

$$
\begin{bmatrix}
\boldsymbol{N}_i & \boldsymbol{N}_i\Delta t_i & \boldsymbol{N}_i\sin(2\pi t_i) & \boldsymbol{N}_i\cos(2\pi t_i) & \boldsymbol{N}_i\sin(4\pi t_i) & \boldsymbol{N}_i\cos(4\pi t_i) \\
\boldsymbol{N}_i\Delta t_i & \boldsymbol{N}_i\Delta t_i^2 & \boldsymbol{N}_i\Delta t_i\sin(2\pi t_i) & \boldsymbol{N}_i\Delta t_i\cos(2\pi t_i) & \boldsymbol{N}_i\Delta t_i\sin(4\pi t_i) & \boldsymbol{N}_i\Delta t_i\cos(4\pi t_i) \\
\boldsymbol{N}_i\sin(2\pi t_i) & \boldsymbol{N}_i\Delta t_i\sin(2\pi t_i) & \boldsymbol{N}_i\sin^2(2\pi t_i) & \boldsymbol{N}_i\sin(2\pi t_i)\cos(2\pi t_i) & \boldsymbol{N}_i\sin(2\pi t_i)\sin(4\pi t_i) & \boldsymbol{N}_i\sin(2\pi t_i)\cos(4\pi t_i) \\
\boldsymbol{N}_i\cos(2\pi t_i) & \boldsymbol{N}_i\Delta t_i\cos(2\pi t_i) & \boldsymbol{N}_i\sin(2\pi t_i)\cos(2\pi t_i) & \boldsymbol{N}_i\cos^2(2\pi t_i) & \boldsymbol{N}_i\cos(2\pi t_i)\sin(4\pi t_i) & \boldsymbol{N}_i\cos(2\pi t_i)\cos(4\pi t_i) \\
\boldsymbol{N}_i\sin(4\pi t_i) & \boldsymbol{N}_i\Delta t_i\sin(4\pi t_i) & \boldsymbol{N}_i\sin(2\pi t_i)\sin(4\pi t_i) & \boldsymbol{N}_i\cos(2\pi t_i)\sin(4\pi t_i) & \boldsymbol{N}_i\sin^2(4\pi t_i) & \boldsymbol{N}_i\sin(4\pi t_i)\cos(4\pi t_i) \\
\boldsymbol{N}_i\cos(4\pi t_i) & \boldsymbol{N}_i\Delta t_i\cos(4\pi t_i) & \boldsymbol{N}_i\sin(2\pi t_i)\cos(4\pi t_i) & \boldsymbol{N}_i\cos(2\pi t_i)\cos(4\pi t_i) & \boldsymbol{N}_i\sin(4\pi t_i)\cos(4\pi t_i) & \boldsymbol{N}_i\cos^2(4\pi t_i)
\end{bmatrix}
$$

$$
\begin{bmatrix} \hat{\boldsymbol{x}}_i \\ v_i \\ c_i \\ d_i \\ e_i \\ f_i \end{bmatrix} = \begin{bmatrix} \boldsymbol{C}_i \\ \Delta t_i\boldsymbol{C}_i \\ \sin(2\pi t_i)\boldsymbol{C}_i \\ \cos(2\pi t_i)\boldsymbol{C}_i \\ \sin(4\pi t_i)\boldsymbol{C}_i \\ \cos(4\pi t_i)\boldsymbol{C}_i \end{bmatrix}
$$

（2.22）

将 GNSS 网中所有观测时段的法方程式叠加起来可得到最后总法方程为

$$
\begin{bmatrix}
\sum\boldsymbol{N}_i & \sum\boldsymbol{N}_i\Delta t_i & \sum\boldsymbol{N}_i\sin(2\pi t_i) & \sum\boldsymbol{N}_i\cos(2\pi t_i) & \sum\boldsymbol{N}_i\sin(4\pi t_i) & \sum\boldsymbol{N}_i\cos(4\pi t_i) \\
\sum\boldsymbol{N}_i\Delta t_i & \sum\boldsymbol{N}_i\Delta t_i^2 & \sum\boldsymbol{N}_i\Delta t_i\sin(2\pi t_i) & \sum\boldsymbol{N}_i\Delta t_i\cos(2\pi t_i) & \sum\boldsymbol{N}_i\Delta t_i\sin(4\pi t_i) & \sum\boldsymbol{N}_i\Delta t_i\cos(4\pi t_i) \\
\sum\boldsymbol{N}_i\sin(2\pi t_i) & \sum\boldsymbol{N}_i\Delta t_i\sin(2\pi t_i) & \sum\boldsymbol{N}_i\sin^2(2\pi t_i) & \sum\boldsymbol{N}_i\sin(2\pi t_i)\cos(2\pi t_i) & \sum\boldsymbol{N}_i\sin(2\pi t_i)\sin(4\pi t_i) & \sum\boldsymbol{N}_i\sin(2\pi t_i)\cos(4\pi t_i) \\
\sum\boldsymbol{N}_i\cos(2\pi t_i) & \sum\boldsymbol{N}_i\Delta t_i\cos(2\pi t_i) & \sum\boldsymbol{N}_i\sin(2\pi t_i)\cos(2\pi t_i) & \sum\boldsymbol{N}_i\cos^2(2\pi t_i) & \sum\boldsymbol{N}_i\cos(2\pi t_i)\sin(4\pi t_i) & \sum\boldsymbol{N}_i\cos(2\pi t_i)\cos(4\pi t_i) \\
\sum\boldsymbol{N}_i\sin(4\pi t_i) & \sum\boldsymbol{N}_i\Delta t_i\sin(4\pi t_i) & \sum\boldsymbol{N}_i\sin(2\pi t_i)\sin(4\pi t_i) & \sum\boldsymbol{N}_i\cos(2\pi t_i)\sin(4\pi t_i) & \sum\boldsymbol{N}_i\sin^2(4\pi t_i) & \sum\boldsymbol{N}_i\sin(4\pi t_i)\cos(4\pi t_i) \\
\sum\boldsymbol{N}_i\cos(4\pi t_i) & \sum\boldsymbol{N}_i\Delta t_i\cos(4\pi t_i) & \sum\boldsymbol{N}_i\sin(2\pi t_i)\cos(4\pi t_i) & \sum\boldsymbol{N}_i\cos(2\pi t_i)\cos(4\pi t_i) & \sum\boldsymbol{N}_i\sin(4\pi t_i)\cos(4\pi t_i) & \sum\boldsymbol{N}_i\cos^2(4\pi t_i)
\end{bmatrix}
$$

$$
\begin{bmatrix} \hat{\boldsymbol{x}}_i \\ v_i \\ c_i \\ d_i \\ e_i \\ f_i \end{bmatrix} = \begin{bmatrix} \sum\boldsymbol{C}_i \\ \sum\Delta t_i\boldsymbol{C}_i \\ \sum\sin(2\pi t_i)\boldsymbol{C}_i \\ \sum\cos(2\pi t_i)\boldsymbol{C}_i \\ \sum\sin(4\pi t_i)\boldsymbol{C}_i \\ \sum\cos(4\pi t_i)\boldsymbol{C}_i \end{bmatrix}
$$

（2.23）

其中，$\sum$ 表示 i 从 1 到 n 的观测时段之和；式中待估参数为某参考时刻 t_0 的站坐标改正数，以及测站运动速度和年、半年周期项系数。针对方程的求解，它是一秩亏的法方程,还必须顾及一定的约束条件,可以采用固定某些测站的坐标和速度值,或者采用重心基准约束等。

近似值由 $\boldsymbol{X}_i$ 变为 $\boldsymbol{X}'_i$ 后,误差方程式(2.15)的常数项 l_i 变为 $l_i + \boldsymbol{A}_i(\boldsymbol{X}_i - \boldsymbol{X}'_i)$,则 $l_i^{\mathrm{T}}\boldsymbol{P}_i l_i$ 变为 $l_i^{\mathrm{T}}\boldsymbol{P}_i l_i + 2\boldsymbol{C}_i(\boldsymbol{X}_i - \boldsymbol{X}'_i) + (\boldsymbol{X}_i - \boldsymbol{X}'_i)^{\mathrm{T}}\boldsymbol{N}_i(\boldsymbol{X}_i - \boldsymbol{X}'_i)$。其中,$\boldsymbol{P}_i$ 和 $\boldsymbol{N}_i$ 分别为第 i 测段的观测值权矩阵和法方程系数矩阵。因此综合解的残差平方和为

$$\boldsymbol{V}^{\mathrm{T}}\boldsymbol{P}\boldsymbol{V} = l_i^{\mathrm{T}}\boldsymbol{P}_i l_i - \hat{\boldsymbol{x}}_i^{\mathrm{T}}\boldsymbol{N}\hat{\boldsymbol{x}}_i$$

$$= \sum_{i=1}^{n} l_i^{\mathrm{T}}\boldsymbol{P}_i l_i + 2\sum_{i=1}^{n} \boldsymbol{C}_i(\boldsymbol{X}_i - \boldsymbol{X}'_i) + \sum_{i=1}^{n}(\boldsymbol{X}_i - \boldsymbol{X}'_i)^{\mathrm{T}}\boldsymbol{N}_i(\boldsymbol{X}_i - \boldsymbol{X}'_i) - \hat{\boldsymbol{x}}_i^{\mathrm{T}}\boldsymbol{N}\hat{\boldsymbol{x}}_i$$

$$(2.24)$$

单位权中误差为

$$\sigma_0 = \sqrt{\frac{\boldsymbol{V}^{\mathrm{T}}\boldsymbol{P}\boldsymbol{V}}{n-t}} \qquad (2.25)$$

式中,n 为总的观测值个数,t 为未知参数个数。由单位权中误差 σ_0 和协因数矩阵可以求出未知参数的中误差,再利用方差-协方差矩阵传播率可以求出未知参数函数的中误差,进而进行解算精度评估。

因为 GNSS 解算结果是空间直角坐标系 XYZ 坐标,而实际应用中通常采用站心地平坐标系 NEU 坐标。因此,需要通过坐标转换可将 XYZ 坐标时间序列转换至 NEU 坐标时间序列。坐标转换公式为

$$\begin{bmatrix} N \\ E \\ U \end{bmatrix} = \begin{bmatrix} -\sin(\lambda)\cos(\phi) & -\sin(\lambda)\sin(\phi) & \cos(\lambda) \\ -\sin(\phi) & \cos(\phi) & 0 \\ \cos(\lambda)\cos(\phi) & \cos(\lambda)\sin(\phi) & \sin(\lambda) \end{bmatrix} \begin{bmatrix} X \\ Y \\ Z \end{bmatrix} \qquad (2.26)$$

式中,λ 表示测站纬度,ϕ 表示测站经度。

2.3.2　基线向量最小二乘综合解算模型

基线向量最小二乘综合解算模型是将参考时刻的测站坐标和运动速度作为未知参数,把所有时段所有基线联合起来建立方程一同求解(王解先,2005)。本节利用 GAMIT 解算得到的所有基线向量纳入统一综合模型作为观测值,基线向量的验后方差-协方差矩阵则被用来确定观测值的权矩阵,引入测站坐标、测站运动速度和年、半年周期项系数等作为未知参数,并引入适当的起算数据。利用最小二乘在整体平差的同时直接得到各测站的三维坐标、三维运动速度和年、半年周期项系数。

若 $\Delta\boldsymbol{R}_{ij}^t = [\Delta X_{ij} \quad \Delta Y_{ij} \quad \Delta Z_{ij}]$ 表示测站 i 至测站 j 在 t 时刻解算的基线向量,则由基线向量列观测方程为

$$\Delta\boldsymbol{R}_{ij}^t = R_j^t - R_i^t + \varepsilon_{ij}^t \qquad (2.27)$$

式中,R_i^t、R_j^t 分别为 t 时刻 i 和 j 的空间坐标,ε_k 为基线向量解算误差。

若以 R_i^m、R_j^m 表示两测站在中间时刻 m 的三维坐标,v_i、v_j 表示两测站的三维速度,c、d、e、f 分别表示年、半年周期项系数,则 t 时刻两测站的坐标可表示为

$$
\begin{cases}
R_i^t = R_i^m + v_i \mathrm{d}t + c_i \sin(2\pi t) + d_i \cos(2\pi t) + e_i \sin(4\pi t) + f_i \cos(4\pi t) \\
R_j^t = R_j^m + v_j \mathrm{d}t + c_j \sin(2\pi t) + d_j \cos(2\pi t) + e_j \sin(4\pi t) + f_j \cos(4\pi t)
\end{cases}
$$

$$(2.28)$$

式中,$\mathrm{d}t = \dfrac{t - t_m}{\Delta}$,$t_m = \dfrac{t_l + t_f}{2}$,$\Delta = \dfrac{t_l - t_f}{2}$,$t_f$、$t_l$ 分别为最早观测和最后观测时刻,$\mathrm{d}t$ 的取值范围为 $[-1,1]$,这样有利于法方程性能稳定。式(2.28)代入式(2.27)得最终的观测方程为

$$
\begin{aligned}
\Delta R_{ij}^t = {} & R_j^m + V_j \mathrm{d}t - R_i^m - V_i \mathrm{d}t + (c_j - c_i)\sin(2\pi t) + (d_j - d_i)\cos(2\pi t) + \\
& (e_j - e_i)\sin(4\pi t) + (f_j - f_i)\cos(4\pi t) + \varepsilon_{ij}^t
\end{aligned}
$$

$$(2.29)$$

在上述的观测方程中,待求参数为测站 i 和 j 在参考时刻 m 的坐标、测站 i 和 j 的运动速度与年、半年周期项系数,观测值为基线三维向量,权矩阵为 GNSS 基线解算的协方差矩阵的逆矩阵。以上只是基于其中一条基线列出的误差方程。同理,可列出所有时段整个 GNSS 网所有基线的误差方程并联立求解。因基线解算结果单日解是松弛解,联合解的站坐标组成的网没有固定的参考基准,因此需要确定参考框架。可采用若干稳定的 IGS 站的站坐标和速度进行拟稳平差或重心基准平差,参考基准取决于所取 IGS 站坐标或速度的近似值系统。

2.3.3 基线向量卡尔曼滤波解算模型

基线向量最小二乘综合解算模型将参考时刻的坐标、测站速度和年、半年周期项系数作为待估参数,综合所有时段所有基线利用最小二乘联立求解,这通常是法方程叠加的过程。随着观测期数的增加,矩阵会一直积累变得很大,数据处理变得复杂。而卡尔曼滤波的优点是无须保留用过的观测值序列,按照一套递推算法,把参数估计和预报有机地结合起来,计算速度较快,还可以节约内存。而且 GAMIT 软件的输出结果文件提供了单日解基线向量参数估计结果及其协方差矩阵,这为利用卡尔曼滤波合并单日解提供了有利条件。为此,本节基于动态卡尔曼滤波理论将测站坐标、测站速度和年、半年周期项作为具有方差信息的准观测值,建立了动态卡尔曼滤波漂移速度估计的数学模型。对一系列的单日解进行卡尔曼滤波,通过对全球 IGS 核心站的约束来进行参考框架的定义和七参数转换,从而得到 ITRF 下的测站的坐标和运动速度。

因测站坐标参数是随机变化的,可认为这些参数是随机漫步(random walk)过程,采用马尔可夫过程来描述。将测站运动速度和年、半年周期项系数作为恒定参数,测站坐标作为时变参数,可列出基于基线向量的卡尔曼滤波模型的观测方程

和状态方程。同时,需要固定若干稳定站点的 IGS 坐标和速度,或采用重心基准等约束条件构建虚拟观测方程。观测方程同 2.3.2 节基线最小二乘综合解算模型中的式(2.29)。建立测站坐标、速度和年、半年周期项系数作为状态向量的状态转移方程,即

$$
\begin{bmatrix} R_i^{k+1} \\ V_i^{k+1} \\ a_i^{k+1} \\ b_i^{k+1} \\ c_i^{k+1} \\ d_i^{k+1} \end{bmatrix} = \begin{bmatrix} 1 & (t_{k+1}-t_k) & 0 & 0 & 0 & 0 \\ 0 & 1 & 0 & 0 & 0 & 0 \\ 0 & 0 & 1 & 0 & 0 & 0 \\ 0 & 0 & 0 & 1 & 0 & 0 \\ 0 & 0 & 0 & 0 & 1 & 0 \\ 0 & 0 & 0 & 0 & 0 & 1 \end{bmatrix} \begin{bmatrix} R_i^k \\ v_i^k \\ c_i^k \\ d_i^k \\ e_i^k \\ f_i^k \end{bmatrix} + \boldsymbol{\varepsilon}_k \qquad (2.30)
$$

式(2.30)可简写为 $\bar{\boldsymbol{x}}_{k+1} = \boldsymbol{T}\hat{\boldsymbol{x}}_k + \boldsymbol{\varepsilon}_k$,$\boldsymbol{T}$ 为状态转移矩阵,$\boldsymbol{\varepsilon}_k$ 为 k 到 $k+1$ 时刻之间影响状态转移的随机扰动向量,即过程噪声矩阵。把瞬时的加速度 α 看作是一种随机干扰,则其协方差矩阵 $\boldsymbol{D}_t$ 为

$$
\boldsymbol{D}_t = \begin{bmatrix} \dfrac{1}{3}\alpha(t_{k+1}-t_k)^3 & \dfrac{1}{2}\alpha(t_{k+1}-t_k)^2 & 0 & 0 & 0 & 0 \\ \dfrac{1}{2}\alpha(t_{k+1}-t_k)^2 & \alpha(t_{k+1}-t_k) & 0 & 0 & 0 & 0 \\ 0 & 0 & 0 & 0 & 0 & 0 \\ 0 & 0 & 0 & 0 & 0 & 0 \\ 0 & 0 & 0 & 0 & 0 & 0 \\ 0 & 0 & 0 & 0 & 0 & 0 \end{bmatrix} \qquad (2.31)
$$

从 k 到 $k+1$ 时刻的预报公式为

$$
\bar{\boldsymbol{x}}_{k+1} = \boldsymbol{T}\hat{\boldsymbol{x}}_k \qquad (2.32)
$$

$$
\boldsymbol{D}_{\bar{x}_{k+1}} = \boldsymbol{T}\Sigma_{\hat{x}_k}\boldsymbol{T}^{\mathrm{T}} + \boldsymbol{D}_k \qquad (2.33)
$$

从 k 到 $k+1$ 时刻的修正公式为

$$
\hat{\boldsymbol{x}}_{k+1} = \bar{\boldsymbol{x}}_{k+1} + \boldsymbol{K}(\boldsymbol{y}_{k+1} - \boldsymbol{A}_{k+1}\bar{\boldsymbol{x}}_{k+1}) \qquad (2.34)
$$

$$
\boldsymbol{D}_{\hat{x}_{k+1}} = (\boldsymbol{I} - \boldsymbol{K}\boldsymbol{A}_{k+1})\boldsymbol{D}_{\bar{x}_{k+1}} \qquad (2.35)
$$

其中,$\boldsymbol{K}$ 为卡尔曼滤波增益矩阵,即

$$
\boldsymbol{K} = \boldsymbol{D}_{\bar{x}_{k+1}}\boldsymbol{A}_{k+1}^{\mathrm{T}}(\boldsymbol{R}_{k+1} + \boldsymbol{A}_{k+1}\boldsymbol{D}_{\bar{x}_{k+1}}\boldsymbol{A}_{k+1}^{\mathrm{T}})^{-1} \qquad (2.36)
$$

上述卡尔曼滤波估计的时间顺序是逐渐增加的,直到最后参考历元时刻的参数最佳估计值和协方差矩阵才是前向卡尔曼滤波。还需要再运行后向卡尔曼滤波估计进行回代。后向卡尔曼滤波估计与前向卡尔曼滤波估计公式相同,只是时间顺序相反。

最后,需把解算结果归算到统一的坐标参考基准中。对 GNSS 网中 j 测站坐

标用 R_j 表示,再以 R'_j 表示该点在统一坐标参考基准中的坐标,R_j 与 R'_j 之间的关系可由赫尔默特转换表示为

$$R'_j = X^0_j + (1 + k_i) \boldsymbol{R}(\theta_i) R_j \tag{2.37}$$

式中,X^0_j 为 i 测段的坐标平移量,k_i 为尺度因子,$\boldsymbol{R}(\theta_i)$ 为绕 X、Y、Z 三个坐标轴的旋转矩阵。对网中所有点,按式(2.37)进行最小二乘,可求出坐标转换参数 X^0_j、k_i 和 $\boldsymbol{R}(\theta_i)$。再由求出的坐标转换参数,将网中所有点转换到统一的坐标基准中。

2.3.4　坐标时序分析与速度估计

对于长时间连续 GNSS 观测,为获取 GNSS 测站精确的速度场信息,可以对 GNSS 长时间坐标时间序列进行速度拟合(Nikolaidis,2002;Davis et al,2003)。 GNSS 单站、单分量坐标时间序列速度拟合函数模型可表示为

$$y(t_i) = a + bt_i + c\sin(2\pi t_i) + d\cos(2\pi t_i) + e\sin(4\pi t_i) + f\cos(4\pi t_i) +$$

$$\sum_{j=1}^{n_g} g_j H(t_i - T_{gj}) + \varepsilon_i \tag{2.38}$$

式中,t_i 是以年为单位的 GNSS 站点单日历元,H 表示 Heaviside 阶梯函数,a 表示站点的起始位置,b 表示线速度,c 和 d 表示年周期项系数,e 和 f 表示半年周期项系数,$\sum_{j=1}^{n_g} g_j H(t_i - T_{gj}) + \varepsilon_i$ 表示发生在历元 T_{gj} 处大小为 g_j 的 n_g 个偏移常量,即站点由于地震或者更换接收机天线等原因产生的后续历元位置整体偏移。

在速度估计时,考虑到有色噪声对速度估计的影响,通过构造最大似然函数估计谱指数。对于幂律谱噪声,协因数矩阵 $\boldsymbol{J}_{pl}$ 可表示成转换矩阵与其转置的乘积 (Williams,2003),即

$$\boldsymbol{J}_{pl} = \boldsymbol{T}(a) \boldsymbol{T}(a)^{\mathrm{T}} \tag{2.39}$$

转换矩阵 $\boldsymbol{T}(a)$ 可表示为

$$\boldsymbol{T}(a) = \Delta t^{-a/4} \begin{bmatrix} \varphi_0 & 0 & 0 & \cdots & 0 \\ \varphi_1 & \varphi_0 & 0 & \cdots & 0 \\ \varphi_2 & \varphi_1 & \varphi_0 & \cdots & 0 \\ \vdots & \vdots & \vdots & & \vdots \\ \varphi_{m-1} & \varphi_{m-2} & \varphi_{m-3} & \cdots & \varphi_0 \end{bmatrix} \tag{2.40}$$

$$\varphi_m = \frac{-\dfrac{a}{2}\left(1 - \dfrac{a}{2}\right)\left(2 - \dfrac{a}{2}\right)\cdots\left(m - 1 - \dfrac{a}{2}\right)}{m} \tag{2.41}$$

式中,$m > 0$($m = 0$ 时,$\varphi_0 = 1$),Δt 为采样间隔,a 为谱指数,m 为序列长度。因为观测噪声由白噪声和有色噪声组成,则残差序列的协方差可表示为

$$Q_{vv} = \sigma_{wh}^2 \boldsymbol{R}_{wh} + \sigma_{pl}^2 \boldsymbol{J}_{pl} \qquad (2.42)$$

式中，σ_{wh}、σ_{pl} 为白噪声和有色噪声分量，$\boldsymbol{R}_{wh}$、$\boldsymbol{J}_{pl}$ 为白噪声和有色噪声的协方差矩阵，$\boldsymbol{R}_{wh}$ 也可为单位矩阵。构造噪声分量和谱指数的极大似然函数为

$$lik(\boldsymbol{v}, \boldsymbol{Q}_{vv}) = \frac{1}{(2\pi)^{n/2}(\det(\boldsymbol{Q}_{vv}))^{0.5}} \exp(-0.5\boldsymbol{v}^{\mathrm{T}}\boldsymbol{Q}_{vv}^{-1}\boldsymbol{v}) \qquad (2.43)$$

式中，n 表示时间序列的总长度，其对数形式为

$$\ln[lik(\boldsymbol{v}, \boldsymbol{Q}_{vv})] = -\frac{1}{2}[\ln(\det\boldsymbol{Q}_{vv})] + \boldsymbol{v}^{\mathrm{T}}\boldsymbol{C}^{-1}\hat{v} + n\ln(2\pi)] \qquad (2.44)$$

采用单纯形法求解式（2.44）中的最大值，得到相应的似然值及白噪声与有色噪声分量 σ_{wh}、σ_{pl}。由于闪烁噪声和随机漫步噪声均属于幂律噪声类型，而且原始时间序列的最优噪声模型与 PL+VW 噪声模型的极大似然值相差甚微。而且，幂律噪声的水平可以反映时间序列的整体噪声水平。因此，本书分别利用白噪声模型和 PL+VW 噪声模型对川滇地区连续站 2010—2014 年的观测数据进行了速度估计，估计结果见附录 A。结果表明，所有测站残差坐标时间序列的有色噪声功率谱指数基本处于（−1,0）区间内。可见，5 年的数据主要表现为闪烁噪声。由于随机漫步噪声的长时延相关性，并且川滇地区连续站坐标时间序列的时间过短，仅 5 年时间，很可能还不足以准确量化随机漫步噪声的特征。从附录 A 估计结果的中误差来看，不考虑时间序列中的有色噪声会导致拟合速度精度被严重高估，顾及有色噪声的影响，GNSS 测站拟合速度值变化不大，但是拟合速度中误差将扩大约 2～8 倍。

由式（2.38）所估计的年、半年周期项系数可由式（2.45）计算其振幅和相位，即

$$A_{\text{annual}} = \sqrt{c^2 + d^2}, \ A_{\text{semi\_annual}} = \sqrt{e^2 + f^2} \qquad (2.45)$$

$$\theta_{\text{annual}} = \arctan\left(\frac{c}{d}\right), \ \theta_{\text{semi\_annual}} = \arctan\left(\frac{e}{f}\right) \qquad (2.46)$$

式中，A_{annual}、$A_{\text{semi\_annual}}$ 和 θ_{annual}、$\theta_{\text{semi\_annual}}$ 分别表示年周期和半年周期项的振幅与相位。

用振幅与相位余弦值的乘积（$A_{\text{annual}}\cos(\theta_{\text{annual}})$）表示横坐标记为"consine amplitude"；用振幅与相位正弦值的乘积（$A_{\text{annual}}\sin(\theta_{\text{annual}})$）表示纵坐标记为"sine amplitude"，生成 N、E、U 向年周期信号矢量图，分别如图 2.17、图 2.18 和图 2.19 所示。图 2.20 则表明了相位与月份之间的对应关系。

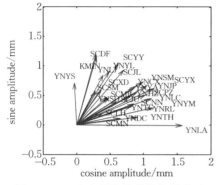

图 2.17　N 向年周期信号的矢量表示
（图中矢量长度表示信号的振幅,对应信号的
强弱;矢量方向表示信号最大时的相位。）

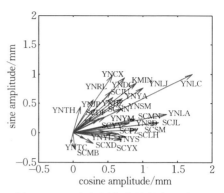

图 2.18　E 向年周期信号的矢量表示

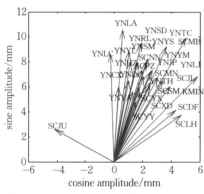

图 2.19　U 向年周期信号的矢量表示

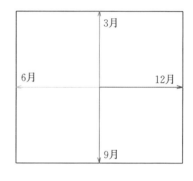

图 2.20　相位与月份之间的对应关系

由图 2.17 和图 2.18 可见,川滇地区大部分测站水平向年周期信号较小,N 向年周期振幅基本处于 0.5～1.5 mm,E 向年周期振幅除 YNLC 测站达到了约 2 mm 外,其他基本在 0.5～1.5 mm。可见,川滇区域各站水平向季节年周期项不显著。而且,各站振幅相差不大,相位方向一致,基本都集中在 1～2 月达到正向振幅最大。由图 2.19 可知,垂直向年周期振幅较大,达到 5～10 mm,所有测站相位方向一致。基本集中在 2 月达到振幅正向最大。可见,区域测站季节年周期项具有空间分布一致性的特点,显然是受到区域共模误差的影响。根据图 2.20 相位与月份之间的对应关系,由图 2.17 和图 2.18 水平向年周期信号的分布可以推断,水平向年周期信号在 4～5 月、10～11 月年周期项振幅为 0。垂直向年周期信号在 5 月、11 月年周期项振幅为 0。由此,可以得出川滇地区区域站最佳的观测时间选择在 5 月和 11 月比较合适,这样在一定程度上能够减少季节项对构造形变信息提取的影响。通过半年周期信号进行分析,结果表明半年周期信号幅值最大时的相位分布较为分散,没有明显的空间分布一致的特征。

　　根据以上分析,利用 2014 年 4 月 4—7 日、2014 年 11 月 3—6 日、2015 年 4 月 19—22 日完成的三期 16 个站观测数据构成了一张严密的 GNSS 监测网。三期观测均采用 NetR8 接收机和配套的扼流圈天线,各测站的观测时段不得少于 3 个,每个观测时段设置为 24 h(从 UTC 时间的 00:00 到 23:59)连续观测,卫星高度角限值为 5°,数据采集间隔为 1 s,并详细记录了观测期的气候变化情况。

　　三期所采集的数据的解算皆采用 GAMIT/GLOBK 10.4 整体解算,采用 ITRF2008 框架,选取稳定测站作为参考框架站。利用 GLOBK 卡曼滤波进行多时段综合解算,以获得网平差后的东向、北向和垂向坐标和速度。利用双差观测值,组成与观测值和参数相关的非线性数学模型,整个 GNSS 网全部基线一起参与解算。解算中采用了最小二乘算法反复迭代来估计测站的相对位置、轨道、地球自转参数、对流层天顶延迟参数和大气水平梯度参数等,得到的载波相位整周模糊度分别为实数和整数的约束解与松弛解。选取了 11 个中国及周边的 IGS 站联合进行处理。参考框架点选择的依据是:①全球均匀分布;②站点稳定,不受大震或大的构造活动的影响;③水平向重复性误差不超过 3 mm;④站点线性趋势项明显,一致性较好等。对 IGS 核心站设置强约束,水平向 0.05 m,垂直向 0.1 m。基准站采用 Bernese 精密单点定位结果作为先验值,水平向 1 m,垂直向 1 m。主要模型选择与参数设置如下:卫星截止高度角设置为 10°,观测值随高度角定权。根据 VMF1 模型修正大气层的映射函数。根据分段线性模型估计对流层天顶延迟和水平大气梯度,每 2 个小时估计 1 个天顶延迟参数。基线处理是利用伪距和载波相位观测资料的双差组合求得台站坐标和卫星轨道的单日松弛解。由于基线向量无法提供确定点的绝对坐标所必需的绝对位置基准,GNSS 卫星的轨道和测站坐标都不在同一个稳定的参考框架里,整个 GNSS 网作为一个刚体每次解算都会存在整体平移和旋转。因此,必须引入外部基准。先利用双差数据进行最小二乘参数估计,解算出各时段的基线和模糊度,然后将各同步观测网自由基准的法方程矩阵进行叠加,再对平差系统给予确定的基准,获得最终的平差结果。采用卡尔曼滤波的模型,对同步网解进行整体处理,获取测站坐标和速度。利用 GLOBK 将整个监测网每天的单日松弛解和圣地亚哥海洋研究所轨道中心(SOPAC)计算出的全球 IGS 跟踪站的多个单日松弛解(IGS1~IGS6)合并,得到一个包含 GNSS 测站全球分布的合并单日松弛解。最后,以全球单日松弛解作为准观测值,利用 GLOBK 进行卡尔曼滤波参数估计,并通过 IGS 站作为参考站进行赫尔默特七参数相似变换,得到 ITRF08 参考框架下的测站坐标和速率。单日解 NRMS 值均小于 0.3,基线和坐标重复率较高,表明了 GNSS 网的观测质量较好,处理得精度较高。其中,两剖面其中之一的测站 BY01 和 EM01 三期解算结果如图 2.21 所示。图 2.21 中可见,三期解算结果离散度较小,约在 5 mm 之内,线性趋势项较明显,速度估计结果可靠。

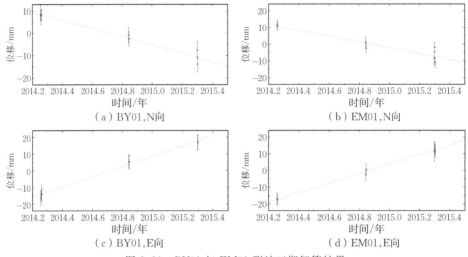

（a）BY01,N向　　　　　（b）EM01,N向

（c）BY01,E向　　　　　（d）EM01,E向

图 2.21　BY01 与 EM01 测站三期解算结果

　　解算 ITRF2008 框架下的红河断裂剖面测站运动速度如图 2.22 所示。为了检验三期数据解算测站运动速度的可靠性,选择了临近区域 9 个陆态网络连续观测基准站作为检核。抽出 9 个连续站其中三期(2014.4、2014.11、2015.4)的数据与自建区域站构成同步环一同解算,并采用 9 个站 2010—2014 年共 5 年的数据估计了速度进行检核,结果如图 2.22 所示。可见两者解算结果非常接近,最大差值为 2 mm,从而也验证了采用三期观测数据解算测站运动速度的可靠性。

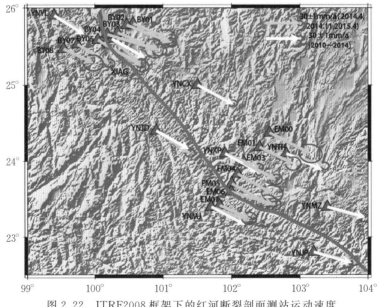

图 2.22　ITRF2008 框架下的红河断裂剖面测站运动速度

　　获取相对欧亚板块框架下的红河断裂剖面测站运动速度如图 2.23 所示。由图 2.23 可知,各 GNSS 观测站有如下特征:由北向南,各测站速率值逐渐减小;由西向东,各测站速率值逐渐增大;以断层为界,西侧速度值较小,东侧速率值相对较大,显然断层呈现右旋走滑运动特征。可见,在我国境内红河断裂带的活动剧烈程度以北段为最,中段次之,南段最小。个别测站速度方向与其他测站方向存在明显的不一致,可能是因为测站不稳定因素或观测时间跨度较小所致,随着观测期数的增加,需进一步监测分析红河断裂及其形变精细特征。

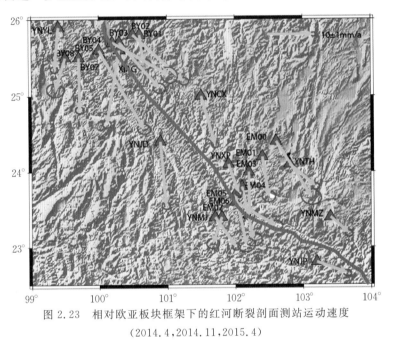

图 2.23　相对欧亚板块框架下的红河断裂剖面测站运动速度

(2014.4,2014.11,2015.4)

2.3.5　川滇陆态网络 GNSS 测站速度估计与分析

　　利用川滇地区陆态网络连续观测基准站 2010—2015 年的观测数据,分别基于基线向量最小二乘模型、基线向量卡尔曼滤波和坐标时序分析三种模型解算了测站运动速度,其中的 21 个台站的结果如表 2.1 所示。由表 2.1 可知,三种模型所解算测站速度值之差基本都小于 1 mm/a,相差甚微。三者中误差均在亚毫米水平,表明三种速度估计模型均可正确解算测站运动速度。

　　选取欧亚板块刚性稳定台站作为测站速度计算的参考框架,解算欧亚板块欧拉参数,将解算所得的 ITRF2008 框架下的速度场转换为稳定的欧亚板块参考框架下的相对速度场。图 2.24 为 2010—2014 年由 GNSS 获得的川滇地区相对欧亚板块地壳运动水平速度场。东西向、南北向速度估算精度优于 1 mm/a。

表 2.1   不同模型解算速度比较   单位:mm/a

测站名称	N 向速度与中误差						E 向速度与中误差					
	时序拟合		最小二乘		卡尔曼滤波		时序拟合		最小二乘		卡尔曼滤波	
	v_N	σ_N	v_N	σ_N	v_N	σ_N	v_E	σ_E	v_E	σ_E	v_E	σ_E
SHAO	−11.0	0.4	−11.2	0.3	−11.3	0.4	32.4	0.6	31.2	0.3	31.6	0.4
TNML	−7.7	0.5	−8.2	0.2	−7.7	0.3	29.6	0.6	29.5	0.2	29.4	0.3
BJFS	−10.9	0.5	−11.5	0.2	−11.5	0.0	31.2	0.6	29.4	0.2	29.4	0.0
WUHN	−9.4	0.5	−10.7	0.4	−10.2	0.4	34.8	0.7	34.4	0.4	35.4	0.4
SCJU	−8.0	0.5	−7.0	0.4	−7.0	0.4	33.9	0.6	30.0	0.4	30.9	0.4
SCMB	−8.6	0.6	−8.8	0.3	−8.5	0.3	32.6	0.5	31.6	0.3	32.7	0.3
SCTQ	−15.1	3.0	−17.5	0.3	−17.4	0.3	33.0	0.7	31.4	0.3	32.1	0.3
SCYX	−13.2	0.3	−13.6	0.3	−13.2	0.3	37.1	0.2	36.0	0.3	36.8	0.3
SCXD	−14.8	0.3	−14.3	0.4	−14.3	0.4	37.5	0.2	36.8	0.4	37.8	0.4
SCXJ	−7.3	0.5	−8.3	0.4	−8.0	0.3	40.8	0.4	39.4	0.4	40.3	0.3
SCSM	−11.6	0.4	−12.6	0.3	−12.3	0.3	38.0	0.4	36.0	0.3	36.8	0.3
SCMN	−16.8	0.3	−16.1	0.4	−16.1	0.4	37.9	0.4	37.0	0.4	38.0	0.4
SCYY	−18.3	0.5	−17.2	0.4	−17.4	0.4	37.5	0.2	36.6	0.5	37.9	0.4
SCJL	−17.5	0.4	−18.0	0.3	−17.7	0.3	39.3	0.4	37.8	0.3	38.7	0.3
SCML	−19.8	0.2	−19.4	0.4	−19.1	0.4	47.5	0.3	47.5	0.5	48.5	0.4
SCDF	−12.5	0.6	−13.3	0.3	−13.0	0.3	42.8	0.4	41.3	0.4	42.2	0.3
SCLH	−11.6	0.3	−11.7	0.3	−11.6	0.3	45.8	0.4	44.2	0.3	45.2	0.3
SCLT	−15.4	0.4	−15.2	0.6	−16.2	0.7	43.0	0.4	42.3	0.4	42.9	0.7
SCGZ	−9.5	0.2	−9.2	0.5	−9.5	0.5	46.2	0.4	42.1	0.5	43.3	0.5
LHAZ	15.2	0.4	14.2	2.2	12.4	1.6	45.9	0.3	40.4	2.4	46.7	1.6
URUM	6.1	0.9	6.8	0.2	5.8	0.3	31.9	0.4	31.0	0.3	32.3	0.3

由图 2.24 可知,除滇西南地区呈现出由西向东的增大趋势外,川滇块体其他区域地壳活动由北往南、由西往东呈逐渐衰减趋势。在鲜水河断裂带的东北地区,测站运动速度较大,平均约为 20 mm/a,运动方向为东向和东南向;滇南地区测站运动速度相对较小,平均约为 7 mm/a。滇东南,运动方向为南向和东南向,滇西南运动方向为南向和南西向,在滇南中部红河断裂带的南部地区,测站运动方向则表现为南向。因测站 SCNC、SCSN、LUZH 位于稳定的四川盆地内部,从而呈现出三测站运动速度较小,约 5 mm/a,并且大小相同,运动方向一致。显然处于同一稳定块体。由以上分析可以得出,川滇地块运动特征主要表现为持续围绕喜马拉雅东结点作顺时针旋转,并且仍然存在着南北向的挤压特征。从地质动力学分析:印度板块与欧亚板块的碰撞、挤压是川滇地块岩石层水平形变的主要驱动力,从而引起了青藏高原的隆升。在重力势能作用下,造成青藏高原物质东向挤出,青藏高原物质的东向挤压造成了川滇地块的东移。再在甘青地块向南的挤压力及相对稳定的华南地块的阻挡下,青藏高原东南部物质相对欧亚板块转向南东方向运动,川

滇地块总体向东南方向顺时针旋转运动,区域断裂带呈左旋走滑运动特征。由上述川滇地块内中国地壳运动观测网络 GNSS 基准站水平运动速度得到的川滇地块整体运动特征与地质动力学分析的运动结果完全相符。

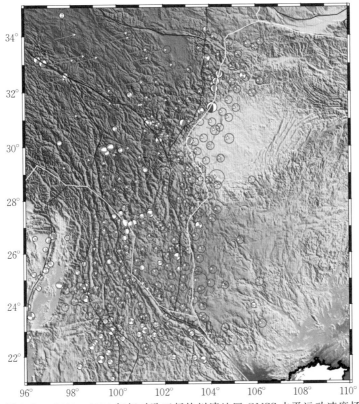

图 2.24　2010—2014 年相对欧亚板块川滇地区 GNSS 水平运动速度场

　　断裂活动是地壳运动的主要形式。一般来说,绝大多数地块内部比较稳定,构造变形主要发生在地块之间的断裂上。地块之间的相互作用,主要通过其间的断裂活动来实现。为此,分别以安宁河—则木河断裂、小江断裂和红河断裂为界,选用了两侧能反映震间断裂构造特征的 GNSS 测站,分析了断层两侧的运动速度差异。由于目前的研究中也没有严格的确定变形宽度的方法,因此,采用将纯变形量约占整个滑动速率的 80% 的宽度作为断裂带可能的变形宽度来初步确定。因研究的断裂带运动特征以走滑为主,因此利用平行断层的速度剖面拟合反正切函数可以得到断裂带可能的变形宽度,进而评估地震危险性。变形宽度越宽,闭锁程度越高,锁定深度越深,地震危险性也越高。图 2.25 给出了 2010—2014 年期间平行三个断裂速度剖面反正切函数拟合结果,其中,安宁河—则木河断裂两次测量运动速度差异较大,为 11.4 mm/a,闭锁宽度约为 200 km;小江断裂两次测量运动速度差异为 9.5 mm/a,闭锁宽度约为 200 km。红河断裂两次测量运动速度差异约为 6.4 mm/a,闭锁宽度较宽,可能存在危险,需进一步监测。

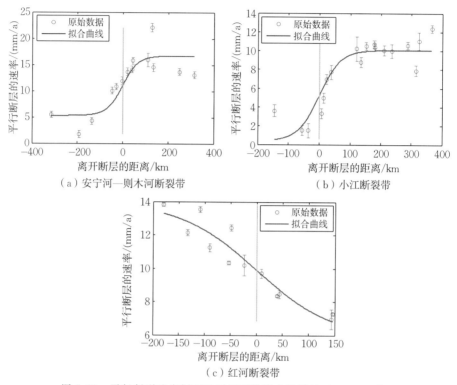

图 2.25 平行断裂速度剖面反正切函数拟合结果(2010—2014 年)

2.4 本章小结

本章从数据预处理、数据质量评估、基线解算、网平差、速度估计、精度评定等方面,重点研究了 GNSS 地壳形变高精度数据处理方案。先从观测数据多路径效应、信噪比、卫星天空图、GDOP 等方面探讨了 GNSS 观测数据质量检查与评定方法。并以课题组在红河断裂带所建的 GNSS 基准站为例,分析得出测站 BY08 多路径效应较大(约 1 m),其他大部分都在 0.6 m 之内。除 BY08 站外,基本符合中国地壳运动观测技术规程的要求。为了检测 GNSS 接收机长时间连续工作性能的稳定性能,分别对参考站共 217 天的观测数据进行了质量检测,发现都有不同程度的衰减。虽然衰减速度较小,但是,随着使用时间的增加将会导致性能越来越不稳定,势必影响观测数据质量和形变分析的结果,不可忽视。

利用 GAMIT 10.4 和 Bernese 5.2 分别解算了川滇地区连续站基线向量序列

和坐标序列,并进行了对比分析,两者解算结果一致性较好。两种软件不同方法的解算结果之间的比较,能更客观地评价数据处理结果的外部一致性与可靠性,是检验网络工程最终结果的一种有效手段。通过两种软件对 2010—2014 年川滇地区中国地壳运动观测网络 GNSS 基准站的处理结果表明,两种软件网平差后单日解坐标时间序列离散度接近,基本都在 10 mm 之内,中误差均优于 3 mm。两者坐标序列及其中误差的整体趋势变化一致,吻合度较高。

构建了四种 GNSS 坐标速度估计模型:法方程重构解算模型、基线向量最小二乘综合解算模型、基线向量卡尔曼滤波解算模型和坐标时序分析拟合模型,并给予了实现。利用川滇地区 2010—2014 年中国地壳运动观测网络 GNSS 参考站数据,对这些模型进行了速度估计与对比分析。所解算的地壳运动速度值之差基本都小于 1 mm/a,证明了这些解算模型均可正确估计测站速度。法方程基线向量最小二乘综合解算模型将参考时刻的坐标、测站速度和周年、半周年系数作为未知参数,综合所有时段所有基线利用最小二乘联立求解,即法方程的叠加过程。随着观测期数的增加,矩阵变得很大,数据处理变得复杂。基线向量卡尔曼滤波模型不需要保留用过的观测值序列,按照一套递推算法,把参数估计和预报有机地结合起来,计算速度较快,节约内存。坐标时间序列分析拟合模型可以对不同噪声特性及产生原因进行深入分析。本章坐标时间序列拟合模型考虑了白噪声和幂律噪声模型。通过区域测站年周期项的相位和幅度的分析,得出了区域季节性具有空间分布一致性的特点,证实了受到区域共模误差的影响。由相位与月份的关系可以推断,水平向年周期信号在 4～5 月、10～11 月年周期项振幅为 0。垂直向年周期信号在 5 月、11 月年周期项振幅为 0。由此,可以得出川滇地区区域站最佳的观测时间选择在 4～5 月和 11 月比较合适,在一定程度上能够减少季节项对构造形变信息提取的影响。通过对红河断裂剖面观测站 2014 年 4 月 4—7 日、2014 年 11 月 3—6 日、2015 年 4 月 19—22 日三期实际观测数据的处理,三期各站解算结果离散度较小,约在 5 mm 之内,线性趋势项明显。与采用 2010—2014 年数据解算结果相比,两者速度值非常接近,最大差值为 2 mm。验证了三期观测数据解算运动速度的可靠性。由获取的相对欧亚板块框架下的红河断裂剖面测站运动速度显示,由北向南,各测站速率值逐渐减小;由西向东,各测站速率值逐渐增大;以断层为界,西侧速度值较小,东侧速度值相对较大,显然断层呈现右旋走滑运动特征。结果表明了区域站观测时间选择在 4～5 月和 11 月在一定程度上能够减少季节项对构造形变信息提取的影响。因受限于三期数据的制约,可能会存在观测期数较少、时间跨度较小,影响到断层准确的形变细部特征的分析。随着观测时间的持续,观测数据的逐步积累,时间跨度的逐渐增大,将更有利于对红河断裂形变的分析。

由获取的川滇地区相对欧亚板块的陆态网络 GNSS 测站速度场得出,川滇地区的地壳运动除滇西南地区呈现出由西向东的增大趋势外,川滇块体其他区域地壳活动由北往南、由西往东呈逐渐衰减趋势。运动方向主要表现为持续围绕喜马拉雅东结点作顺时针旋转，并且仍然存在着南北向的挤压特征。在鲜水河断裂带的东北地区，测站运动速度较大，平均约为 20 mm/a，运动方向为东向和东南向；滇南地区测站运动速度相对较小，平均约为 7 mm/a。滇东南，运动方向为南向和东南向，滇西南运动方向为南向和南西向。在滇南中部红河断裂带的南部地区，测站运动方向则表现为南向。分别以安宁河—则木河断裂、小江断裂和红河断裂为界，选用了两侧能反映震间断裂构造特征的 GNSS 测站，获取了 2010—2014 年期间三断裂带地表 GNSS 站平行断层的速度剖面，利用反正切函数拟合其变化趋势，确定了各断裂带可能的变形宽度，分析了现今川滇地区震间主要断裂带的活动特征。其中，安宁河—则木河断裂两次测量运动速度差异较大，为 11.4 mm/a，闭锁宽度约为 200 km；小江断裂两次测量运动速度差异为 9.5 mm/a，闭锁宽度约为 200 km。红河断裂两次测量运动速度差异较小，约为 6.4 mm/a，变形宽度较大。从所得的断裂带可能的变形宽度很好地反映了震间断裂带的活动性。

第3章 全球板块运动模型构建与欧拉参数估计

板内构造运动和地壳形变都是在所属板块的背景运动场中发生的。因此,为了研究板内区域性地壳形变的细部特征,需要建立高精度的全球板块运动背景场。本章研究了两种全球板块运动背景场的建立方法,并基于这两种方法分别利用 ITRF2005 和 ITRF2008 速度场构建了现代全球板块运动模型 ITRF2005VEL 和 ITRF2008VEL。解算各板块的欧拉矢量,与先前的研究成果进行了比较和分析,并利用现代全球板块运动模型估计了相对欧亚板块背景场下的中国大陆速度场,深入分析了当今中国大陆地壳运动与形变特征。

3.1 板块运动概述

板块构造学说认为,地球的岩石圈不是整体一块,而是被地壳的生长边界海岭和转换断层,以及地壳的消亡边界海沟和造山带、地缝合线等一些构造带分割成的许多构造单元,这些构造单元叫作板块。全球的岩石圈分为欧亚板块、非洲板块、美洲板块、太平洋板块、印度洋板块和南极洲板块,共六大板块。大板块还可进一步划分成若干次一级的小板块,如把美洲大板块分为南、北美洲两个板块,菲律宾海、阿拉伯半岛、土耳其等也可作为独立的小板块。这些板块漂浮在"软流层"之上,处于不断运动的状态。一般来说,板块内部的地壳比较稳定,板块与板块之间的交界处,是地壳比较活跃的地带。地球表面的基本面貌,是由板块相对移动而发生的彼此碰撞和张裂形成的。通常可以把地震带当作板块边界划分的主要标志。一条明显的地震带一般对应于两个板块之间的边界。相反,如果不存在地震带,那么也不可能成为板块的边界。地貌特征是板块划分的另一种标志,板块边界一般在地形上有很突出的表现,如洋中脊、海沟、褶皱山系等,如红河断裂带。目前,尽管在小板块划分上尚有异议,但全球主要板块分布的基本轮廓已很清楚。在描述板块的运动时,通常认为板块具有刚性,它有能力在很长的距离内传递应力,其内部并不发生明显的塑性形变。板块在大洋中脊形成扩张增生带,在俯冲带形成消亡带。板块构造学说认为,地球表面积或地球半径并未发生过显著的增加或减小,要维持地球表面积基本不变,全球岩石圈(板块)消亡压缩的总量与扩张增生的总量相补偿。在沿地球大圆的任何断面上,都必须保持扩张增生总量和消亡压缩总量的平衡。

基于此,欧拉于 1776 年提出了刚体在球面上的运动可表述为一个刚体绕固定点的某一瞬轴转动的定理。如果把球心认为是强制在球面上运动的刚性板块运动的固定点,则这些刚体板块的运动可表示为旋转运动。这一定理成了现代板块运动定量描述的基本定理,通过欧拉定理可以用来描述球面上板块的运动。

过去,全球板块运动模型用的是 NNR-NUVEL-1A 模型,它是由地质、地球物理资料建立的在地质百万年时间尺度上的平均模型。这个模型的精确度和它是否符合现今地壳运动的特征,尚需用现代空间测量新技术的实测结果来检核。而 ITRF 框架分布在地球表面,由具有确切的 ITRF 坐标和速度场的点组成。它实现和维持了一个全球统一的高精度三维地心坐标系。因此,对于研究全球范围的板块运动和形变,以 ITRF 为全球参考框架无疑是一个很好的选择(刘经南 等,2013)。随着空间大地测量技术、GNSS、VLBI、SLR 和 DORIS 的提高和发展,使得建立和维持毫米级的地球参考框架成为可能。自 1988 年起至今,IERS 已经发布了 ITRF1988~ITRF2008 共 12 个版本的参考框架,ITRF2013 目前正在完善中,很快就会发布。ITRF96VEL、ITRF97VEL 和 ITRF2000VEL 能够反映现今地壳运动的特征,但受精度和台站数量的限制及存在整体性旋转的问题。ITRF2005 和 ITRF2008 是最具代表性的两个参考框架,是 ITRF 日渐成熟的标志。

ITRF2005 于 2006 年正式发布,参考历元为 J2000.0。相对于 ITRF2000,ITR F2005 的基准站在全球的分布更为合理,站坐标和速度场的解算精度都有了质的提高。测站数量由 ITRF2000 的 884 个增加到 1 767 个;分布上印度板块由原来的 1 个增加到 10 个,澳大利亚由原来的 17 个增加到 48 个。另外用于参考框架定向的 IGS 核心站,全球共有 14 个 1 级板块,只有 5 个板块没有核心站,虽然在板块的分布上和 ITRF2000 相同,但在总数和各个板块范围内的分布上有很大的提高。数量上由原来 ITRF2000 的 54 个增加到现在的 70 个;核心站在板块内的分布相对而言也更加均匀,如非洲板块由原来的 1 个增加到 4 个,北美板块由原来的 15 个增加到 19 个(柴洪洲 等,2009)。

2010 年,IERS 发布了截至目前最新的 ITRF2008,参考历元为 J2005.0。ITRF2008 由分布在 580 个站址的 934 个地面参考点组成。其中北半球有 463 个测站,南半球有 117 个测站,可见在南北半球的分布是不均匀的。其中,580 个测站中包含了 105 个并置站。该核心网分别使用了位于 131 个地点的 179 个参考站,选定的 179 个站中包含了 107 个 GNSS 站、27 个 VLBI 站、15 个 SLR 站和 12 个 DORIS 站。顾及并置站局部联系并对这四个技术解进行综合得到 ITRF2008 的长期解(成英燕,2012)。

相对于 ITRF2000 及以前的 ITRF 系列,ITRF2005 和 ITRF2008 的基准站在全球的分布更为合理,并且在解的生成、基准的定义和实现等方面,这两个参考框架都作出了较大的改进和修正。因此利用这两个框架所提供的站坐标和速度场可以建立精度更高的全球板块运动模型,也更适合于作为研究现今全球板块运动的背景场。本章将研究构建全球板块运动背景场的方法,并利用 ITRF2005、ITRF2008 速度场建立一个完全基于现代空间大地测量实测结果的现代全球板块运动模型。

3.2　板块运动欧拉模型

区域性地壳形变均在全球构造板块运动的背景场下发生,板块运动是研究相对于地球参考框架下的刚体运动,根据欧拉定理,它是绕通过地心的某个地轴旋转的,如图 3.1 所示。

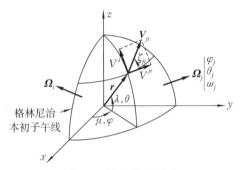

图 3.1　欧拉模型示意

板块运动主要是沿水平方向运动的,ITRF 速度场是基于地心空间直角坐标系的,因此,通过式(3.1)可将地心直角坐标系下的速度矢量 $V(V_x, V_y, V_z)$ 转换为站心地平坐标系下的水平速度分量 $V(V_N, V_E)$。

$$\begin{bmatrix} V_N \\ V_E \end{bmatrix} = \begin{bmatrix} -\cos\lambda\sin\varphi & -\sin\lambda\sin\varphi & \cos\varphi \\ -\sin\lambda & \cos\lambda & 0 \end{bmatrix} \begin{bmatrix} V_x \\ V_y \\ V_z \end{bmatrix} \tag{3.1}$$

式中,V_N、V_E 为水平面北向和东向速度,λ、φ 为测站经度和纬度。

由图 3.1 所示,根据板块运动欧拉定理得

$$\boldsymbol{V}_i = \boldsymbol{\Omega} \times \boldsymbol{r}_i \tag{3.2}$$

式中,$\boldsymbol{V}_i$ 是板块内测站 i 的速度矢量 (V_x, V_y, V_z),$\boldsymbol{\Omega}$ 是板块运动欧拉矢量 $(\Omega_x, \Omega_y, \Omega_z)$,$\boldsymbol{r}_i$ 为测站 i 的位置矢量 $(r\cos\varphi\cos\lambda, r\cos\varphi\sin\lambda, r\sin\varphi)$,则式(3.2)转换为

$$\begin{bmatrix} V_x \\ V_y \\ V_z \end{bmatrix} = \begin{bmatrix} \Omega_x \\ \Omega_y \\ \Omega_z \end{bmatrix} \times \begin{bmatrix} r\cos\varphi\cos\lambda \\ r\cos\varphi\sin\lambda \\ r\sin\varphi \end{bmatrix} \tag{3.3}$$

式(3.3)代入式(3.1)得

$$\begin{bmatrix} V_{\mathrm{N}} \\ V_{\mathrm{E}} \end{bmatrix} = \begin{bmatrix} r\sin\lambda & -r\cos\lambda & 0 \\ -r\sin\varphi\cos\lambda & -r\sin\lambda\sin\varphi & r\cos\varphi \end{bmatrix} \begin{bmatrix} \Omega_x \\ \Omega_y \\ \Omega_z \end{bmatrix} \tag{3.4}$$

式中，V_{N}、V_{E} 是地壳板块运动观测值，Ω_x、Ω_y、Ω_z 为待确定的欧拉运动模型参数。设

$$\boldsymbol{L} = \begin{bmatrix} V_{\mathrm{N}} \\ V_{\mathrm{E}} \end{bmatrix}, \quad \boldsymbol{A} = \begin{bmatrix} r\sin\lambda & -r\cos\lambda & 0 \\ -r\sin\varphi\cos\lambda & -r\sin\lambda\sin\varphi & r\cos\varphi \end{bmatrix}, \quad \boldsymbol{X} = \begin{bmatrix} \Omega_x \\ \Omega_y \\ \Omega_z \end{bmatrix} \tag{3.5}$$

则构建的板块运动模型误差方程可简化为

$$\underset{n,1}{\boldsymbol{V}} = \underset{n,t}{\boldsymbol{A}} \cdot \underset{t,1}{\hat{\boldsymbol{X}}} - \boldsymbol{L} \tag{3.6}$$

3.3　基于统计假设检验的刚性板块稳定台站选取

全球板块运动模型的建立是由空间大地测量众多台站三维坐标和速度场来实现的。由于台站不可避免地存在观测误差或受局部变形影响或处在活跃的板块边界，导致位于同一块体上的观测点表现出不协调的位移。因而，在建立全球板块运动模型时，需要对台站是否异常作出判断，以保证建立全球板块运动学模型的精度和可靠性。为此，很多学者进行了相关研究。多数是采用经验方法和先验知识，剔除板块边界地壳变形带和板内地壳形变较大区域的测站。通常方法是建立七参数误差模型，通过各台站运动速度残差循环筛选，确定全球板块稳定台站(Li et al,2001;金双根 等,2002;柴洪洲 等,2009);或通过 QUAD 法来判别相对稳定点组(黄立人,2002)。近年来，随着观测台站数量的急剧增加，观测资料的日益丰富，迫切需要一种精确可靠、能够自动探测异常台站的方法。鉴于此，本节利用统计假设检验方法实现了刚性板块稳定台站的自动选取，根据选取的台站建立了全球板块运动模型 ITRF2005VEL。

3.3.1　理论方法

为尽量避免过多的异常台站带来不必要的干扰，首先对板块内台站进行初选。要充分考虑台站的精度、稳定性和几何分布。在初选基础上，采用中位数法进行预筛选，其判别标准为

$$s = k \cdot \mathrm{med}|\boldsymbol{V}|/0.674\,5 \tag{3.7}$$

式中，$\boldsymbol{V}$ 为残差;k 通常取 2.5,为适当放宽检验标准,经大量试验后可取 3。

由板块运动模型误差方程式(3.6)可得

$$\hat{X} = (A^{\mathrm{T}}PA)^{-1}A^{\mathrm{T}}PL \tag{3.8}$$

式中，P 为台站运动速度权矩阵。式(3.8)代入式(3.6)得

$$V = (A(A^{\mathrm{T}}PA)^{-1}A^{\mathrm{T}}P - I)L \tag{3.9}$$

当台站属于刚性板块稳定台站时，残差 V 为正态随机向量，期望为 0，方差为 $\sigma_0^2 Q_{VV}$，$V_i \sim N(0, \sigma_0^2 Q_{VV})$。当台站有冰期后地壳回弹或局部地壳形变等引起的速度，设其为 ε，则

$$\overline{V} = (A(A^{\mathrm{T}}PA)^{-1}A^{\mathrm{T}}P - I)(L + \varepsilon) \tag{3.10}$$

此时，$\overline{V}$ 不符合正态分布。构造标准正态分布统计量 u_k 为

$$u_k = \frac{v_k}{\sigma_{v_k}} = \frac{v_k}{\sigma_0 \sqrt{Q_{v_k v_k}}} \tag{3.11}$$

作正态 μ 检验，选择适当的显著水平 $\alpha = 0.05$，计算 $|u_k|$，并对 $|u_k|$ 与 $\mu_{\alpha/2}$ 进行比较。若 $|u_k| > \mu_{\alpha/2}$，则认为第 k 台站不稳定，不能划入刚性板块内，并将其自动剔除，重新平差，再次检验。循环迭代，直到所有 $w_k < \mu_{\alpha/2}$，最终确定刚性板块稳定台站。利用选定的台站，由式(3.6) 和式(3.8)，根据最小二乘求得欧拉矢量 $\boldsymbol{\Omega}(\Omega_x, \Omega_y, \Omega_z)$。由式(3.12)、式(3.13) 和式(3.14) 将 $\Omega_x, \Omega_y, \Omega_z$ 转换为欧拉极参数，即欧拉旋转速率 ω、旋转极经度 φ 和旋转极纬度 μ。

$$\omega = \sqrt{\Omega_x^2 + \Omega_y^2 + \Omega_z^2} \tag{3.12}$$

$$\varphi = \arctan^{-1} \frac{\Omega_z}{\sqrt{\Omega_x^2 + \Omega_y^2}} \tag{3.13}$$

$$\mu = \arctan \frac{\Omega_y}{\Omega_z} \tag{3.14}$$

3.3.2　台站选取过程

采用 JPL 提供的 ITRF2005 框架的位置矢量和速度场数据，初选欧亚板块台站 179 站。经过 9 次检验，依次剔除不通过的台站，最终确定 69 个测站作为欧亚板块刚性台站。不稳定台站剔除前后残差分布分别如图 3.2 和图 3.3 所示。由图 3.2 和图 3.3 可知，异常台站剔除前 N 向分量残差最大达到 70 mm，E 向分量残差最大达到 25 mm。剔除后 N 向分量残差基本分布在 ± 0.4 mm 之内，E 向分量残差分布在 ± 0.7 mm 之内。可见，通过假设检验剔除不稳定台站后使模型拟合度得到了明显改善（徐克科 等，2013）。

检验过程中单位权中误差的变化情况如图 3.4 所示。由图 3.4 可以看出，随着一次次的检验并剔除异常台站，单位权中误差很快收敛于一稳定水平，最终 N、E 向分量单位权中误差分别稳定在 0.24 mm 和 0.42 mm。

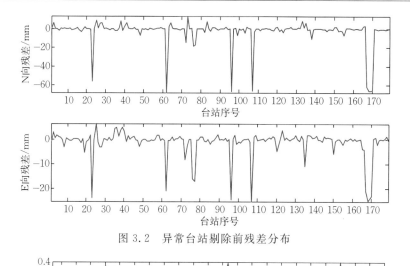

图 3.2 异常台站剔除前残差分布

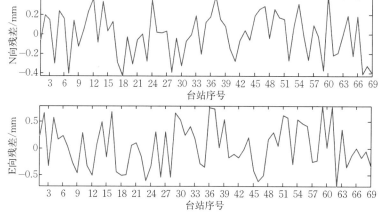

图 3.3 异常台站剔除后残差分布

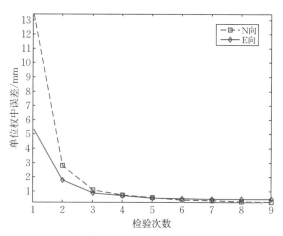

图 3.4 单位权中误差随检验次数的变化

　　欧亚板块检验过程中欧拉参数解算结果及精度变化情况如表 3.1 所示。由表 3.1 可知,随着 9 次循环检验的依次进行,欧拉参数估值(旋转旋转速率 ω、欧拉极经度 φ 和极纬度 μ)逐步收敛于一稳定值。欧拉参数中误差逐渐减小,最终分别稳定在 0.000 9 (°)/Ma、0.35°和 0.16°。

表 3.1　检验过程中欧拉参数及精度的变化

检验次数	1	2	3	4	5	6	7	8	9
ω	0.306 1	0.263 2	0.264 1	0.257 2	0.256 1	0.256 6	0.256 1	0.256 3	0.256 5
σ_ω	0.011 2	0.002 8	0.001 4	0.001 1	0.001 0	0.001 0	0.001 0	0.001 0	0.000 9
φ	−71.90	−96.832	−95.565	−97.646	−97.952	−98.511	−98.602	−98.395	−98.227
σ_φ	4.184	0.922	0.486	0.397	0.375	0.350	0.353	0.358	0.349
μ	65.627	55.913	56.328	55.328	55.185	55.170	55.155	55.200	55.238
σ_μ	1.636	0.502	0.251	0.200	0.183	0.165	0.164	0.1635	0.158
站数	179	164	143	126	105	90	82	75	69

注:ω、φ、μ 为欧拉旋转速率、旋转极经度和旋转极纬度;ω 的单位为[(°)/Ma],φ 的单位为(°),μ 的单位为(°)。

　　通过检验最终选择的欧亚板块稳定台站主要集中分布在西欧。可见,欧亚板块存在局部形变。

3.3.3　ITRF2005VEL 板块运动模型的建立

　　根据全球九大主要板块的划分和统计假设检验方法分别选取了全球九大板块的刚性稳定台站,利用选取的台站建立了全球板块运动模型 ITRF2005VEL,与先前研究成果(朱文耀 等,2003)进行了对比,结果如表 3.2 所示。从整体上看各模型表现出很强的一致性。一些测站数目较多、观测时间较长、分布较好的板块,如 EURA、NOAM、AFRC 和 PCFC 板块,各模型一致性较明显,并且欧拉参数解算精度较高:欧拉极旋转速率 ω 中误差最大不超过 0.001 (°)/Ma,旋转极经度 φ 中误差最大不超过 0.51°,旋转极纬度 μ 中误差最大不超过 0.24°。而 ARAB 板块,各模型一致性较差,并且欧拉参数解算精度较差,其欧拉极旋转速率 ω 中误差达 0.035 (°)/Ma,旋转极经度 φ 中误差达 4.81°,旋转极纬度 μ 中误差达 3.82°。可能是因为 ARAB 板块受台站数量较少、几何分布较差和台站相关性较强的影响。

表 3.2　全球板块运动模型欧拉矢量比较

板块	模型	ω /[(°)/Ma]	σ_ω	φ /[(°)/Ma]	σ_φ	μ /(°)	σ_μ	测站数
AFRIC	1	0.275	0.003	−84.8	1.44	51.3	0.54	12
	2	0.274	0.002	−86.1	1.00	53.0	0.42	13
	3	0.272	0.002	−86.4	1.10	50.3	0.51	2
	4	0.272	—	−83.2		50.0	—	52
	5	0.267	0.001	−80.8	0.51	49.6	0.21	16
	6	0.267	0.001	−81.2	0.70	50.2	0.28	21

板块	模型	ω /[(°)/Ma]	σ_ω	φ /[(°)/Ma]	σ_φ	μ /(°)	σ_μ	测站数
EURA	1	0.262	0.003	−98.3	1.00	59.6	0.34	74
	2	0.263	0.002	−97.6	0.68	59.3	0.28	87
	3	0.258	0.001	−99.7	0.31	57.5	0.18	23
	4	0.257	—	−98.9	—	53.9	—	227
	5	0.257	0.001	−98.2	0.33	55.2	0.16	69
	6	0.256	0.001	−98.3	0.33	55.25	0.16	133
ARAB	1	0.580	—	−2.4	—	45.8		
	2	0.670	0.068	16.3	11.00	47.0	6.00	2
	3	0.611	0.051	7.4	7.00	46.5	4.40	2
	4	0.480	—	−15.3	—	51.2	—	4
	5	0.535	0.035	2.9	4.81	50.7	3.82	13
	6	0.537	0.036	3.2	5.01	50.7	4.11	14
CARIB	1	0.216	—	−94.3		30.3		
	2	0.310	0.140	−85.1	17.5	34.0	19.4	4
	3	0.226	0.120	−92.8	9.40	27.8	8.60	5
	4	0.145	—	−154.0	—	38.6	—	5
	5	0.251	0.014	−105.4	2.13	31.5	2.23	15
	6	0.260	0.015	−103.1	2.04	31.0	2.35	20
INDIA	1	0.558	—	3.85	—	47.2	—	
	2	0.550	—	2.93	—	47.1	—	
	3	0.557	—	3.9	—	53.6	—	
	4	0.997	—	−68.7	—	23.2	—	3
	5	0.536	0.005	7.1	3.25	51.8	0.60	7
	6	0.537	0.005	7.4	3.255	51.8	0.60	7
PCFC	1	0.700	0.003	91.8	0.62	−62.4	0.26	27
	2	0.670	0.002	94.5	0.59	−64.0	0.22	25
	3	0.635	0.002	120.3	0.48	−63.3	0.20	9
	4	0.682	—	108.4	—	−62.7	—	28
	5	0.680	0.001	110.8	0.41	−62.3	0.11	19
	6	0.682	0.001	111.6	0.47	−62.1	0.13	32
SOAM	1	0.105	0.017	−133.6	9.40	−10.2	5.30	5
	2	0.096	0.007	−139.4	4.80	−21.7	2.50	6
	3	0.109	0.006	−133.2	2.60	−19.3	1.60	6
	4	0.131	—	−136.9	—	−2.9	—	17
	5	0.126	0.004	−135.7	2.13	−19.2	0.99	6
	6	0.124	0.004	−136.2	2.17	−19.3	1.05	5

续表

板块	模型	ω /[(°)/Ma]	σ_ω	φ /[(°)/Ma]	σ_φ	μ /[(°)]	σ_μ	测站数
NOAM	1	0.200	0.002	−84.4	0.35	−4.4	0.57	44
	2	0.186	0.002	−81.9	0.26	−9.1	0.46	62
	3	0.197	0.001	−83.5	0.17	−7.3	0.25	31
	4	0.159	—	−85.7	—	−22.0	—	130
	5	0.191	0.001	−88.5	0.12	−5.1	0.24	31
	6	0.193	0.001	−88.4	0.12	−4.3	0.34	35

注:1-ITRF96VEL(朱文耀 等,2010);2-ITRF97VEL(朱文耀 等,2010);3-ITRF2000(金双根 等,2003);4-ITRF2005VEL(柴洪洲 等,2009);5-ITRF2005VEL(本书);6-ITRF2008VEL(本书);ω、φ、μ 为欧拉旋转速率、旋转极经度和旋转极纬度。

可见,采用统计假设检验方法可自动确定刚性板块稳定台站,模型解算结果为 N、E 方向残差分布较小,欧拉参数解算精度较高,可用于亚板块的划分和块体边界的确定。在利用此方法进行台站选取时要注意两种情况:①如果异常台站过多使正常台站不占主导时,进行统计检验有时会产生伪通过,即虽通过了检验,但残差很大,待估参数精度很低,如 INDIA 板块,这时需要根据残差分布重新进行台站预筛选;②如果台站分布不均匀,几何关系较差时,解算结果虽残差很小,但所求参数精度很低,如 ARAB 板块,这时可根据其协因数矩阵来确定相关性强的台站,在参数估算过程中避免使用这些站,以保证解的稳定性。因此,进行板块内台站预筛选很重要,要充分考虑台站的观测精度、稳定性和几何分布,避免过多、过大异常站或台站几何分布不均匀所带来的不必要的干扰。

3.4　板块运动参数的稳健估计

目前,板块异常台站探测主要有两种方法。一是采用经验方法和先验知识,剔除测站位移速度精度低的和板块边界地壳变形带上的测站,但这种选择具有很大的不确定性和随意性。二是粗差探测法,通过构造检验统计量来对异常测站进行判断和剔除。而这些残差值的获得是通过最小二乘估计来实现的,由于最小二乘估计粗差具有均衡性及不敏感性,往往会错误剔除正常观测值而出现秩亏现象,尤其对于台站较少的板块。而且当异常台站较多时,需反复进行平差计算及剔除粗差,计算工作量大。此外,各种粗差探测技术都存在一个普遍的弱点,即将粗差探测与平差计算分开进行(余学祥 等,1998)。IGG 抗差估计是周江文于 1989 年根据测量误差有界性提出来的抗差估计方案。选用的权函数将观测值分为三类,即正常段、可疑段和淘汰段。"三阶段"估计法具有更强稳健性,可更加有效地使用测量信息,能够实现平差程序自动识别和剔除粗差,提供可靠的平差成果。研究表明,在抗差估计方案中,IGG 抗差估计更适用于测量计算,它能够实现平差程序自动识别和剔除粗差,提供可靠的平差成果(周江文,1989;杨元喜,1994)。鉴于此,本节采用 IGGⅢ 稳健估计构建了全球板块运动模型 ITRFVEL2008,并与 3.3 节的统计假设检验方法进行了比较与分析。

3.4.1　理论方法

对式(3.8)进行选权迭代,求解等价权

$$\bar{P} = \gamma \cdot P \tag{3.15}$$

式中,$\bar{P}$ 为等价权,P 为观测值的原始权,γ 为自适应降权因子或收缩因子。选用 IGGⅢ 法,设置自适应降权因子为

$$\gamma = \begin{cases} 1, & \bar{\nu} \leqslant k_0 \\ \dfrac{k_0}{|\bar{\nu}|}\left(\dfrac{k_1 - |\bar{\nu}|}{k_1 - k_0}\right)^2, & k_0 < \bar{\nu} \leqslant k_1 \\ 0, & \bar{\nu} > k_1 \end{cases} \tag{3.16}$$

式中,k_0 为分位参数,取 1.5;k_1 为淘汰点,取 2.5;$\bar{\nu}$ 为标准化残差,$\bar{\nu} = |V/\sigma|$,σ 为方差因子,$\sigma = \mathrm{med}|V|/0.674\,5$。

可见,IGGⅢ 法的权函数仍分为安全区、减量区和退役区。实践表明,可疑测量和显著的异常测量仅占一小部分,观测对象仍然遵循正态分布。在状态估计过程中,应充分利用主体的可靠信息,保持原始权重不变;由于可疑测量权重其可信度降低,直接将重要异常测量的权重定义为 0。

根据等价权 $\bar{P}$,构造 IGG 抗差解为

$$\hat{X} = (A^\top \bar{P} A)^{-1} A^\top \bar{P} L \tag{3.17}$$

为避免第一次采用最小二乘估计计算时,出现残差值的扭曲现象而剔除正常观测值。在第一次迭代过程中降权因子设为

$$\gamma_0 = \begin{cases} 1, & \bar{\nu} \leqslant k_0 \\ \dfrac{k_0}{|\bar{\nu}|}, & \bar{\nu} > k_0 \end{cases} \tag{3.18}$$

这样就不会剔除任何一个观测值,只是对异常观测值作了降权处理。从第二次迭代起,降权因子按式(3.15)设置,其探测过程如下:

(1)首先采用最小二乘由式(3.8)求参数估值 $\hat{X}$,由式(3.6)求残差 V。

(2)根据步骤(1)求得的 V 和 σ,按式(3.15)和式(3.18)计算第一次等价权 $\bar{P}$。

(3)由步骤(2)求得的 $\bar{P}$,按式(3.17)式(3.6)求得参数估计 $\hat{X}$、残差 V 和 σ 的第一次迭代结果。

(4)根据步骤(3)求得的 V 和 σ,按式(3.15)和式(3.16)计算第二次等价权 $\bar{P}$。

(5)重复步骤(3)、(4),迭代计算,直到 $|\hat{X}^{k+1} - \hat{X}^k| < 10^{-6}$ 停止。

最终得待估参数为

$$\hat{\boldsymbol{X}}^{k+1} = (\boldsymbol{A}^{\mathrm{T}} \overline{\boldsymbol{P}}^k \boldsymbol{A})^{-1} \boldsymbol{A}^{\mathrm{T}} \overline{\boldsymbol{P}}^k \boldsymbol{L} \tag{3.19}$$

由式(3.18)可以看出,在迭代计算过程中,当 $\overline{\nu} \leqslant k_0$ 时,为正常段,该观测值仍采用最小二乘估计,等价权等于先验权;当 $k_0 < \overline{\nu} \leqslant k$ 时,为可疑段,认为是异常值,对观测值依可信程度分别作降权处理,其等价权小于先验权;当 $\overline{\nu} > k_1$ 时,为淘汰段,显著异常,作为粗差处理,其等价权为零。因此,根据迭代结果等价权与先验权是否存在差异及差异的大小,确定是否存在异常台站及异常台站的位置。

稳健估计结果的单位权中误差平方为

$$\hat{\sigma}_0^2 \approx \frac{\boldsymbol{V}^{\mathrm{T}} \overline{\boldsymbol{P}} \boldsymbol{V}}{n' - t} \tag{3.20}$$

式中, n' 为去除 $\overline{P}_i = 0$(异常观测值)后剩下的观测值个数。

参数协因数按式(3.21)近似求解,即

$$\boldsymbol{Q}_{\hat{x}\hat{x}} = (\boldsymbol{A}^{\mathrm{T}} \overline{\boldsymbol{P}} \boldsymbol{A})^{-1} \boldsymbol{A}^{\mathrm{T}} \overline{\boldsymbol{P}} \boldsymbol{Q}_{ll} \overline{\boldsymbol{P}} \boldsymbol{A} (\boldsymbol{A}^{\mathrm{T}} \overline{\boldsymbol{P}} \boldsymbol{A})^{-1} \tag{3.21}$$

参数方差计算公式为

$$\boldsymbol{D}_{\hat{x}\hat{x}} = \hat{\sigma}_0^2 \boldsymbol{Q}_{\hat{x}\hat{x}} \tag{3.22}$$

3.4.2　ITRF2008VEL 板块运动模型的建立

采用 JPL 提供的 ITRF2008 框架站的位置矢量和速度场数据,根据八大主要板块划分,对预筛选后的台站通过 IGG 稳健估计探测各板块异常台站,各板块异常台站剔除前后残差对比如表 3.3 所示。

表 3.3　稳健估计探测的异常台站剔除前后残差对比

板块	剔除前台站数	剔除前残差/mm		剔除后台站数	剔除后残差/mm	
		σ_N	σ_E		σ_N	σ_E
AFRIC	33	1.5	5.9	21	0.8	0.9
EURA	179	13.4	5.3	133	0.7	0.8
ARAB	14	0.6	0.4	14	0.6	0.3
CARRIB	28	8.6	5.9	20	1.7	2.4
INDIA	7	1.2	1.3	7	1.2	1.2
PCFC	55	9.1	21.9	32	0.8	0.7
SOAM	9	2.0	5.5	5	0.1	0.7
NOAM	51	37.7	247.5	35	0.3	0.2

由表 3.3 可知,异常台站剔除前各板块残差中误差较大,最大的为 NOAM 板块,其 E 方向达到了 247.5 mm,剔除后明显减小到 0.2 mm。异常台站剔除后,除 CARRIB 板块的 E 方向达到了 2.4 mm、N 方向达到了 1.7 mm 和 INDIA 板块的 N、E 方向达到了 1.2 mm 外,其他板块都能较好地控制在 ±1 mm 之内。可见,稳健估计探测的异常台站剔除后内符合较好。为评估稳健估计求取欧拉参数及稳健

估计探测异常台站的效果,分别对各板块进行了异常台站剔除前的 IGG 稳健估计和剔除后的最小二乘估计。两种方案的估计结果及精度如表 3.4 所示。

表 3.4   剔除前稳健估计和剔除后最小二乘估计的结果比较

板块	方案	ω /[(°)/Ma]	σ_ω	φ /(°)	σ_φ	μ /(°)	σ_μ
AFRIC	1	0.267 0	0.001 3	−81.196	0.706	50.146	0.288
	2	0.264 9	0.001 5	−80.369	0.803	50.006	0.328
EURA	1	0.256 0	0.000 9	−98.311	0.331	55.253	0.168
	2	0.256 1	0.001 0	−98.106	0.364	55.267	0.184
ARAB	1	0.537 2	0.036 5	3.205	5.016	50.682	4.111
	2	0.539 4	0.038 1	3.405	5.203	50.622	4.267
CARIB	1	0.260 6	0.015 5	−103.143	2.045	31.013	2.350
	2	0.261 7	0.016 2	−103.086	2.128	31.139	2.449
INDI	1	0.537 2	0.005 5	7.432	3.255	51.772	0.609
	2	0.536 3	0.005 5	7.093	3.255	51.823	0.603
PCFC	1	0.681 9	0.001 5	111.552	0.478	−62.104	0.133
	2	0.681 7	0.001 6	111.781	0.502	−62.086	0.145
SOAM	1	0.124 4	0.004 3	−136.229	2.171	−19.270	1.055
	2	0.124 5	0.004 1	−136.228	2.101	−19.270	1.021
NOAM	1	0.193 2	0.001 4	−88.423	0.120	−4.307	0.344
	2	0.190 9	0.002 1	−88.426	0.136	−4.968	0.499

注:方案 1 为剔除前的 IGG 稳健估计,方案 2 为剔除后的最小二乘估计,ω、φ、μ 为欧拉旋转速率、旋转极经度和旋转极纬度。

从表 3.4 可以看出,各板块异常台站剔除前的 IGG 稳健估计和剔除后的最小二乘估计结果和精度非常接近。欧拉旋转速率 ω 的最大差异是 0.002 3 (°)/Ma(NOAM 板块),旋转极经度的最大差异是 0.8°(AFRIC 板块),旋转极纬度的最大差异是 0.7°(NOAM 板块),所估参数精度均在一个量级水平。可见,稳健估计剔除异常台站后不再有大的干扰异常值,可以认为剔除后剩下的台站均为刚性板块稳定台站,可以用来进行刚性板块稳定台站的确定。同时当粗差较少时,不需要进行异常台站筛选可直接利用稳健估计进行参数估计,可得到与剔除异常台站后相当甚至还好的效果。研究表明,当异常台站较少时,稳健估计方法适合建立全球板块运动模型及背景场。

利用稳健估计建立的全球板块运动模型 ITRF2008 与其他模型的对比结果如表 3.2 所示,可以看出,五种模型(ITRF96VEL、ITRF97VEL、ITRF2000VEL、ITRF2005VEL、ITRF2008VEL)在整体上具有很强的一致性,但各模型之间也有差异。分析认为,刚性板块台站的准确选取是决定模型建立精度的关键因素。从整体看,各模型欧拉极和纬度结果较一致,而经度差异较明显,并且欧拉旋转极经度普遍较旋转极纬度解算精度差。GNSS 台站解算的速度场精度东西向较南北向差。一些测站数目较多、观测时间较长、分布较好的板块如 EURA、NOAM、AFRC、PCFC 板块各模型一致性较明显，并且欧拉参数解算精度较高：欧拉旋转速率 ω 的均方根误差都为 0.001 (°)/Ma，旋转极经度 φ 的均方根误差最大不超过 0.7°，旋转极纬度 μ 的均方根误差最大不超过 0.4°。而测站数目较少、分布不均匀的板块如 ARAB、CRAB、INDIA、SOAM 板块各模型一致性较差，并且欧拉参数解算精度较差。尤其 ARAB 板块表现最为突出，虽然 ARAB 板块观测值残差很小，都在 ±0.6 mm 之内，但参数精度都很差，如欧拉旋转速率 ω 的均方根误差达 0.036 (°)/Ma，旋转极经度 φ 的均方根误差达 5.0°，旋转极纬度 μ 的均方根误差达 4.1°，主要原因是 ARAB 板块台站几何分布较差且台站相关性较强（徐克科 等，2013，2014d）。

稳健估计选权迭代中，当异常台站过多时，第一次按最小二乘平差求得的残差受粗差的影响较大，这将影响迭代权函数的选择，由此可能导致错误的收敛或发散。此时可以通过残差分布、大小和待估参数的精度来检验，没有通过检验的需重新进行台站预筛选，然后再次进行稳健估计。大量试验表明，当台站异常率低于 30% 时，抗差估计探测异常台站和估计板块运动参数才能满足板块运动模型建立的精度要求。因此，台站的预筛选非常重要。研究表明，当异常台站出现 0.2% 时，最小二乘估值便失去了其最优性。目前，随着测站数目的增多及地壳局部形变的日益活跃，板块内 0.2% 概率的异常台站完全可能存在。因此，借助稳健估计不仅能准确探测到异常台站的位置及其大小，而且能有效控制和抵御小部分异常台站的影响，实现了异常台站探测和板块运动参数估算的一步完成。

3.5　欧亚板块背景场下的中国大陆地壳运动

利用中国陆态网络 1999—2011 年 GNSS 连续站的观测数据，解算了 ITRF2008 参考框架下的 282 个 GNSS 测站的速度场。从总体上看，中国大陆有着明显的东向运动趋势，自西向东依次是东北向、正东向再到东南向渐变的顺时针旋转趋势，其运动方向好像是印度板块与欧亚板块碰撞带的一系列右旋弧形放射线造成的。然而，ITRF2008 参考框架下的中国大陆各测站运动速度大小差异并不明显，基本都在 33 mm/a 左右，并不能反映区域地壳形变的强弱分布。这主要是因为，在这些速度矢量中，包含了欧亚板块运动和大陆板内运动两部分，在大的欧亚板块背景场运动下，淹没大陆板内相对微弱的地壳运动信息，不利于板内区域局部构造形变特征的分析。

因此，利用 3.3 节与 3.4 节构建的全球板块运动模型，求取了相对欧亚板块背景场的中国大陆速度场。求取方法为

$$\begin{bmatrix} V_{\mathrm{N}}' \\ V_{\mathrm{E}}' \end{bmatrix} = \begin{bmatrix} V_{\mathrm{N}} \\ V_{\mathrm{E}} \end{bmatrix} - \begin{bmatrix} r\sin\lambda & -r\cos\lambda & 0 \\ -r\sin\varphi\cos\lambda & -r\sin\lambda\sin\varphi & r\cos\varphi \end{bmatrix} \begin{bmatrix} \Omega_x \\ \Omega_y \\ \Omega_z \end{bmatrix} \tag{3.23}$$

式中，$\boldsymbol{V}'(V_{\mathrm{N}}'、V_{\mathrm{E}}')$ 为台站相对欧亚板块的运动速度矢量，$\boldsymbol{V}(V_{\mathrm{N}}, V_{\mathrm{E}})$ 为台站在 ITRF2008 框架下的北向和东向速度矢量，λ、φ 为测站的经度和纬度，$\boldsymbol{\Omega}(\Omega_x, \Omega_y, \Omega_z)$ 为刚性板块的欧拉矢量。

相对欧亚板块运动模型基准的中国大陆地壳运动速度场，展现了一个全新的速度场，清楚地反映出了中国大陆的地壳运动形变特征，这十分有利于分析研究中国区域各块体之间的相互运动。中国大陆地壳水平运动表现出极度的空间分布不均匀性，西部运动趋势主要偏向东北向，东部运动趋势主要向东，并且西部运动速率明显大于东部，西部速度最大可达到 40 mm/a，区域速度差异明显，西部地壳运动较为剧烈和复杂。东部运动速率相对较小，基本都在 10 mm 之内，并且速度差异不明显，意味着东部地壳运动较稳定。中国大陆由于受到了西南方向印度板块的碰撞作用，从而引起了中国大陆西部剧烈的地壳形变运动。西藏地块向东北方向运动，在受到了青藏高原的阻挡后发生了转向，在西面转向西北方向，在东面转向东南方向，呈速率逐步衰减的态势。由此导致了在这些区域内大量的物质堆积，地壳厚度不断增加形成了喜马拉雅山脉和青藏高原。在我国的东北区域，由于受到东面太平洋板块、东北面北美板块的挤压作用，影响了东北地区的地壳形变运动，致使东北地区主要运动趋势为东偏南方向。在中间区域是南北断裂带，在这个区域内形成了一个右旋运动，在这一地区测站的运动速率梯度较大、方向变化剧烈，是中国大陆地壳运动最活跃的地区。可见，周边板块运动所产生的作用力已经深入中国大陆内地引起了大尺度的地壳形变。

3.6　本章小结

本章提出了基于假设检验和稳健估计的两种全球板块运动背景场的建立方法，利用 ITRF2005 和 ITRF2008 的速度场构建了现代全球板块运动模型 ITRF2005VEL 和 ITRF2008VEL。通过全球板块运动背景场的应用，获取了中国大陆相对欧亚板块运动的速度场，很好地揭示了现今中国大陆及周边地区的地壳运动特征。全球板块运动模型 ITRF2005VEL、ITRF2008VEL 与 NNR-NUVEL1A 和先前的全球板块运动模型相比，整体一致性较好，但也存在着一定的差异。不同时期全球板块运动模型的比较可作为相互间的外部检核，同时也是研究板块运动可靠性和稳定性的重要依据。精确的全球板块运动模型的建立，将依赖于空间技术观测精度的提高、台站观测时间跨度的增长、测站更为密集且均匀的分布和更准确的板块划分等。随着 GNSS 技术的迅猛发展，GNSS 数据时空分辨率越来越高,已经能够获取大量高精度的观测数据,可以独立解算出可靠、准确,能真正反映板块运动的速度场。与此同时,国际地球参考框架 ITRF 将不断精化,板块运动模型的约束也会不断增强。因此,建立数学描述更好、精度更高的全球板块运动模型已经成为可能。甚至在较小的尺度上,至少在亚板块和再次一级构造单元的尺度上,可以进一步研究亚板块的划分和块体边界的确定。

第 4 章 GNSS 多尺度速度场与应变场估计

GNSS 技术的应用使得大、中尺度的地壳形变监测能力有了很大提升。然而，由于板内地震孕震环境与板缘地震可能存在差异，特别是中国大陆孕震构造环境和动力学背景相当复杂，在较广阔分布的活动构造系中有着不同空间尺度甚至是较小尺度的构造形变分布。而小波函数则有空间和频率局部化的多分辨率的分析能力。可以从大尺度、中尺度到孕震断层尺度来研究地震的孕育和发生过程，分析不同尺度下的地壳形变异常空间分布特征。小波分析在地球物理领域的研究，更多关注的是平面小波在时间序列的频率域分解，很少去关注三维小波在不同空间尺度的应用。Holschneider 等（2003）首次提出了球面泊松（Possion）小波，用于构建全球到区域不同尺度的地磁场模型，并通过与球谐函数模型比较，得出随着小波尺度的变小，球面泊松小波可用于表达位于地球内部的多极子磁源产生的磁场。Chambodut 等（2005）探讨了针对观测点位规则分布和不规则分布情况下球面泊松小波磁场和重力场模型构建。Bogdanova 等（2005）提出了高斯差分 DOG (difference of Gaussians)球面小波。Tape 等（2009）利用 DOG 球面小波分析了多尺度速度场和应变场。鉴于地球外部形状的不规则性及地壳形变的不均匀性，球面小波可以从不同尺度来分析地壳形变应变场的分布，更好地刻画区域细部特征。本章基于球面小波构建了 GNSS 速度场与应变场的多尺度估计模型。详细推导了 DOG 球面小波和泊松球面小波函数式，探讨了球面小波建模时小波尺度和位置的确定问题。阐述了负位错理论，并基于负位错模型开展了球面小波多尺度应变场检测地壳形变异常的模拟试验。在此基础上构建了中国大陆 GNSS 应变场的球面小波多尺度估计模型，分析了不同尺度下中国大陆的地壳形变特征。

4.1 多尺度模型构建

4.1.1 DOG 小波

设一个半径为 1 的单位球，球面上任一点 x 处的 DOG 球面小波函数表达式为（Bogdanova et al,2005）

$$f_x^a(x) = \sqrt{\frac{4a^2}{((a^2-1)\cos\gamma + (a^2+1))^2} \exp\left(-\frac{\tan^2(\gamma/2)}{a^2}\right)} -$$

$$\frac{1}{a}\sqrt{\frac{4a^2}{((a^2-1)\cos\gamma + (a^2+1))^2} \exp\left(-\frac{\tan^2(\gamma/2)}{a\alpha}\right)} \tag{4.1}$$

式中，γ 为球面坐标系下，观测点位矢量 x 与球面小波中心之间的夹角，取值范围为 $0° \leqslant \gamma \leqslant 180°$；$a = 2^{-q}$，$q$ 表示尺度，其值越大，则尺度越小；α 取 1.25。

图 4.1 显示了 DOG 球面小波函数在不同尺度下的球面小波形状。可以看出，随着 q 值的增大，尺度逐渐变小，在球面上影响的范围越小，对局部形变的敏感性增强，可以较好地表示空间范围小的局部形变信息。

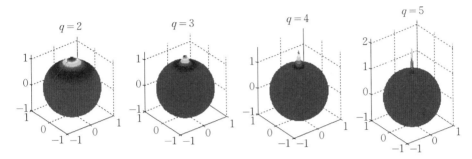

图 4.1　不同尺度下的 DOG 球面小波

（设小波中心位置位于北极点）

图 4.2 是不同尺度下 DOG 球面小波在球面上随纬度变化的经线剖面图。图中纵坐标表示的是 DOG 球面小波在不同尺度下的数值，横坐标表示同一经度不同纬度的余纬值。可以看出，在尺度相同的情况下，随着与球面小波中心轴的距离变大，小波在球面上的影响逐渐变小。不同尺度相比，尺度较大（即 q 值较小）的 DOG 小波更加平缓，在球面上的影响范围更大；尺度较小（即 q 值较大）的 DOG 小波变化则更加剧烈，在球面上的影响范围较小。这说明球面小波具有良好的不同分辨率的空间局部化特征，可以用来反映不同空间尺度下发生的地壳形变特征。

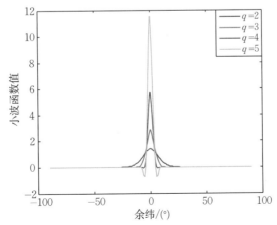

图 4.2　不同尺度下的 DOG 球面小波剖面

（q 值越大，尺度越小，小波影响范围越小，局域化特征越明显）

4.1.2　泊松(Possion)小波

根据 Holschneider 等(2003)，以 $\|x\|=R$ 为半径的球面上任意一点 x 的球面泊松小波定义为

$$\psi_a^n(x)=\frac{1}{R}\sum_l(al)^n\mathrm{e}^{-al}(2l+1)P_l\left(\frac{e}{\|e\|}\frac{x}{\|x\|}\right) \tag{4.2}$$

式中，P_l 为勒让德多项式，l 为勒让德阶数；a 为尺度，用来衡量小波所能反映的空间波长；e 为小波中心位置；n 为小波阶数，反映的是小波波形振荡的剧烈程度。对于 $x\neq 0$，则有

$$\partial_\lambda^n\frac{1}{|x-\lambda\hat{e}|}\Big|_{\lambda=0}=n!P_n(\hat{x}\hat{e})|x|^{-n-1} \tag{4.3}$$

式中，$\hat{x}=x/|x|$，为单位向量；则对于位于 $\lambda\hat{e}$ 处的小波函数展开得

$$\partial_\lambda^n\frac{1}{|x-\lambda\hat{e}|}=n!P_n(\cos\chi)|x-\lambda\hat{e}|^{-n-1} \tag{4.4}$$

其中

$$\cos\chi=(x-\lambda\hat{e})\frac{x}{|x-\lambda\hat{e}|} \tag{4.5}$$

定义系数 C_k^n 满足如下方程，即

$$(\lambda\partial_\lambda)^n\sum_{k=1}^n C_k^n\lambda^k\partial_\lambda^k,\quad k\leqslant n;C_k^n=0,k>n \tag{4.6}$$

则 C_k^n 可由如下递推公式进行计算，即

$$C_k^{n+1}=kC_k^n+C_{k-1}^n \tag{4.7}$$

设 $\lambda=e^{-a}$，则球面泊松小波函数可以简写为

$$\psi_a^n(x)=a^n\sum_{k=1}^{n+1}k!(2C_k^{n+1}+C_k^n)\mathrm{e}^{-ka}P_k(\cos\chi)|x-e^a\hat{e}|^{-k-1} \tag{4.8}$$

球面泊松小波 ψ_a^n 卷积可表示为

$$\psi_a^n\cdot\psi_{a'}^{n'}=\frac{a^n a'^{n'}}{(a+a')^{n+n'}}\psi_{a+a'}^{n+n'} \tag{4.9}$$

则球面小波标量内积可表示为

$$\langle\psi_{y,a}^n,\psi_{y',a'}^{n'}\rangle=\frac{a^n a'^{n'}}{(a+a')^{n+n'}}\psi_{a+a'}^{n+n'}(y\times y') \tag{4.10}$$

当小波有相同的阶数，即 $n=n'$ 时，可以得到球面泊松小波的二范数为

$$\|\psi_a^n\|^2=4^{-n}\psi_{2a}^{2n}(l) \tag{4.11}$$

图 4.3 为不同尺度下的球面泊松小波形状图，沿经线的球面小波剖面图如图 4.4 所示。由图 4.3 可知，球面泊松小波与 DOG 球面小波波形基本相似。由

图 4.4 可知,除在小尺度下球面泊松小波($a=0.05$)在边界处与 DOG 球面小波($q=5$)有所差异之外,整体差异并不明显。由两种球面小波波形可以看出,两者均具有不同空间尺度的局域化表现特征。

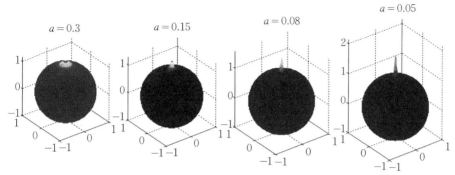

图 4.3 不同尺度下的球面泊松小波

(设小波中心位置位于北极点)

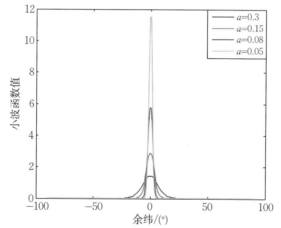

图 4.4 不同尺度下的球面泊松小波剖面

(a 值越大,尺度越大,小波影响的范围越大;a 值越小,尺度越小,小波影响的范围越小,局域化特征越明显)

4.1.3 球面小波位置和尺度的确定

为构建合适的球面小波框架,需要对球面小波的空间范围和位置按照一定的规则进行离散化,在球面上剖分得到近似相等均匀的格网点。各个尺度的小波对应的球面网格都要尽可能均匀地覆盖整个球面。根据尺度的不同,格网点的密度不同,以每个球面网格的顶点作为构建球面小波的中心位置。图 4.5 显示了不同尺度下 DOG 球面小波位置的分布。$q=2$、3、4 尺度的小波基的个数分别为 162 个、642 个、2 562 个,如表 4.1 所示。由此可见,q 值越大,尺度越小,球面网格的顶点个数也就越多,所建立的小波基个数也越多,局域化特征也越突出。在一定尺度下,球面小波函数在球面上的影响范围是有限的。因此,当局部发生形变时,只会改变受到影响的模型系数,不会改变整个模型系数。

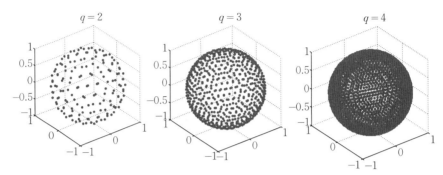

图 4.5　不同尺度下 DOG 球面小波位置的分布

表 4.1　不同尺度的小波个数与空间影响范围

尺度	顶点数/个	空间影响范围/(°)
1	42	47.310
2	162	24.707
3	642	12.5
4	2 562	6.268
5	10 242	3.136
6	40 962	1.569
7	163 842	0.784
8	655 362	0.392

注:空间影响范围指图 4.2 或图 4.4 中小波边缘到小波中心的距离。

　　球面小波函数主要由小波位置和空间尺度组成。在球面小波尺度和位置的确定过程中,并不意味着选取的尺度越多越好。若地壳形变空间尺度较大,这时小波尺度和位置采样过于密集,小波框架就会有冗余。因此,恰当的小波尺度和位置的确定至关重要。当前,GNSS 测站分布还比较稀疏且不均匀分布,对此,需要根据不同尺度小波的影响范围和观测数据的实际分布密度来确定小波中心的位置和尺度。采用的判定依据是,若以此格网点为中心所建的某一尺度的小波影响范围内有不少于 3 个测站时,则以此格网点为中心,构建这一尺度的小波函数。那么,包含 3 个测站的尺度作为小波的最小尺度。根据研究区域范围确定球面小波的最大尺度,一般是以两倍的区域范围作为小波的最大尺度(Tape et al,2009)。当 GNSS 观测台站分布不均匀时,球面小波也将不均匀分布;当没有观测数据或者数据稀疏的地方,此处将不会构建球面小波基。因为球面上任一个点的值都是由球面上不同尺度所有小波基在这点上叠加共同影响的结果。根据球面小波的特性,距离球面小波基中心越远,能量衰减越大,受小波影响作用越小。因此,没有构建小波基的地方,受其他小波基的影响较弱,从而避免伪信号的出现。同时因没有在观测数据区域之外任意产生小波系数,所以并不会影响其他地区的拟合效果。可见,根据实际需要和 GNSS 测站分布密度来共同决定所允许构建的球面小波的尺度与小波分布,这充分体现了球面小波多尺度的特性和 GNSS 测站的分布特征,这正是球面小波应变模型与其他应变解算模型的不同之处。

4.1.4　小波系数估计

GNSS 地壳运动速度场可用各个尺度不同位置的球面小波函数的线性组合来表示。利用 N、E、U 方向地壳运动速度,建立球面小波函数模型为

$$
\left.\begin{aligned}
v_{\mathrm{N}}(\lambda,\mathrm{N}) &= \sum_{q=1}^{n}\sum_{i=1}^{m} c_q^i g_q^i(\lambda,\varphi) + \varepsilon_{\mathrm{N}},\ \boldsymbol{P}_{\mathrm{N}} \\
v_{\mathrm{E}}(\lambda,\mathrm{E}) &= \sum_{q=1}^{n}\sum_{i=1}^{m} c_q^i g_q^i(\lambda,\varphi) + \varepsilon_{\mathrm{E}},\ \boldsymbol{P}_{\mathrm{E}} \\
v_{\mathrm{U}}(\lambda,\mathrm{U}) &= \sum_{q=1}^{n}\sum_{i=1}^{m} c_q^i g_q^i(\lambda,\varphi) + \varepsilon_{\mathrm{U}},\ \boldsymbol{P}_{\mathrm{U}}
\end{aligned}\right\}
\tag{4.12}
$$

式中,n 为小波尺度的数量,m 为每一尺度相应的小波函数个数,c 为待求的小波系数,g 为小波基函数,λ,φ 为观测站点经纬度,$\varepsilon_{\mathrm{N}}、\varepsilon_{\mathrm{E}}、\varepsilon_{\mathrm{U}}$ 为三方向的观测噪声,$\boldsymbol{P}_{\mathrm{N}}、\boldsymbol{P}_{\mathrm{E}}、\boldsymbol{P}_{\mathrm{U}}$ 为三方向的观测权矩阵。式(4.12)可简写成矩阵形式为

$$
\boldsymbol{d} = \boldsymbol{G}\boldsymbol{x} + \boldsymbol{\varepsilon}
\tag{4.13}
$$

由表 4.1 可知,随着尺度的减小,小波的数量在成倍地增加。当尺度缩小为原来的一半时,球面网格增加到原来的 4 倍,小波数量也要增加到原来的 4 倍,因此,待估参数即小波系数将会成倍增加,求解时常常会出现不适定问题。因此必须采用正则化或附加一定的约束条件进行处理。于是,求取球面小波系数的方程转化为求下列函数最小值的问题,即

$$
\min(\|\boldsymbol{G}\hat{\boldsymbol{x}} - \boldsymbol{d}\|_2^2 + \lambda^2\|\boldsymbol{L}\hat{\boldsymbol{x}}\|_2^2)
\tag{4.14}
$$

式中,λ 为正则化参数,$\boldsymbol{L}$ 为正则算子。因为式(4.14)存在唯一的极小值,相应的解为

$$
\hat{\boldsymbol{x}} = (\boldsymbol{G}^{\mathrm{T}}\boldsymbol{P}\boldsymbol{G} + \lambda^2\boldsymbol{L}^{\mathrm{T}}\boldsymbol{L})^{-1}\boldsymbol{G}^{\mathrm{T}}\boldsymbol{P}\boldsymbol{d}
\tag{4.15}
$$

当 $\boldsymbol{L}=\boldsymbol{I}$($\boldsymbol{I}$ 为单位矩阵)时,即为经典的吉洪诺夫(Tikhonov)正则化方法。该正则化方法所求解为线性方程组众多解中使残差范数和解的范数的加权组合为最小的解。虽然可以得到小波系数解,但此时的 $\boldsymbol{L}$ 并没有包含地壳形变空间分布的信息,因此,求出来的小波系数不能客观反映速度场和形变场空间分布的物理意义。如何利用地壳形变空间分布的先验信息来构建 $\boldsymbol{L}$ 至关重要,因为球面小波反

映的是不同空间尺度的变化趋势,球面小波的能量随着尺度的减小而逐渐减少。较大尺度的小波系数应赋予较大的能量。因此,球面泊松小波可采用球面上小波函数的标量内积作为 L 的取值。对于球面泊松小波,可以采用尺度 q 的平方作为 L 取值。

当正则化方法确定之后,需要进行正则化参数 λ 的确定。因为 λ 值直接控制着残差范数 $\|Ax - b\|_2^2$ 与附加参数约束条件 $\|Lx\|_2^2$ 之间的相对权重,其是关系着能否改善不适定问题的关键。正则化参数的求取方法主要有岭估计法、L 曲线法、广义交叉验证(GCV)法。L 曲线以曲线的方式显示了正则参数变化时残差范数与解的范数随之变化的情况。当正则参数 λ 取值偏大时,对应较小的解的范数和较大的残差范数;而当 λ 取值偏小时,对应较大的解的范数和较小的残差范数。在 L 曲线的拐角即曲率最大处,解的范数与残差范数能够得到很好的平衡,此时的正则化参数即为最优正则参数。广义交叉验证法由 Golub 等(1979)提出,当任一观测值从原观测值序列中移除后,用剩余的观测值求解小波系数,根据求得的小波系数可以计算移除的那个观测值,使与原观测值方差最小。广义交叉检验可以等效为求解最小 GCV 函数问题,即

$$GCV(\lambda) = \frac{\left\| (G(G^{\mathrm{T}}G + \lambda^2 L^{\mathrm{T}}L)^{-1} - I)d \right\|_2^2}{\left[\mathrm{trace}(I - G(G^{\mathrm{T}}G + \lambda^2 G^{\mathrm{T}}G)^{-1}G^{\mathrm{T}}) \right]^2} \tag{4.16}$$

4.1.5　应变参数解算

基于速度场球面小波函数式(4.12),求取水平速度 N、E 向的速度梯度为

$$e_{\mathrm{NN}} = \frac{\partial v_{\mathrm{N}}}{\partial \mathrm{N}};\ e_{\mathrm{NE}} = \frac{\partial v_{\mathrm{N}}}{\partial \mathrm{E}};\ e_{\mathrm{EN}} = \frac{\partial v_{\mathrm{E}}}{\partial \mathrm{N}};\ e_{\mathrm{EE}} = \frac{\partial v_{\mathrm{E}}}{\partial \mathrm{E}} \tag{4.17}$$

由上述速度梯度计算应变率张量为

$$E_{11} = e_{\mathrm{NN}};\ E_{22} = e_{\mathrm{EE}};\ E_{12} = \frac{1}{2}(e_{\mathrm{NE}} + e_{\mathrm{EN}}) \tag{4.18}$$

用最大主应变率、最小主应变率、最大剪切应变率、最大面膨胀率和旋转率五组物理量来表征地壳形变特征(刘序俨 等,2011)。主应变率反映地壳应变率的主轴方向的应变率大小,最大剪切应变率反映地壳剪切特性,面膨胀率反映了地壳的压缩或膨胀变化特性,旋转率表示应变主轴方位发生变化的应变状态。其计算公式分别如下:

最大主应变率为

$$P_1 = \frac{E_{11} + E_{22}}{2} + \sqrt{\left(\frac{E_{11} - E_{22}}{2} \right)^2 + (E_{12})^2} \tag{4.19}$$

最小主应变率为

$$P_2 = \frac{E_{11} + E_{22}}{2} - \sqrt{\left(\frac{E_{11} - E_{22}}{2} \right)^2 + (E_{12})^2} \tag{4.20}$$

最大主应变率方向为

$$A = \arctan\left(\frac{E_{12}}{P_2 - E_{22}}\right) \tag{4.21}$$

最大剪切应变率为

$$S = \frac{P_1 - P_2}{2} \tag{4.22}$$

最大面膨胀率为

$$F = P_1 + P_2 \tag{4.23}$$

旋转率为

$$\omega = \frac{1}{2}(e_{NE} - e_{EN}) \tag{4.24}$$

4.2　负位错理论

活动断层的运动是地壳形变的主要表现形式。在我国以板内运动占主导的地壳形变研究中,一些地区的活动断层不明显,地壳形变很大程度上是下层地壳拖带上层地壳的耦合作用造成的,很难用断层位错模型来描述。根据地幔对流学,板块运动是由于地幔对流驱动的。在地幔对流的驱动下,下地壳拖带上地壳一起运动。但是由于上伏地壳的横向不均匀性及地质构造的不均匀性,在统一的上地壳、下地幔的运动驱动下,势必有一些上伏地块运动较快,产生较强耦合;一些运动较慢,产生较弱耦合。但由于惯性和周边限制的关系,上伏地块的运动总是小于等于下地壳的运动,这样就会在上伏地壳的底面产生阻碍下地壳运动的应力累积区。因此,活动断层运动的力学模型可以表述为断层分割开的两地块的相对刚体运动加上断层面上的负位错分布(伍吉仓 等,2003b)。该模型假设各活动地块在当今构造运动的驱动下,彼此间存在着长趋势的稳定的相对运动,这种相对运动在地块的边界处或断层区域有可能受到阻碍,从而产生应变应力的累积。当应力累积超过断层的强度时,断层就会产生错动,发生地震。如果进一步假设地块边界处的阻碍作用只在地壳上部的脆硬段存在,而在地壳下部的软塑性段假定能自由滑动(伍吉仓 等,2002a)。根据静力弹性位错理论,地壳上部断层面上的阻碍作用可以用断层面上的负位错分布来表述,那么,地块边界处的地壳形变可以表述为地块间的相对刚体运动加上断层面上负位错分布所导致的地壳形变,如图 4.6 所示。

设地块 A 和地块 B 间存在着长趋势的稳定的相对运动 v_{AB}。地块 A 与地块 B 的边界由断层分割开,在断层面的上部,阻碍作用引起的地壳形变可以用负位错分布来表示,即

$$y = v_{AB} + d_{\Sigma} \tag{4.25}$$

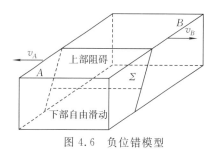

图 4.6　负位错模型

式中，y 表示地面上任一点位移或速度，d_Σ 表示断层面上负位错分布引起的地壳形变。

负位错模型与位错模型是相对应的关系，地震的孕育发生、应力积累可以用负位错模型来解释，而地震的爆发可以用位错模型来表述。因此，负位错模型和位错模型可以用来计算整个板块或块体边界应力的积累和释放过程。负位错的方向与断层实际的相对运动方向相反，可以根据断层位错理论来求得。图 4.7 为断层位错模型。图中 xoy 为地面，矩形断层面长度的一半记为 L、宽为 W、倾角为 δ，断层位于 $(Z \leqslant 0)$ 弹性半无限空间中，其下边缘埋深为 d，断层面上的负位错分布记为 U_1、U_2 和 U_3，依次称为走向位错量、倾向位错量和张裂方向位错量。根据弹性均匀、各向同性、半无限空间位错理论（Steketee，1958；Okada，1985，1992），断层表面 Σ 由于负位错 $\Delta u_j (\varepsilon_1, \varepsilon_2, \varepsilon_3)$ 产生的位移场可表示为

$$d_\Sigma = \frac{1}{F} \iint_\Sigma \Delta u_j \left[\lambda \delta \frac{\partial u_i^n}{\partial \varepsilon_n} + u \left(\frac{\partial u_i^j}{\partial \varepsilon_k} + \frac{\partial u_i^k}{\partial \varepsilon_j} \right) \right] v_k \, \mathrm{d}\Sigma \tag{4.26}$$

式中，δ 是克罗内克符号；λ、u 为介质弹性参数，也称为拉梅常数；v_k 表示垂直平面 Σ 的法向量，u_i^j 表示在点 $(\varepsilon_1, \varepsilon_2, \varepsilon_3)$ 的第 j 个方向上的作用力 F 在地表一点 (x, y, z) 产生的第 i 个分量位移。依据断层模型参数，将地表位移表示为断层面长度、宽度、埋深、倾角及断层面上滑移分布的隐形函数，即

$$d_{x,y,z} = f(x, y, L, W, d, \alpha, \delta, U_1, U_2, U_3) \tag{4.27}$$

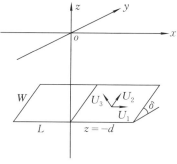

图 4.7　断层位错模型

根据负位错理论，设置断层 4 个几何参数（断层面长 L、宽 W、倾角 δ 和下边缘埋深 d）和 3 个断层面上的位错分量（走滑位错 U_1、倾滑位错 U_2 和张裂位错 U_3）就可以由式（4.25）解算地表任意点的位移或速度场，从而表述板块内部特别是断层内部的应变积累、闭锁程度和滑动亏损分布。

4.3　多尺度应变场的形变检测试验分析

球面小波多尺度应变场的优势在于能够从不同的空间响应范围，从不同的分辨率来研究不同尺度下的地壳形变。本节将通过模拟试验来研究球面小波多尺度应变场在地壳形变检测方面的应用。设置研究区域范围为 E113°～E118°、N23°～

N27°,模拟两个闭锁状态的逆冲滑移断层 F1 和 F2 作为两个形变源,其负位错模型参数如表 4.2 所示。

表 4.2　模拟设置的两个闭锁逆冲断层模型参数

	下边缘中心位置 (经度,纬度)/(°)	方位角 /(°)	长 /km	宽 /km	下边缘深 /km	倾角 /(°)	走向负位 错值/mm	块体相对速度 /(mm/a)
F1	(113.6,25)	0	42.6	5	7	50	200	18
F2	(116.5,25)	0	213.6	35	57	50	200	22

在断层区域上方的地表按 30 km 等间隔模拟布设 220 个测站,根据 4.2 节的负位错模型式(4.25),正演两个闭锁状态逆冲断层地表区域速度场,并模拟加入一定信噪比的噪声,合成较为真实的地表速度场,如图 4.8 所示。由图 4.8 可知,两个断层附近区域速度较小,远离断层速度较大,显然是处于闭锁状态的两个断层。断层区域速度梯度较大,积累的应变能量较大。两个断层北缘均处于拉张状态,具有较强的面膨胀,断层南缘均存在明显的挤压应变。F1 断层的形变空间影响范围约为 50 km,F2 断层形变空间影响范围约为 150 km,显然是两个不同空间尺度的形变源。

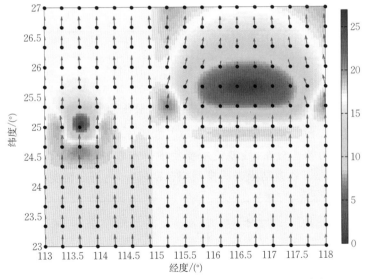

图 4.8　模拟的两个闭锁逆冲断层产生的地表水平速度场

为分析两个不同空间影响范围的形变源在不同尺度应变场中的表现,利用球面小波模型进行了多尺度应变场估计。因为测站最小间隔为 30 km,所以确定最小尺度为 8,对应的空间分辨率约为 40 km;因为测区范围约为 600 km,所以确定球面小波最大尺度为 4,对应空间范围约为 700 km。以球面上研究区域内每一格网点为中心建立不同尺度下的小波函数,若某一尺度的小波函数影响范围内至少有 3 个测站时,则以此格网点作为构建这一尺度小波函数的中心位置。按照这个原则,经计算在球面上 2 294 个格网点中选取了 501 个符合条件的格网点作为构建不同尺度小波基的位置。选取的小波基位置分布,如图 4.9 所示。在图 4.9 中的 501 个小波函数中,其中 q 为 4～7 尺度中包含的小波基共 199 个,分别从 1～199;q 为 8 尺度中包含的小波基共 302 个,分别从 200～501。因为测站均匀分布,所以图中不同尺度的小波函数也呈均匀分布。

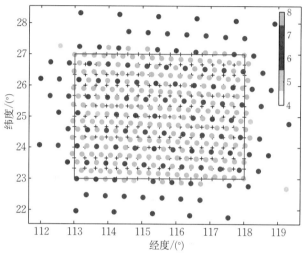

图 4.9　球面小波不同尺度下的小波基分布

(不同颜色表示从 4 到 8 每一尺度的小波基位置,值越
大,尺度越小;"+"表示测站位置,方框表示研究区域)

　　球面小波模型解算结果的残差分布与直方图分布分别如图 4.10 和图 4.11 所示。残差分布接近正态分布,残差值主要集中分布在 −1～1 mm 范围内,残差中误差为 0.67 mm/a。残差结果表明模型拟合度较好,内符合精度较高。

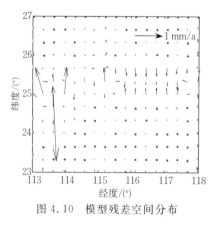

图 4.10　模型残差空间分布

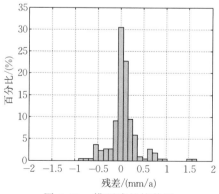

图 4.11　模型残差柱状图

由球面小波模型解算第 4～7 尺度、第 8 尺度下的最大主应变率、最大面膨胀率、最大剪切应变率和旋转率分别如图 4.12、图 4.13、图 4.14 和图 4.15 所示。图中,对于 50 km 影响范围的小断层形变信号,在大尺度 q 为 4～7 的应变场中并没有体现,而在小尺度 q 为 8 的应变场中表现得非常明显。150 km 影响范围的大断层形变信号在小尺度 q 为 8 中只表现了一小部分信息,而在大尺度 q 为 4～7 中的表现更加完整和明显。可见大断层形变对应 q 为 4～7 尺度的影响范围。因此,在 q 为 4～7 尺度下分析 150 km 影响范围的大断层形变更有利,因为它能够分离其他尺度不相关信息的影响。同样在 q 为 8 尺度中对分析 50 km 影响范围的小断层形变更加有利,因为它分离了 4～7 尺度形变的影响。可见,不同空间影响范围的地壳形变信息会在相应尺度的应变场中得以体现。对于区域局部形变信息,影响范围较小,它只会表现在球面小波小尺度应变场中,而在大尺度应变场中体现不到。对于大范围地壳形变,虽在小尺度中有所表现,但表现的只是这一尺度形变的一小部分信息,唯有在相应大尺度下才能表现得更加完整和明确,这充分表明了球面小波应变场多尺度分解的优越性所在。通过模拟试验,表明了球面小波应变场多尺度估计能够更加清楚地看到不同空间尺度下的构造形变的表现与变化,可以用来分离不相关尺度信息源或其他背景噪声的影响,提取更加纯净真实的地壳形变信息,这就更有利于进行微弱构造形变信息的提取。

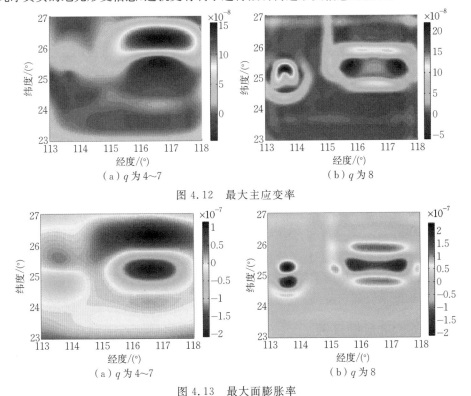

（a）q 为 4～7　　　　　　　　　（b）q 为 8

图 4.12　最大主应变率

（a）q 为 4～7　　　　　　　　　（b）q 为 8

图 4.13　最大面膨胀率

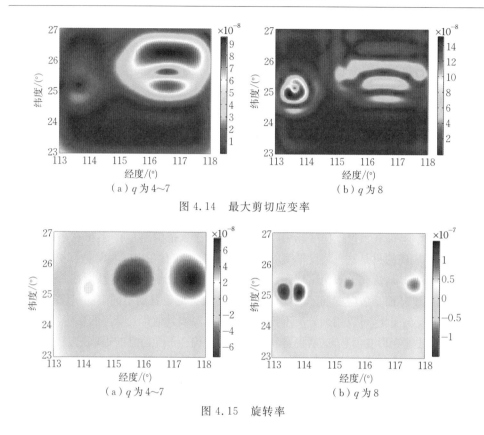

（a）q 为 4~7　　　　　　　　　（b）q 为 8

图 4.14　最大剪切应变率

（a）q 为 4~7　　　　　　　　　（b）q 为 8

图 4.15　旋转率

4.4　中国大陆多尺度应变场估计

中国大陆位于欧亚板块的东南部,因受到太平洋板块、印度洋板块和欧亚板块三大板块的碰撞、俯冲和挤压联合作用,成了全球板内地壳构造运动最强烈的地区,形成了中国大陆复杂的构造应变场。通常与地震有关的形变特征及应变积累主要集中在断裂带附近的几千米或者几十千米的较窄范围内(杜方 等,2010),而利用中国地壳运动观测网络 GNSS 站的数据已经得到上百千米量级的较大尺度下的中国地壳运动图像,不利于分析小尺度的区域局部构造形变特征。为此,本节利用球面小波构建了中国大陆 GNSS 多尺度应变场模型,分析了中国大陆在不同尺度下精细的地壳形变特征。

4.4.1　GNSS 数据来源

数据来自陆态网络基准站和区域站自 2009 年至 2011 年的共 1 970 个 GNSS 测站的观测数据。陆态网络在中国大陆及周边地区形成由 260 个连续观测基准

站和 2 000 个区域站(包含一期和二期)组成的观测网构架。尤其地震危险区如
川滇地区和华北地区等重点地区加密,点间距为 30～70 km,按均匀原则布设。在
全国大部分地区区域站的平均间距可以达到 100 km 左右。使用 GAMIT/
GLOBK 10.4 软件对 GNSS 数据进行处理,坐标框架采用 ITRF2008,GNSS 星历
数据采用的是 IGS 精密星历,处理模式采用松弛解,处理时段为单日解。利用第 3
章研究的 ITRF2008VEL 全球板块运动模型欧拉参数,获得了相对于欧亚板块的
中国大陆地壳运动速度场。利用该速度场构建了基于球面小波的中国大陆多尺度
速度场与应变场模型。

4.4.2　结果与分析

　　基于研究区域的空间范围和实际测站的分布密度,选择的球面小波尺度是
3～8,总共构建了 4 790 个小波基。小尺度(即为 8)小波基位置主要分布在川滇地
块、华北地块、南北断裂带和海源断裂带上,因为在这些地方测站分布密度较大,能
够满足构建小尺度小波基的条件。大尺度(即为 3～6)的每一尺度的小波范围均
能够覆盖整个中国大陆。因此,主要对第 3～8 尺度、第 3～6 尺度、第 7 尺度和第
8 尺度进行了提取与分析。

　　球面小波模型估计结果的残差直方图分布如图 4.16 所示。残差分布为似标
准正态分布,残差值主要集中分布在 −2～2 mm 范围内,残差中误差为
1.2 mm/a。这表明模型拟合精度较高。

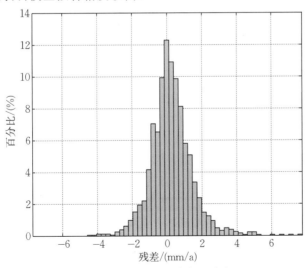

图 4.16　模型残差直方图分布

　　在第 3～8 尺度下,中国大陆大范围的应变分布,整体分布特征为西强东弱,应
变高值区主要集中在昆仑山断裂带、玉树-甘孜断裂带、喜马拉雅山断裂带、南北断

裂带,应变值为 $6\times10^{-8}\sim8\times10^{-8}/a$。2010 年玉树 Ms 7.1 级地震的发震断层是甘孜断裂,可见震后应变可能并没有完全释放掉。相对第 3~8 尺度,第 3~6 尺度显示的区域应变分布差异更加明显,应变分布更加完整。可见,中国大陆的形变特征主要集中在第 3~6 尺度的一个范围内,对应的空间范围为 170~1 300 km。然而,3~6 尺度局部细节特征表现得并不突出。相比第 3~6 尺度,第 7 尺度较好地反映了区域构造形变的细节,应变高值区主要表现在康定-甘孜断裂上。这说明康定-甘孜断裂形变影响范围较其他断裂影响范围小。第 8 尺度上,局部地壳形变细节特征表现得更加明显,应变高值区主要集中分布在华北燕山断裂带、六盘山断裂带、龙门山断裂带、澜沧江断裂带和小江断裂带,应变率值达到了 $3\times10^{-8}\sim4\times10^{-8}/a$。其中,华北燕山断裂带和澜沧江断裂带形变信息在第 3~8、3~6 和第 7尺度上表现十分微弱甚至无表现,然而,在第 8 尺度上却呈现出明显的形变特征。可见,华北燕山断裂带、澜沧江断裂带和燕山断裂带的形变空间影响范围可能较小,对应空间范围约为 50 km。因此,只有在小尺度下更有利于检测局部形变特征。因观测数据都分布在中国大陆内部,无数据的区域没有建立小波基。根据球面小波的特点,没有观测数据的地方的应变值是由其他地方构建的小波基共同作用的结果,距离小波基越远,影响程度越小。因此,边缘地带即国界附近应变值可信度较低,不作重点考虑。

　　第 3~8 尺度下,最大剪切应变空间分布与最大主应变率的空间分布相似。整体也表现出西强东弱的形变特征,剪切应变高值区主要分布在南北断裂带上,最大剪切应变值为 $6\times10^{-8}\sim7\times10^{-8}/a$。在第 3~6 尺度,区域差异表现得较为明显。2008 年汶川 Ms 8.0 级地震的发震断层——龙门山断裂带和 2010 年玉树 Ms 7.1级地震的发震断层——玉树-甘孜断裂带都是剪切应变分布的高值区,这说明这两个断层仍然是现今构造活动最强烈的地区,运动形式主要表现为剪切应变的构造运动。第 7 尺度的高剪切应变区主要分布在康定-甘孜断裂带上,与最大主应变分布相同。在第 8 尺度下,区域剪切应变空间分布细节特征表现得更加突出。剪切应变高值区主要集中于南北断裂带上的六盘山断裂带、龙门山断裂带、澜沧江断裂带、小江断裂带和华北燕山断裂带。体现出了南北断裂带和华北燕山断层形变主要以剪切应变为主的特点。同样,澜沧江断裂带和小江断裂带形变仅表现在第8 尺度上,其他尺度上均无表现。中国大陆应变场空间分布与强震活动的关系表明,强震通常发生在区域应变场剪切应变的高值区或其边缘,尤其是与区域主干断裂构造运动相一致的剪切应变率高值区(江在森 等,2003)。因此,深入研究南北断裂带和华北燕山断裂带的剪切应变时空分布与演化特征至关重要。

　　整体面压缩与面膨胀从南向北相间分布。第 8 尺度下的面膨胀高值区主要表现在南北断裂带和华北燕山断裂带上,最大面膨胀值为 $\pm4\times10^{-8}/a$。在川滇地区,滇西金沙江-元江断裂带主要表现为压缩,滇东小江断裂带主要表现为拉张。

与相关研究结果一致(魏文薪 等,2012)。

　　第 3～8 尺度、第 3～6 尺度旋转率高值区主要集中分布在川滇菱形块体以西、鲜水河断裂以南环绕喜马拉雅构造结的环形地区,旋转率值为 $-5\times10^{-8}\sim-6\times10^{-8}/a$,旋转率是负值,表明为顺时针旋转特征。这主要是因为中国大陆在印度板块 NNE 向的强烈碰撞推挤作用下,青藏高原地壳物质向 NNE 和 NE 方向运动,由于受到北部东北部和东部地块的阻挡,经青藏高原的东南部向印度洋方向运动,从而表现为顺时针旋转特征。其次是滇东地区,旋转率值为 $3\times10^{-8}/a$,旋转率是正值,表现为逆时针旋转特征。第 7 尺度、第 8 尺度旋转率高值区仍主要表现在南北断裂带上,但旋转率值较小,最大值约为 $\pm2\times10^{-8}/a$。可见,中国大陆旋转形变特征主要分布在较大尺度范围内,即 3～6 尺度。

4.5　本章小结

　　本章构建了基于球面小波的 GNSS 多尺度速度场和应变场模型,详细推导了球面小波基函数 DOG 小波和泊松小波,探讨了球面小波多尺度模型构建时小波中心位置和尺度的确定等。利用球面小波模型解算了水平速度梯度和应变张量,得到了不同尺度下的最大主应变率、最大剪切应变率、最大面膨胀率和旋转率。基于负位错模型利用球面小波多尺度应变场成功实现了地壳形变异常检测的模拟试验。结果表明,多尺度应变场具有局部地壳形变异常的检测能力。在模拟试验基础上,利用中国地壳运动观测网络 GNSS 站数据构建了中国大陆多尺度速度场和应变场模型。深入分析了在不同尺度下中国大陆地壳形变的表现特征,尤其描述了小尺度下的中国大陆断层活动细部形变特征。球面小波多尺度估计的关键取决于测站的空间分布,当测站分布较密集时,可以构建较小尺度的小波基函数。反之,当测站分布较稀疏时,仅能构建大尺度的小波基函数。在一些地区如我国的川滇地区和华北地区,中国地壳运动观测网络 GNSS 站分布密集(包括基本站与区域站),平均间距可达 20～30 km,能够用来检测小尺度(第 8 尺度,对应 40 km 的影响范围)的局部地壳构造形变。

　　研究结果表明,球面小波多尺度应变场,可将地壳形变应变率场分解表示为不同尺度的信息源,获取不同空间尺度下差异运动的精细图像,不同空间影响范围的地壳形变信息会在相应尺度的应变场中得以体现。区域局部形变影响范围较小,它只会表现在球面小波小尺度应变场中,而在大尺度应变场中无表现。对于大范围地壳形变,虽在小尺度中有所表现,但表现的只是这一尺度形变的一小部分信息,唯有在相应大尺度下才能表现得更加完整和明确。这充分表明了球面小波应变场多尺度分解的优越性所在。此外,球面小波多尺度应变场模型有能力分离不相关尺度信息源或其他背景噪声的影响,提取更加纯净、真实、实际需要的地壳形变信息,这就更有利于进行地壳运动微动态形变异常信息的检测。随着连续和分期 GNSS 网观测的持续积累,地表运动观测数据越来越多,形成了分布在监测区域地表上的站点坐标时空序列,这就更有利于从时空角度开展球面小波多尺度应变场的研究。一方面,需要进一步对中国大陆进行更精细的分区域细化研究,以中国大陆活动块体为研究对象,定量研究主要断层活动速率及块体运动速率,研究构造形变与空间响应范围之间的关系,以及不同空间尺度的应变场分布与强震之间的关系。另一方面,开展时变应变场研究,把静态应变场推进到随时间变化的动态应变场。从而认知大陆内部现今构造形变的运动学特征和动力学过程。

第5章 区域 GNSS 网时空滤波与瞬态形变检测

利用 GNSS 监测地壳形变要求必须从 GNSS 观测数据中提取准确、可靠的构造形变信息。否则,后续的地壳形变识别与分析、活动断层参数的反演结果都有可能因噪声过大而淹没了微弱形变信息导致错误的结果。因此,在保证 GNSS 地壳形变数据高精度处理的前提下,如何尽可能分离观测数据中非构造形变的影响,提取出有价值的构造形变信息就成了一个关键性的问题。

地震的孕震是一个长期、复杂、缓慢的过程,地震发生时断层破裂所释放的能量只是其中一部分,有很大一部分能量在常规地震前后,以无震蠕滑的形式释放,监测地壳运动异常形变信息对于地震危险性评估和探索孕震机制具有重要的理论意义和应用价值。美国宾夕法尼亚州立大学的地质学家克里斯·马罗内研究发现,监测慢地震能为有些由慢地震触发正常地震的地区提供可靠的预测依据。因此,检测瞬态形变信息发生的时空分布及其演变特征对于地震危险性评估至关重要。瞬态无震蠕滑一般是指从几个月到几年的时间尺度内没有明显地震波信号的断层慢滑动事件,又称为慢地震。从空间尺度来说,它发生在一个有限断层带的特定区域内,这不同于分布在较大范围内的岩层蠕变。慢地震或无震蠕滑事件是伴随活动断层地震应力成核的重要过程。将 GNSS 观测结果应用于地壳形变监测,由于形变的量级较小,而 GNSS 观测结果中含有多种因素造成的观测误差,为了获得可靠的结果,需要提高 GNSS 观测结果的信噪比,通过一些方法降低噪声的影响。对区域 GNSS 网站点坐标时间序列进行分析时发现,不同 GNSS 站点之间存在一定的空间相关性,即存在所谓的共性误差,共性误差的存在对于提取区域网内部各站点形变特征有着不利的影响。

陆态网络拥有 2 315 个 GNSS 观测站,其中包括 260 个连续站、2 000 个区域站和 55 个基本站,并在我国的青藏高原、川滇和华北首都圈等地壳运动活跃区和断层地带进行了重点布设,主要用于研究这些区域的地壳形变和断层滑移特征。固然可以通过地球物理反演的方法获得慢地震和地震震后余滑时空分布(Segall et al,1997;McGuire et al,2003;Kositsky et al,2010),然而,反演模型是一种近似模型,会有反演模型误差的引入,而且需要有较为准确的断层几何参数和滑移特征等先验信息作为约束条件。如果活动断层时空分布不明确,加上无震蠕滑形变量较小,信噪比较低,很难反演得到真实可靠的蠕滑形变信息。因此,反演之前的形变异常时空分布检测工作是开展反演工作的第一步。本章以活动断层为研究区域,利用地表覆盖的丰富的 GNSS 时空数据,基于卡尔曼滤波和主成分时空分析,集时空相关噪声处理与断层蠕滑形变检测于一体,研究了一套检测活动断层瞬态无震蠕滑时空分布的理论方法,并通过模拟试验和实际案例进行了验证与分析。

5.1　模型构建

5.1.1　时间域的卡尔曼滤波

把局部瞬态构造形变信息作为随机信号,利用一阶高斯马尔可夫过程(FOGM)构建了瞬态形变信号和时空相关噪声的卡尔曼滤波运动状态模型(Ji et al,2013)。则关于 GNSS 台站位移的函数模型可表示为

$$X(t) = a + bt + c\sin(2\pi t) + d\cos(2\pi t) + e\sin(4\pi t) + f\cos(4\pi t) +$$

$$\sum_{j}^{n_g} g_j \boldsymbol{H}(t - T_{gj}) + \boldsymbol{x}_t^{\mathrm{FOGM}} + \boldsymbol{\varepsilon} , \boldsymbol{\varepsilon} \sim N(0, \gamma^2 \boldsymbol{\Sigma}_{\mathrm{GNSS}}) \tag{5.1}$$

式中,t 为时间,a 为初始位置,b 为线性趋势项,c、d、e、f 分别为年、半年周期项系数,$\boldsymbol{H}$ 为阶梯函数,g 为偏移量(可利用差分方法确定阶跃发生的时刻进行消除),$\boldsymbol{x}_t^{\mathrm{FOGM}}$ 为 FOGM 部分,$\boldsymbol{\varepsilon}$ 为 GNSS 台站位移解算误差。为避免解算时某些误差未被模型化而导致误差低估,对位移协方差矩阵 $\boldsymbol{\Sigma}_{\mathrm{GNSS}}$ 加一方差因子 γ^2,即为 $\gamma^2 \boldsymbol{\Sigma}_{\mathrm{GNSS}}$。

在上述观测方程中,共有 7 个状态向量,分别为 a、b、c、d、e、f 和 FOGM 部分。其中,前 6 个向量为恒定参数,不随时间变化,其卡尔曼滤波状态模型的转移矩阵为单位阵 $\boldsymbol{I}$,过程噪声矩阵为零。FOGM 的向量 $\boldsymbol{x}_t^{\mathrm{FOGM}}$ 是时变参数,采用 FOGM 的方差 σ_{FOGM}^2 和相关时间 τ 作为约束参数来表示其随时间变化的状态方程(Ji et al,2013)。其卡尔曼滤波状态方程可采用尤尔-沃克方程来表示,转移矩阵可表示为

$$\boldsymbol{T}_k^{\mathrm{FOGM}} = \exp(-\Delta t_k / \tau) \tag{5.2}$$

过程噪声矩阵为

$$\boldsymbol{q}_k^{\mathrm{FOGM}} = \sigma_{\mathrm{FOGM}}^2 (1 - \exp(-2\Delta t_k / \tau)) \tag{5.3}$$

式中,$\Delta t_k = t_{k+1} - t_k$,当 τ 为零时,FOGM 过程为白噪声,当 τ 趋向无穷大时,FOGM 过程为随机游动过程。

正向状态预测向量为

$$\bar{\boldsymbol{x}}_{k+1}^{\mathrm{FOGM}} = \boldsymbol{T}_k^{\mathrm{FOGM}} \hat{\boldsymbol{x}}_k^{\mathrm{FOGM}} \tag{5.4}$$

相应协方差矩阵为

$$\boldsymbol{P}_{\bar{x}_{k+1}^{\mathrm{FOGM}}} = \boldsymbol{T}_k^{\mathrm{FOGM}} \boldsymbol{P}_{\hat{x}_k^{\mathrm{FOGM}}} (\boldsymbol{T}_k^{\mathrm{FOGM}})^{\mathrm{T}} + \boldsymbol{q}_k^{\mathrm{FOGM}} \tag{5.5}$$

回代状态预测向量为

$$\bar{x}_k^{\text{FOGM}} = (T_k^{\text{FOGM}})^{-1} \hat{x}_{k+1}^{\text{FOGM}} \tag{5.6}$$

回代状态预测向量协方差矩阵为

$$P_{\bar{x}_k^{\text{FOGM}}} = (T_k^{\text{FOGM}})^{-1} (P_{\hat{x}_{k+1}^{\text{FOGM}}} + q_k^{\text{FOGM}}) (T_k^{\text{FOGM}})^{-\text{T}} \tag{5.7}$$

观测值的预报残差向量即新息向量表示为

$$\bar{v}_k = y_k - H_k \bar{x}_k \tag{5.8}$$

式中，H_k 为观测方程的系数矩阵，y_k 为观测位移值，新息向量协方差矩阵表示为

$$Q_{v_k} = \gamma^2 \Sigma_{\text{GNSS}} + H_k P_{\bar{x}_k} H_k^{\text{T}} \tag{5.9}$$

对于 FOGM 模型参数方差 σ_{FOGM}^2、相关时间 τ、比例因子 γ 的估计，结合卡尔曼滤波新息向量及其协方差矩阵采用极大似然法求解。构造极大似然函数为

$$L(v_k, Q_{v_k}) = (2\pi)^{-\frac{n}{2}} \sum_{k=1}^{n} \det(Q_{v_k})^{-\frac{1}{2}} \cdot \exp\left(-\frac{1}{2}\sum_{k=1}^{n}(v_k Q_{v_k}^{-1} v_k)\right) \tag{5.10}$$

其对数形式为

$$\ln(L(v_k, Q_{v_k})) = -\frac{n}{2}\ln(2P) - \frac{1}{2}\sum_{k=1}^{n}\ln(\det(Q_{v_k})) - \frac{1}{2}\sum_{k=1}^{n}(v_k Q^{-1} v_k v_k) \tag{5.11}$$

通过对所有 GNSS 站位移时间序列(一般取精度较高的水平坐标北分量和东分量)进行卡尔曼滤波，去除线性趋势项、年和半年周期项，得到所有站的 FOGM 向量时空序列。因 FOGM 值包含了可能存在的断层瞬态形变信息和时空相关噪声，所以需研究将两者分离。针对空间共模误差的影响，可通过联合 PCA 和 KLE 方法去除。鉴于断层滑移引起的地表位移具有强空间相关性的特点，对滤波后的 FOGM 时空序列作主成分时空响应分析，能够抓住高时空相关的断层形变的主要信息，有效减弱空间不相关噪声(随机游动和白噪声)的影响。因为断层滑移类型及演化特征与地表位移主成分时空响应分布密切相关，不同的断层滑移特征引起的地表位移序列主成分时空响应有相应且明显的规律。因此，可以通过断层区域的地表位移主成分时空响应分析直接检测活动断层蠕滑时空分布与形变特征，详见 7.1 节。

5.1.2　空间域的 PCA 和 KLE 联合滤波

对于区域 GNSS 坐标时间序列，去除共性误差主要是正交分解方法，如主成分分析(principal component analysis，PCA)方法和 Karhunen-Loeve(KLE)方法可以很好地分离出共性误差。Dong 等(2006)提出了 PCA 与 KLE 联合滤波的方法。PCA 可以得到准确的空间响应，但当本地效应较强时，无法正确提取共性误差；KLE 方法虽然不能得到准确的空间响应，但可以正确判断各站点是否有较强的本地效应。因此，两者结合起来，可以剔去本地效应较强的站点，正确分离空间共性误差的影响。

对 PCA 滤波,设残差时间序列为 $\boldsymbol{X}$,设其协方差为 $\boldsymbol{B}$,其元素为

$$b_{i,j} = \frac{1}{m-1} \sum_{k=1}^{m} x_{k,i} x_{k,j} \tag{5.12}$$

式中,$x_{k,i}$、$x_{k,j}$ 表示第 k 历元第 i、j 测站对应的时间序列,$i=1,2,\cdots,n$,$j=1,2,\cdots,m$。$\boldsymbol{B}$ 为 $m \times n$ 阶对称矩阵,对 $\boldsymbol{B}$ 进行特征值分解,则有

$$\boldsymbol{B} = \boldsymbol{V}\boldsymbol{\Lambda}\boldsymbol{V}^{\mathrm{T}} \tag{5.13}$$

其中,$\boldsymbol{\Lambda}$ 为 n 个非零特征值组成的对角矩阵,$\boldsymbol{V}$ 为 n 个特征向量组成的正交矩阵。则矩阵 $\boldsymbol{X}$ 可以表示为

$$\boldsymbol{X} = \boldsymbol{A}\boldsymbol{V}^{\mathrm{T}} \tag{5.14}$$

即

$$x_{i,j} = \sum_{k=1}^{n} a_{i,k} v_{j,k} \tag{5.15}$$

式中,$\boldsymbol{A}$ 为 $m \times n$ 阶矩阵,其元素 $a_{i,j}$ 可表示为

$$a_{i,j} = \sum_{k=1}^{n} x_{i,k} v_{k,j} \tag{5.16}$$

其中,$v_{j,k}$ 为第 k 个特征向量的第 j 个元素。$a_{i,k}$、$v_{j,k}$ 为第 k 个模式分量,分别对应第 k 个模式分量的时间特征和空间响应。特征值的大小反映了相应模式分量对残差时间序列贡献率的大小,将特征值从大到小排列,前几个模式分量之和称为主模式分量,它包含了原序列的大部分信息。主模式分量可以由式(5.17)计算,即

$$\varepsilon_{i,j} = \sum_{k=1}^{p} a_{i,k} v_{j,k} \tag{5.17}$$

式中,p 为具有较大特征值的模式分量个数。把空间响应比较一致的模式分量称为共性误差。

KLE 滤波是对残差时间序列矩阵 $\boldsymbol{X}$ 的协方差矩阵进行了标准化。对由式(5.12)得到的协方差矩阵 $\boldsymbol{B}$,设将其标准化后得到相关系数矩阵 $\boldsymbol{C}$,其元素为

$$c_{i,j} = b_{i,j}/(\sigma_i \sigma_j) \tag{5.18}$$

$$\sigma_i = \sqrt{1/(m-1) \cdot \sum_{k=1}^{m} (x_{k,i})^2} \tag{5.19}$$

$\boldsymbol{C}$ 为 $n \times n$ 阶对称矩阵,对 $\boldsymbol{C}$ 进行特征值分解,有

$$\boldsymbol{C} = \boldsymbol{W}\boldsymbol{\Lambda}_c\boldsymbol{W}^{\mathrm{T}} \tag{5.20}$$

式中,$\boldsymbol{\Lambda}_c$、$\boldsymbol{W}$ 分别是 $\boldsymbol{C}$ 的特征值组成的对角矩阵和特征向量组成的正交矩阵。

同式(5.14),矩阵 $\boldsymbol{X}$ 可以表示为

$$\boldsymbol{X} = \boldsymbol{A}'\boldsymbol{W}^{\mathrm{T}} \tag{5.21}$$

即

$$x_{i,j} = \sum_{k=1}^{n} a'_{i,k} w_{j,k} \tag{5.22}$$

$$a'_{i,j} = \sum_{k=1}^{n} x_{i,k} w_{k,j} \tag{5.23}$$

同样,主模式分量可以由式(5.24)计算,即

$$\varepsilon_{i,j} = \sum_{k=1}^{p} a'_{i,k} w_{j,k} \tag{5.24}$$

一般以相对空间响应作为判别共性误差的空间域特征,并用对应模式分量的特征向量除以该特征向量中绝对值最大值的百分比来表示。当利用 PCA 得到位移时空序列主成分模式之后,判断第一主成分是否明显大于其他主成分,第一主成分各站空间响应是否具有空间一致性。然后与 KLE 方法得到的第一主成分空间响应对比,如果两种方法得到的某个站的空间相差很大,则认为该站含有较强的本地效应,应剔除该站,再提取正确的共模误差。

此外,去除共模误差的方法还有区域堆栈方法(regional stacking)。这种方法实际上是将每历元各站残差的加权平均值当作该历元的共性误差,但由于该方法不能反映出各站共性误差的空间响应,因此其成立的前提是区域网较小,并且共性误差分布需具有一致性。

堆栈方法是:设 X 为 $m \times n$ 的区域 GNSS 残差时空序列矩阵(北、东或垂直方向),其中 m 为历元数,n 为测站数,并且假定 $m \geqslant n$,X 的每一列为去趋势化和去均值化后的残差值。对于历元 $i = 1, 2, \cdots, m$,共性误差 ε_i 可由式(5.25)计算,即

$$\varepsilon_i = \frac{\displaystyle\sum_{k=1}^{n} (x_{i,k}/\sigma_{i,k}^2)}{\displaystyle\sum_{k=1}^{n} (1/\sigma_{i,k}^2)} \tag{5.25}$$

式中,$x_{i,k}$ 表示第 i 历元第 k 测站对应的残差,$\sigma_{i,k}$ 为中误差。

5.2 模拟试验

设置断层运动方式为瞬态无震蠕滑,其断层参数如表 5.1 所示。

表 5.1 模拟无震蠕滑断层几何参数

位置(N,E)/km	方位角/(°)	长/km	宽/km	下边缘深/km	倾角/(°)
(35,−118.9)	270	100	3.6	6	30

模拟 365 天的逆冲断层蠕滑时间序列,其中,从第 100 天开始断层以指数函数的形式发生瞬态滑移,至第 145 天稳定,如图 5.1 所示。由 OKADA 弹性半无限空间位错模型(Okada,1985,1992)正演断层区域地表 20 站 365 天的 N、E、U 方向(对应测站北、东、上方向)位移时间序列,并模拟加入量级与陆态网络 GNSS 数据相当的年和半年周期项、线性趋势项、空间共模误差和噪声(包括白噪声、随机游动

和闪烁噪声),其中噪声水平和断层滑移贡献的地表位移大小相当。合成生成的 N
方向的地表位移时空序列如图 5.2 所示。由图 5.2 可知,位移序列信噪比较小,难
以发现何时何地发生了蠕滑形变异常。

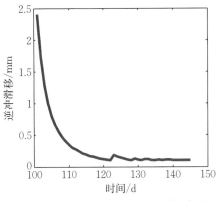

图 5.1　模拟的逆冲瞬态滑移时间序列

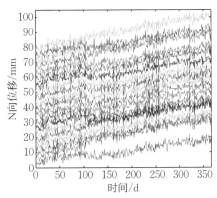

图 5.2　合成的 N 向地表位移时间序列
（依次平移 6 mm）

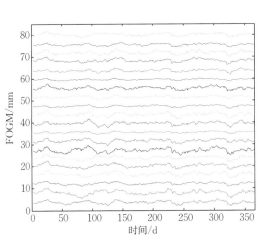

图 5.3　卡尔曼滤波的 FOGM 估计值

经卡尔曼滤波后,FOGM 估计
值如图 5.3 所示。由图 5.3 可以明
显看出,各站已消除了趋势项和周
期项,位移曲线变得平滑,信噪比
得到了显著提高。对 FOGM 序列
进行 PCA、KLE 联合区域滤波后,
PC1 时空模式分别如图 5.4 和
图 5.5 所示。由图 5.4 的整个时
间域来看,在 80～120 天位移值出
现了明显跳变,幅度达到了 7 mm
(—4～3 mm),明显超出了正常的范
围(—1.5～1.5 mm)。由此可判断

80～120 天发生了断层形变异常,这与事先模拟设置的断层发生滑移的时间段
(100～145 天)相吻合。由图 5.5 可知,断层上边缘附近相对空间响应显著,可见,
断层滑移主要发生在断层上边缘区域;由断层南北空间响应方向相反可以分析断
层滑移特征为倾向逆冲滑移,这与模拟设置的蠕滑特征相一致。设置不同信噪比
的噪声,合成地表位移时空序列,经大量模拟试验表明,当断层形变引起的地表位
移至少与噪声水平相当时,通过地表位移时空序列卡尔曼滤波后的主成分时空响
应分析,可进一步提高时空信噪比,实现无震蠕滑形变信息的时空分布检测。

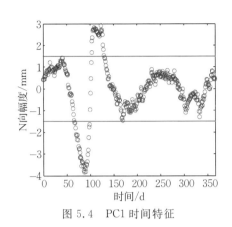

图 5.4　PC1 时间特征

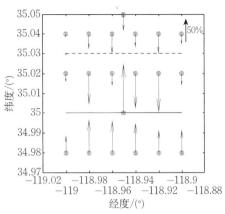

图 5.5　PC1 空间响应(红色实线和虚线
分别表示断层上边缘和下边缘)

5.3　实例分析

5.3.1　卡斯凯迪亚消减带慢滑移检测

加拿大西部海岸卡斯凯迪亚(Cascadia)消减带在 2001—2008 年间曾发生了典型的周期性慢地震。

利用分布于卡斯凯迪亚消减带的 12 个站自 2006 年至 2008 年共 3 年的 GNSS 观测数据解算了单日解位移时间序列。其中,E 方向位移赶时间序列如图 5.6 所示,卡尔曼滤波所估计的 FOGM 序列如图 5.7 所示。经 PCA 和 KLE 联合滤波后 PC1 时空模式如图 5.8 和图 5.9 所示。由图 5.8 的时间特征看,清晰发现了序列中在 2007 年 1 月和 2008 年 4 月两个时间点发生了较为明显的非正常偏离,这对应了两次无震蠕滑事件。图 5.8 中显示两次蠕滑事件间隔约为 15 个月,每次均出现了位移反向,反向位移持续时间约为 18 天,观测到的反向位移量约为 8 mm。由图 5.9 的空间响应特征看,测站 PGC5 空间响应相对较大,说明两次蠕滑事件主要发生在卡斯凯迪亚消减带南缘,能观测到发生反向位移的空间范围是有限的,表现在东南区域约 200 km 范围内。从图 5.9 PC1 空间响应方向来看,平时卡斯凯迪亚消减带上台站在 ITRF 框架下是缓慢向西移动的,胡安·德富卡板块和北美洲板块的俯冲挤压处地面是东西向受压缩的,而在发生慢地震期间,卡斯凯迪亚消减带南缘台站西向位移会突然发生反向,转为以较快速度向东,对应于地面发生回跳性的近东西向拉张,符合弹性回跳理论。因胡安·德富卡板块位于北美板块和太平洋板块之间,胡安·德富卡板块在外力作用下,不断慢慢俯冲进入北美板块下方,巨大的压力渐渐在这一地区形成,可能诱发慢地震的发生。这种瞬态蠕滑事件的规律性和周期性特征表明,瞬态蠕滑事件是消减带应变能量释放的基本方式。如果瞬态滑动和地震成核有某种对应关系,那么蠕滑的起始可能提供确定卡斯凯迪亚消减带地震发生的指标。Rogers 等(2003)、吴忠良等(2013)、Wech等(2014)利用多年的地壳运动观测数据研究得出,卡斯凯迪亚消减带无震蠕滑特征为幕式颤动和滑动,在任一区域持续时间为 10~20 天,滑动事件发生间隔为13~16 个月。

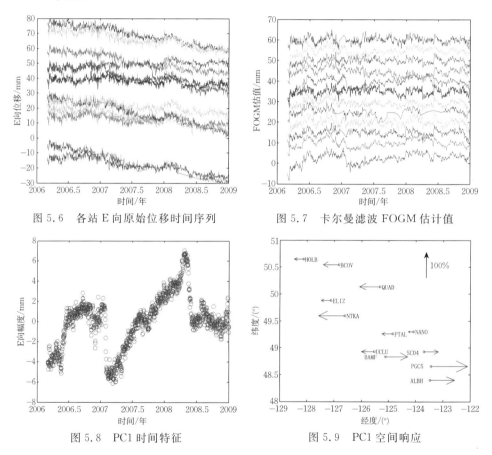

图 5.6　各站 E 向原始位移时间序列　　　　图 5.7　卡尔曼滤波 FOGM 估计值

图 5.8　PC1 时间特征　　　　　　　　　图 5.9　PC1 空间响应

5.3.2　滇西断裂带形变异常检测

　　川滇地震带地震活动强烈,历史上曾多次发生破坏性地震,多年来一直被确定为重点监测区。及时检测区域断层蠕滑形变异常对其地震活动规律研究具有重要意义。为此,利用滇西陆态网络 16 个 GNSS 基准站自 2011 年至 2013 年共 3 年的观测数据重点对滇西区域开展了地壳形变异常检测工作。

　　采用 GAMIT/GLOBK 软件,根据测站的地理分布进行组网计算单日解位移时间序列。N、E 向位移时间序列分别如图 5.10 和图 5.14 所示,经卡尔曼滤波后的 N、E 向 FOGM 估值分别如图 5.11 和图 5.15 所示,PCA、KLE 联合滤波后 N、

E 向 PC1 时间模式分别如图 5.12 和图 5.16 所示，N、E 向 PC1 空间响应分别如图 5.13 和图 5.17 所示。N、E 方向合成后的 PC1 水平空间响应如图 5.18 所示，箭头表示滇西区域 2011—2013 年陆态网络基准站的 PC1 水平空间响应大小与方向，距离震中越近，响应越大。

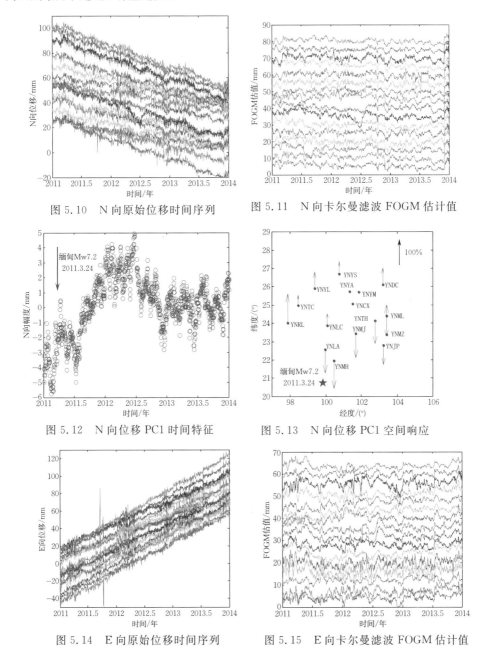

图 5.10　N 向原始位移时间序列　　　　　图 5.11　N 向卡尔曼滤波 FOGM 估计值

图 5.12　N 向位移 PC1 时间特征　　　　　图 5.13　N 向位移 PC1 空间响应

图 5.14　E 向原始位移时间序列　　　　　图 5.15　E 向卡尔曼滤波 FOGM 估计值

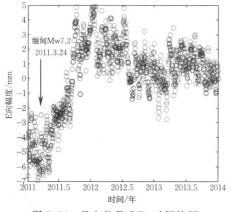

图 5.16　E 向位移 PC1 时间特征

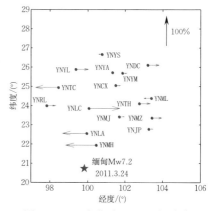

图 5.17　E 向位移 PC1 空间响应

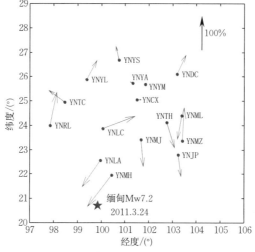

图 5.18　水平方向 PC1 空间响应

由图 5.11 和图 5.15 可以看出,经卡尔曼滤波后的 N、E 向估值与原始位移时间序列相比,曲线变得更加平稳,信噪比得到了明显提高。由图 5.12 和图 5.16 的 N、E 向时间演变特征看,从 2011 年 3 月前后开始,N、E 向位移序列出现了明显的异常变化,运动速度明显增大,位移值逐渐增加,直到 2012 年 6 月前后回归平稳,趋于正常。这中间经历了约有 500 天的非正常变化,变化前后 N、E 位移序列曲线的偏移量分别达到了约 6 mm 和 8 mm。整个时间演变过程类似震后余滑指数衰减的特征(见 6.2.4 节 2011 年日本 Mw 9.0 级地震震后变化)。由图 5.13、图 5.17 和图 5.18 的空间响应特征分析,滇西整体形变特征以扩张为主,具有顺时针旋转特征。从空间响应程度看,整体南段影响较大。空间响应最大的地方为测站 YNMH,其次是位于滇西南区域澜沧江断裂南段的测站 YNLA、YNMJ、YNLC

和 YNRL,以及红河断裂带、小江断裂带南段上的测站 YNJP、YNMZ 和 YNTH。

根据中国地震台网测定,2011 年 3 月 24 日,缅甸孟帕亚发生了 Mw 7.2 级地震,震源深度为 20 km,震中位于东经 99.85°,北纬 20.70°,该地震位于巽他板块、印支板块与缅甸微板块的交汇部位。地震影响范围较广,距离震中 550 km 之外的昆明、丽江、怒江、保山、德宏和距震中 910 km 的广西南宁也有震感,甚至在 1 000 km 以外的湛江居住于高层楼房内的少数人也有轻微震感(钱晓东 等,2011)。震中距离我国云南省勐海县中缅边境直线距离不足 80 km,距离测站 YNMH 仅约 100 km,而此站上述分析结果空间响应最大。其次空间响应较大的测站都位于滇南地区,相对离震中较近。可见,空间响应分布上与这次地震相对应。由图 5.12 和图 5.16 的 N、E 向位移时间响应特征可以看出,开始出现明显异常变化的时间是 2011 年 3 月前后,这正是缅甸 Mw 7.2 级地震发生的时间。可见,时间响应上与这次地震的发震时刻相对应。由此综合推断,云南地区可能受到了 2011 年缅甸 Mw 7.2 级地震震后余滑的影响,影响时间从 2011 年 3 月开始,持续到 2012 年 5 月结束。由图 5.18 的空间响应特征可以看出,缅甸地震对云南影响最大的区域是澜沧江断裂带、红河断裂带与小江断裂带南段。分析认为,云南地区位于印度板块缅甸弧的俯冲前缘,区内有一系列平行于缅甸弧的地质构造,缅甸断裂构造又与云南构造相连,与滇西南为同一构造体系,云南地区的断层活动可能与缅甸地震带有不可分割的关系。

钱晓东等(2011)通过对缅甸地震的地震地质、震源机制、烈度分布、发震构造、区域应力场、震源参数、地震灾害等对缅甸强震后云南的地震形势进行了探讨,指出这次地震的发生是云南地区地壳运动活跃的继续,缅甸地震对小江断裂南端产生了拖曳作用,小江断裂带在前推后拉作用下,活动剧烈。杨文等(2013)利用连续波形资料分析了缅甸 7.2 级地震对云南地区各分区产生了不同程度的影响。结果表明,库仑破裂应力作用变化最大的断裂为红河断裂带南段和澜沧断裂带。本章则利用陆态网络 2011—2013 年的 GNSS 时空数据,基于主成分分析与卡尔曼滤波相结合的方法检测到了 2011 年缅甸 Mw 7.2 级地震对滇西的时空影响分布,分析结果与其他学者研究结果相吻合。

5.4　本章小结

本章研究了一套集 GNSS 时空噪声处理与瞬态无震蠕滑时空检测为一体的理论方法。视区域 GNSS 监测地壳形变网作为一个整体时空观测单元,利用长时间观测时空序列,根据地壳形变高空间相关性的特点,建立了噪声背景场,达到消除或削弱观测数据中噪声的目的;同时,引入更加符合实际的地壳形变物理模型来提高活动断层形变的反演精度。利用 FGOM 的卡尔曼滤波和主成分分析,可以正确消除线性趋势项、年和半年周期项的影响,进一步提高时间信噪比。根据断层形变高空间相关性的特点,利用主成分时空分析,进一步提高了空间域信噪比。当空间共模误差占主要成分时,通过 PCA 和 KLE 联合区域滤波的方法能够很好地剔除共模误差的影响。

模拟试验结果表明,当断层引起滑移大小至少与噪声水平相当时,可直接利用区域 GNSS 时空数据实现活动断层瞬态无震蠕滑等微动态形变时空分布及滑移特征的快速检测。虽然单站信噪比难以提高,但是同时利用覆盖断层带整个 GNSS 网所有站的位移时空序列,通过卡尔曼滤波和主成分分析相结合,可有效减弱时空不相关噪声的影响。以卡斯凯迪亚慢地震为例,检测出的 2007 年 1 月和 2008 年 4 月发生的两次慢滑移事件更加清晰可见。两次蠕滑事件间隔约为 15 个月,每次均出现了位移反向,反向位移持续时间约为 18 天,反向位移量约为 8 mm,主要分布在卡斯凯迪亚消减带南缘近 200 km 的范围。分析其滑移特征与有关文献研究结果一致。通过对滇西地震活跃区域 2011—2013 年共三年陆态网络坐标时空数据的处理,检测结果发现了微弱的震后余滑信息,由主成分时间响应分析得出,自 2011 年 3 月前后开始至 2012 年 6 月左右,N、E 向位移序列出现了明显的非正常偏离,偏移量分别达到了约 6 mm 和 8 mm。由空间响应分析得出,蠕滑形变主要集中分布在澜沧江断裂、红河断裂和小江断裂的南段。其时空分布特征与 2011 年 3 月 24 日的缅甸 Mw 7.2 级地震相对应。结合有关学者研究综合得出,云南地区的断层活动可能与缅甸地震带有着密切的关系。该检测方法能够有针对性地检测出断层瞬态蠕滑发生的重点区域和时间段,并分析断层滑移特征,为进行下一步断层参数和滑移时空分布反演提供了极其重要的先验信息。

GNSS 数据时空滤波与地壳形变信息提取相结合,旨在进一步提高观测数据时空信噪比,从当前庞大的 GNSS 网络中提取出更加真实可靠的微形变信息,及时发现地壳形变异常及其时空分布特征,从而为探索地球内部构造、块体划分和变形、物质运移等提供约束条件和先验信息,为进一步揭示地壳应变积累与能量释放过程及探索地球动力学机制提供重要的科学依据。

第 6 章　GNSS 监测的大地震前后地壳运动特征

利用地壳形变观测数据研究地震孕育机制、发现地震异常前兆、评估地震危险性，一直是地震预报研究中的热点问题。随着中国陆态网络工程的实施，自 2010 年下半年开始陆续在中国大陆地震活跃地带建立了 GNSS 连续观测基准站，至今已经积累了丰富的 GNSS 连续观测数据。通过对 GNSS 连续观测数据的处理与分析可以提取强震孕震形变信息，并取得了大量的研究成果。2001 年昆仑山口西 Ms 8.1 级地震、2008 年汶川 Ms 8.0 级强震与 2011 年日本 Mw 9.0 级地震在地震前，部分 GNSS 基线时间序列在数月、甚至 1 年以上的时间内发生了显著的异常变化(江在森 等，2009；郭良迁 等，2009；张凤霜 等，2012)。

继 2008 年 5 月 12 日的四川汶川 Ms 8.0 级大地震之后，2013 年 4 月 20 日位于四川西部的龙门山地区又一次发生了强烈地震，据中国地震台网报道，地震震中或起始破裂点位于四川省雅安市芦山县龙门乡，坐标为 103.0°E，30.3°N，震级为 Ms 7.0，震源深度约为 13 km。美国地质调查局发布的芦山地震数据为，震中 102.95°E，30.284°N，震源深度约为 14 km，矩震级为 Mw 6.6。经测定，震区最高地震烈度至Ⅸ度。芦山地震发生于青藏高原东部边缘的巴颜喀拉块体与华南块体交界处，位于龙门山推覆构造带的西南段，此次地震为一次断层未破裂至地表的盲逆兼少量左旋走滑分量的地震。川滇地区持续五年的 GNSS 基准站连续观测为本次地震危险性分析提供了宝贵的资料。赵静等(2013b)使用负位错反演程序分析研究了芦山地震前龙门山断裂带的闭锁程度和变形特征，认为汶川地震并没有导致龙门山断裂南段发生破裂，该段仍处于强闭锁状态，汶川地震加速了芦山地震的孕育及发震，另外，由于龙门山断裂带南段的闭锁深度比龙门山断裂带北段及中段浅，所以芦山地震相比汶川地震强度更低、震级更小、破裂范围更窄。芦山地震引起的水平近场同震位移幅度不超过厘米级(金明培 等，2014)，而且，周边 GNSS 基准站除 SCTQ 站(缺失数据严重)离震源较近外，其他站都在 100 km 之外。

能否从仅有的四年基准站连续观测数据中，寻找震前异常变化，发现此次地震的孕震前兆形变信息是我们需要探索的。为此，本章分别基于 GNSS 基线面应变时序分析和 GNSS 网形变化时序分析两个方面对芦山地震前后地壳形变的动态变化过程进行了研究。此外，针对日本近年来发生的四次地震(包括 2011 年 3 月 11 日发生的 Mw 9.0 级地震)，解算了日本境内 IGS 站自 2002—2014 年共 13 年的观测数据，从 GNSS 网形变化时变序列分析了四次地震前后地壳形变的动态变化过程。

6.1 利用基线解算的面应变提取微形变

6.1.1 基线解算面应变方法

由于在 GNSS 测量中,可视卫星均处于地平面以上,在高程方向上卫星分布总是不对称的,难以消除或削弱卫星信号传播过程中的大气延迟改正不完善所残留的误差和星历误差等影响。因此,GNSS 高程方向精度较差,中误差约为平面方向的两倍。直接利用三维空间基线或站心地平坐标系基线必然会包含 GNSS 高程精度不高的影响。为此,先对自由网平差后的空间基线进行高斯投影,得到平面基线,避开了高程向精度较低的影响;然后以平面基线变化时间序列为基础,对地震前后基线线应变和面应变的动态变化情况进行了分析。

在对空间基线进行平面投影过程中,必然会产生投影变形误差,主要包括长度变形和角度变形。由椭球面上的基线 S 投影到高斯平面的基线长度 D(施一民, 2003)为

$$D = S\left(1 + \frac{y_m^2}{2R_m^2} + \frac{\Delta y^2}{24R_m^2} + \frac{y_m^4}{24R_m^4}\right) \tag{6.1}$$

式中,R_m 为平均曲率半径,y_m 为大地线中点处横坐标,Δy 为大地线两端横坐标之差。若基线 S 变化了 ds,因其变化量远小于基线长度,因此 y_m、Δy 的变化可忽略不计。则平面基线 D 的变化量为

$$
\begin{aligned}
dD &= (S + ds)\left(1 + \frac{y_m^2}{2R_m^2} + \frac{\Delta y^2}{24R_m^2} + \frac{y_m^4}{24R_m^4}\right) - S\left(\frac{y_m^2}{2R_m^2} + \frac{\Delta y^2}{24R_m^2} + \frac{y_m^4}{24R_m^4}\right) \\
&= ds\left(1 + \frac{y_m^2}{2R_m^2} + \frac{\Delta y^2}{24R_m^2} + \frac{y_m^4}{24R_m^4}\right)
\end{aligned}
\tag{6.2}
$$

根据式(6.2)可知,即使在考虑投影变形最大的情况下,即 6° 带投影,基线位于投影带的边缘,平面基线所提取的变化信息与原基线实际发生的变化信息也相差甚微,其差别约为基线变化量的 1/1 000。地壳形变量通常较小(最大为厘米级),因此投影误差对形变信息提取的影响可以忽略不计。反而所得平面基线因不受高程向精度较低的影响,比空间基线更有利于孕震信息的识别。尤其对于长基线解算、高差较大基线或因更换天线造成的垂向误差,其优势将更为明显。

根据基线的变化结果,以计算小尺度单元应变张量的方法(伍吉仓 等,2002a, 2002b,2003a,2003b),计算了每个区域的最大主应变、最大剪切应变、最大面膨胀、第一剪切应变和第二剪切应变,解算方法如下。

设 S 为变形前的基线长度,对应的基线向量为$(\Delta x,\Delta y,\Delta z)$,$S'$ 为变形后的基线长度,dS、dS' 分别为沿边长 S、S' 的微元,由弹性力学理论得

$$dS'^2 - dS^2 = 2E_{kl}(X,t)dX_k dX_l \tag{6.3}$$

式中，E_{kl} 为拉格朗日应变张量。公式两边沿边长 S 积分，并且顾及 E_{kl} 为常量，得

$$S'^2 - S^2 = 2E_{kl}\Delta X_k \Delta X_l \tag{6.4}$$

顾及 E_{kl} 为对称张量，式(6.4)可展开为

$$S'^2 - S^2 = 2\Delta X^2 E_{11} + 2\Delta Y^2 E_{22} + 4\Delta X \Delta Y E_{12} \tag{6.5}$$

因 $S' - S = \Delta S \ll S$，设基线线应变 $\varepsilon = \Delta S/S$，基线方位角为 α，则式(6.5)变为

$$\varepsilon = \sin^2\alpha E_{11} + \cos^2\alpha E_{22} + \sin\alpha\cos\alpha E_{12} \tag{6.6}$$

由于式(6.6)，只要三角形 3 个点不在一条直线上，就可通过三角形 3 基线的线应变作为观测值构建观测方程，解算出唯一的地应变张量 E_{11}、E_{12} 和 E_{22}。对式(6.6)中的 α 求导，令其为 0，得到最大主应变方向为

$$\varphi = \frac{1}{2}\arctan\frac{2E_{12}}{E_{11} - E_{22}} \tag{6.7}$$

最大主应变为

$$E_1 = \sin^2\varphi E_{11} + \cos^2\varphi E_{22} + \sin\varphi\cos\varphi E_{12} \tag{6.8}$$

最小主应变为

$$E_2 = \sin^2\left(\varphi + \frac{\pi}{2}\right)E_{11} + \cos^2\left(\varphi + \frac{\pi}{2}\right)E_{22} + \sin\left(\varphi + \frac{\pi}{2}\right)\cos\left(\varphi + \frac{\pi}{2}\right)E_{12}$$

$$\tag{6.9}$$

最大面膨胀为

$$I = E_1 + E_2 \tag{6.10}$$

最大剪切应变为

$$T = \frac{1}{2}(E_1 - E_2) \tag{6.11}$$

第一剪切应变为

$$T_1 = E_{11} - E_{22} \tag{6.12}$$

第二剪切应变为

$$T_2 = E_{12} \tag{6.13}$$

6.1.2　芦山 Ms 7.0 级地震前后应变演变特征

针对 2013 年芦山 Ms 7.0 级地震，研究区域选择在位于距震中约 300 km 范围内。选择的中国地壳运动观测网络连续基准站有 SCTQ、SCXJ、SCSM、SCMB、SCYX、SCDF、SCJL、SCLH、SCLT 和 LUZH。考虑到建站之初不稳定因素的影响，选择的观测时间段从建站半年后开始，即从 2010 年 1 月 1 日到 2014 年 10 月 22 日将近五年的观测数据。数据处理采用 GAMIT/GLOBK 软件（Herring et al，2010b），解算单日无约束松弛解。选择的基站中，离震中最近的是 SCTQ 站，直线

距离约为 34.21 km,受同震影响较大,基线时间序列同震最大变化约为 20 mm,因本站数据缺失严重,在后续的时序分析中并没有采用。其次离震中较近是 SCXJ 站,直线距离约为 98.26 km。为更好地分析地震前后 GNSS 基线序列的变化情况,以 SCXJ 站为中心,构建星型基线网,五条基线分别为 SCXJ-SCLH、SCXJ-SCDF、SCXJ-SCSM、SCXJ-SCYX 和 SCXJ-SCMB。

　　解算所得的五条基线线应变时间序列如图 6.1 所示。由图 6.1 可知,基线 SCXJ-SCSM、SCXJ-SCYX 表现为持续的线性拉张状态,平均拉张速率约为 $2.5 \times 10^{-8}/a$。并且这两条基线拉张程度与变化趋势较一致,说明这两条基线可能处于同一个刚性块体上。基线 SCXJ-SCMB 线应变基本保持不变。基线 SCXJ-SCLH、SCXJ-SCDF 线性缩短,处于持续压缩状态,SCXJ-SCLH 平均压缩速率为 $-3.8 \times 10^{-8}/a$,SCXJ-SCDF 平均压缩速率为 $-2.0 \times 10^{-8}/a$。区域整体地壳形变特征表现为 NW—SE 向挤压,S—N 向拉张,该形变背景有利于近南北向断层发生张性破裂和 NW—SE 向左旋剪切破裂。地震现场应急科学考察数据表明,邻近地段地表可见到一些脆性水泥路面挤压破裂现象,说明在双石镇、太平镇、龙门乡、隆兴乡等地存在着 NW—SE 向局部地壳缩短(徐锡伟 等,2013)。在震前基线线应变的趋势性异常变化中,除基线 SCXJ-SCLH 变化不明显外,基线 SCXJ-SCDF 约从震前 10 个月即 2012 年 6 月前后,基线 SCXJ-SCSM、SCXJ-SCYX、SCXJ-SCMB 约从震前 3 个月即从 2013 年 1 月前后(图 6.1 蓝色虚线位置)开始,线应变均出现了不同程度的转折,偏离了之前线性变化的趋势,中间经历了一个速率为零的阶段,显然是一个闭锁状态,后反向加速变化,可能是释放能量的初期阶段,符合弹性回跳理论。这种状况持续到地震发生,震后经过调整又恢复为原线性变化趋势。从整体来看,大范围的应变并未解除或减缓,总的线应变仍在均匀累积线性增加,这种应变能量累积到一定程度,当出现闭锁状态时,可能就会面临危险,如同芦山地震的发生一样。因此,需继续跟踪监测这些站的基线和位移变化,以对未来地震危险性作出进一步评估。

　　以上只是基于 GNSS 基线线应变得到的一个结果,为进一步深入研究芦山地震前后区域构造动力背景场面应变的动态变化过程,选择了南段由 GNSS 站构成的几何关系较好的三个区域作为三个应变单元,分别为 SCSM-SCYX-SCMB、SCSM-SCXJ-SCDF 和 SCXJ-SCSM-SCMB,如图 6.2 所示。按 6.1.1 节方法解算所得三个区域的最大主应变、最大剪切应变、最大面膨胀、第一剪切应变和第二剪切应变共五个物理量的变化时间序列如图 6.3 所示。

　　由图 6.3 可知,从整体来看,三个区域最大剪切应变和最大面膨胀时间变化序列均呈现线性持续增强趋势。但比较来说,SCSM-SCXJ-SCDF 区域在震前 1 年前后即 2012 年 5 月开始出现有稍微的趋势性异常变化情况。整个变化过程为:一开始是线性均匀变化,自 2012 年 5 月开始出现约有 8 个月的加速变化过程(2012.5—2012.12),后自 2013 年 1 月起出现约有 4 个月的短暂稳定闭锁状态

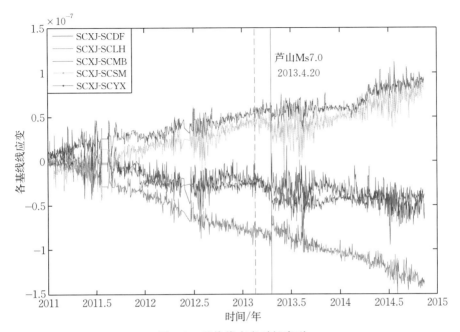

图 6.1　基线线应变时间序列

（红色竖线表示 2013 年芦山 Ms 7.0 级地震发震时刻，蓝色竖虚线表示线应变异常
开始出现的时间）

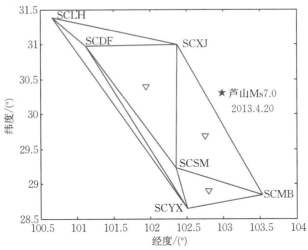

图 6.2　选择的三个应变单元

（三角符号表示选择的三个应变单元）

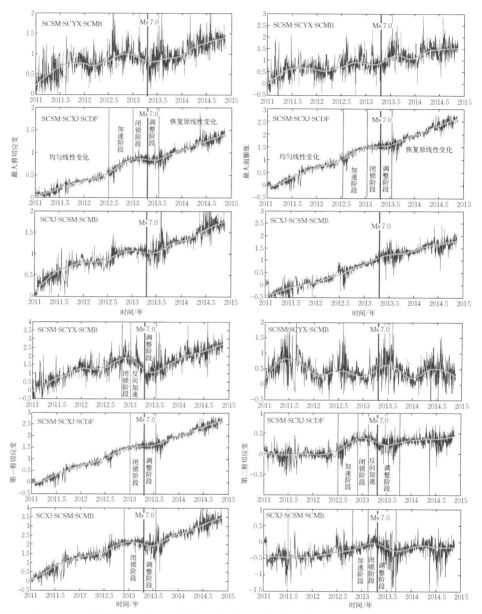

图 6.3　三个应变单元的最大剪切应变、最大面膨胀和第一、第二剪切应变时变序列

（2013.1—2013.4），这种闭锁状态一直持续到 2013 年 4 月 20 日地震的发生，震后经 1 个月的调整阶段（2013.4—2013.5）后又恢复到原线性变化趋势。而其他两个区域的最大剪切应变和最大面膨胀异常变化特征并不明显。除 SCSM-SCYX-SCMB 区域的第一剪切应变的异常变化不明显外，其他区域的第一、第二剪切应变也经历了类似的从闭锁状态、发震、震后调整和到恢复为原变化趋势的过程。另

外,SCSM-SCYX-SCMB 区域的第一剪切应变、SCSM-SCXJ-SCDF 区域的第二剪切应变在震前出现有明显的闭锁状态和反向加速过程,整个变化曲线类似抛物线的弧形,尤其 SCSM-SCYX-SCMB 区域的第一剪切应变异常变化更为显著。因为第一剪切应变描述的是 NE—NW 走向断层的剪切特性,正值表示 NE 向左旋剪切和 NW 向右旋剪切;第二剪切应变反映 EW—NS 走向断层的剪切特性,正值表示 NS 向左旋剪切和 EW 向右旋剪切(江在森 等,2003)。结合芦山发震断层走向212°,倾向为 NW(徐锡伟 等,2013),得出 SCSM-SCYX-SCMB 区域即发震断层南缘在这次地震活动中发生了显著的左旋剪切构造动力的异常变化。相关研究也表明,发生芦山地震的龙门山断裂带南段一直处于闭锁状态,汶川地震后南东向挤压应变积累速率明显加大,并且主应变率方向使发震断层呈逆冲兼左旋剪切变形状态,加速了此次芦山地震的孕育过程(武艳强 等,2013)。龙门山断裂带南段进行的原位地应力测量结果也表明这一区域的最大水平主应力已达断层活动应力临界下限值,断裂活动进入临界状态,芦山地震正是发震断层面上剪切应力超过阈值引起的断层错动(曾祥方 等,2013)。

　　分析认为,反向加速变化符合弹性回跳理论的表现,说明部分断层此时可能已经开始发生微破裂。由于内部晶粒重新排列,其抵抗变形能力又重新提高,此时变形虽然发展很快,但却只能随着应力的提高而提高,直至应力达到最大值。此后,抵抗形变的能力明显降低,除了产生弹性形变外,开始集中在最薄弱处某一局部区域发生明显的部分塑性形变直至岩层完全断裂。可见,震前的异常变化与岩石力学形变理论(阳生权 等,2012)相吻合。由此推断,在孕震初期,整个断层在构造应力作用下稳定滑动,表现为最初的均匀线性运动趋势。由于断面性质及断层内介质的不均匀性,当两盘相对运动到某一时刻时,在断层的某个局部区域内摩擦强度增大,如断面不规则突起的啮合,形成了最断层运动的闭锁区。在构造应力场的作用下,断层上的滑动区仍继续发生相对运动,并不断将剪切应力向闭锁区集中,导致闭锁区内所积累的弹性形变不断增加,而其几何尺寸可认为变化不大。在这一阶段,通过长时间的闭锁导致应变能量积累增强,当闭锁区的应力集中达到一定程度时,应力值最高的闭锁区端部便发生非弹性形变。该区域内的微裂隙逐渐扩展和串通,承载力不断下降。当这一过程发展到某种程度时,就其承受和积累弹性应变的能力而言,闭锁区的这一部分被"解锁"而成为滑动区的一部分。此时,断层之间的摩擦力开始逐渐减小,会在断层的薄弱部位首先发生破坏,从而造成闭锁区范围的减小,即发生应变的反向变化。闭锁区的收缩使滑动区得以扩展,使剩余闭锁区内,特别是新的断点附近的应力进一步集中,应力重新分布,再次引起次薄弱部位的破坏,这就是震前发生的小震,上述过程不断进行,最后,当几经收缩而应力集中程度越来越高的闭锁区无法支持积累起来的强大的剪切应力时,整个闭锁区发生瞬间的突变失稳,断层错动,从而地震发生(Xu et al,2016)。

6.1.3　结论与讨论

平面基线因不受参考框架、共模噪声和垂向精度较低的影响,能够更客观地反映地壳微动态相对变化信息,利用其应变时变序列开展区域地壳运动微动态形变信息提取及异常检测是一个较直接的途径。利用中国地壳运动观测网络 GNSS 基准站长时间连续观测,对基线线应变和面应变,包括最大主应变、最大剪切应变、最大面膨胀和第一、第二剪切应变时变序列进行了分析,研究了区域地壳形变的动态变化过程。尽管目前 GNSS 连续站分布暂时稀疏,但从构建的基线应变趋势变化中还是可以看到区域整体地壳运动的形变特征。地震前后基线线应变结果显示,区域整体地壳形变特征表现为 NW—SE 向挤压,S—N 向拉张,五条基线震前异常并不十分明显,震后经过调整又恢复为原线性变化趋势。整体上,大范围的应变并未解除或减缓,总的线变量仍在呈线性增加趋势累积,仍然存在危险性,需进一步继续跟踪监测分析。

通过芦山 Ms 7.0 级地震前后应变序列研究发现了基线线应变和面应变的变化趋势在震前数月内出现了明显的非正常偏离,都经历了一个稳定闭锁和反向加速变化的阶段,这种变化过程可能就是芦山地震的孕育过程。相对而言,南段第一剪切应变时间序列在震前表现出较为明显的趋势性变化异常,推测南段在震前可能发生了左旋剪切构造动力的显著变化,这有可能强化了芦山地震的孕育发生。芦山 Ms 7.0 级地震震前基线变化异常并没有像 8 级以上地震(如 2001 年昆仑山口西 Ms 8.1 级地震、2008 年汶川 Ms 8.0 级强震与 2011 年日本 Mw 9.0 地震)那么明显。这除了与震级有关之外,可能还由于所选基线离中较远,地震破裂方向与基线方向的关系不同所决定。在求面应变时,尽管所用模型是应变模型,但由于测站之间的空间跨距较大,当中包含了不同的构造单元,所估计的应变参数并非是均匀应变结果,而是一个块体作为一个整体的应变参数,它所反映的是一个块体的整体平均应变状态。由于 GNSS 观测资料积累时间尚短,加上近场 GNSS 基准站较少,虽 GNSS 基准站基线所反映的相对运动与应变积累的动态变化在一定程度上能够客观反映芦山 Ms 7.0 级地震孕育发展过程中的变化异常,但仍需继续探索产生这种异常变化现象的原因,进一步揭示地震孕育发生的动力学背景。

6.2　利用 GNSS 网形变化提取微形变

通过对 GNSS 原始观测数据处理可得到不同形式的位置解,有固定点解、约束解、松弛解、自由网解和无基准解等多种类型。其中无约束自由网解能最准确地求解观测的点所构成的几何形状,其相对位置精度较高,它所确定的观测点位几何形状只取决于观测数据的质量,同地面基准站无关。尽管每天坐标框架浮动较大,但每天的 GNSS 几何网形很好,精度很高。鉴于此,利用中国陆态网络 GNSS 基准站数据,把区域 GNSS 地壳形变监测网作为一个整体的时空观测单元,在对自由网平差后的结果进行平面投影的基础上,以第一期网中的一个点和一个边作为起始点和起始方向,把其他各期网都以此为基准进行网形的旋转和平移的相似变换。分别从 GNSS 网变基线长度变化与基线间夹角变化、坐标变换后各站水平位移变化和各基线方位角变化四个方面研究了整个 GNSS 网形的变化过程,进而分析了区域地壳形变动态变化时空分布。并以 2013 年芦山 Ms 7.0 级地震和近年来日本发生的 4 次地震(包括 2011 年 3 月 11 日 Mw 9.0 级地震)为例,分析了这 5 次地震前后地壳形变的动态变化过程。

6.2.1 分析方法

平面网形会因不受垂向精度较低的影响,比直接利用空间网形更有利于微动态形变信息的提取。因此首先对 GNSS 网进行平面投影。投影变形的误差对于地壳形变信息的影响可忽略不计(详见 6.1.1 节分析结果)。针对网形的变化分析,采用网形变换前不受框架影响的平面基线长度和基线夹角的变化先作一次区域形变的分析,然后,为有利于分析 GNSS 网形的变化,利用 GNSS 网任一起始点的平面坐标与一起始边的方向为参考,把每期 GNSS 网在高斯平面上进行平移和旋转的相似变换,使每天的网形都统一到一个固定点和一个固定的参考方向上。设一起始点坐标为 (x_0, y_0),起始坐标方位角为 α_0,第 n 期该点坐标和方位角为 (x'_0, y'_0)、α'_0。则第 n 期其他各点坐标 (x_i, y_i) 经平移旋转后的新坐标为

$$x'_i = x_0 + (x_i - x'_0)\cos(\alpha'_0 - \alpha_0) - (y_i - y'_0)\sin(\alpha'_0 - \alpha_0) \quad (6.14)$$

$$y'_i = y_0 + (y_i - y'_0)\sin(\alpha'_0 - \alpha_0) - (y_i - y'_0)\cos(\alpha'_0 - \alpha_0) \quad (6.15)$$

对转换后的坐标求其整个 GNSS 网的站点位移和基线方位角,分析其时空变化序列。这样就可以从坐标转换前平面基线长度和基线夹角的变化、转换后站点位移和基线方位角的变化四个方面去衡量整个 GNSS 网形的变化。分析方法采用了主成分分析和求取绝对值之和,这将代表着整个网形的变化特征。

6.2.2 芦山 Ms 7.0 级地震前后基线长度与夹角时变分析

计算 GNSS 网所有基线长度变化和所有基线间夹角变化的单日解构成了两组时空变化序列。分别求取第一主成分(PC1)及其变化量的绝对值之和,如图 6.4 和图 6.5 所示。其中,两组时空序列的 PC 贡献率分别为 88% 和 89%。并进行了高斯平滑滤波,图中蓝线部分即为滤波后的结果。滤波后在一定程度上消除了随机波动的影响,便于分析坐标时序趋势项的大小及震前的运动变化状况。由图 6.4 可知,GNSS 网基线长度变化趋势整体处于线性增加状态,在震前出现了稍微的异常变化,曾出现了一度的闭锁状态,从闭锁开始到发震约有 5 个月。由

图 6.5 可知,整个网角度形变整体处于线性增加状态,约在震前 10 个月即从 2012 年 6 月前后开始出现了显著的异常变化,明显偏离了之前线性变化趋势。经历的过程可描述为先加速,后短暂的闭锁,再反向加速,到地震的发生,震后经过调整又恢复为原线性变化趋势。从整体变化趋势看,大范围的形变并未解除或减缓,总的角度形变仍在均匀线性增加。这与前面 6.1.2 节线应变和面应变的分析结果相吻合。

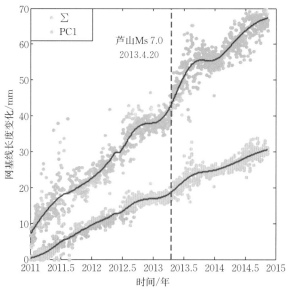

图 6.4　所有基线长度变化之和与 PC1 时间特征

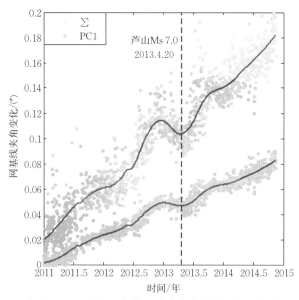

图 6.5　所有基线夹角变化之和与 PC1 时间特征

　　相对基线长度变化时间序列,角度变化序列在震前发生的异常变化更为突出。角度的异常变化可能会导致旋转剪切构造运动,并产生巨大的剪切构造应力。这可能是诱发芦山地震的主要原因。与前面 6.1.2 节第一剪切应变的分析结果及其他学者研究结果(武艳强 等,2013)相吻合。

　　为分析受地震影响的空间分布情况,提取了 GNSS 网基线长度和 GNSS 网内角变化的 PC1 空间响应,如图 6.6 和图 6.7 所示。图中不同颜色代表不同的空间响应程度,正值代表拉张,负值代表挤压。由图 6.6 可知,基线 SCXJ-SCLH 压缩量相对较大,占 23%;其次是基线 SCXJ-SCMB 和 SCDF-SCSM,占 15%;基线 SCXJ-SCYX 和 SCXJ-SCSM 处于扩张状态,响应程度分别占 16% 和 12%;其他基线响应程度较小,低于 9%。从整体来看,区域地壳形变特征主要表现为 NW—SE 向挤压、NS 向拉张。由图 6.7 可知,角 SCYX、角 SCMB 的响应程度相对较大,分别占 23% 和 28%。这也说明了角度形变异常变化主要发生在南段,形变的影响程度是由远及近,逐渐增大的过程。

　　可见,只有 GNSS 网基线长度和基线夹角结合起来,才能够客观衡量整个 GNSS 网形的变化,两者缺一不可。通过 GNSS 网基线长度和角度变化时序的主成分时空响应分析可以检测出发生形变异常的时空分布。

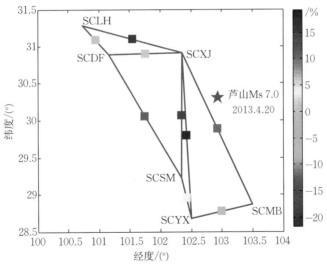

图 6.6　所有基线长度变化的 PC1 空间响应
(不同颜色表示基线变化的不同空间响应程度)

6.2.3　芦山 Ms 7.0 级地震前后位移与方位角时变分析

　　固定其中一期的 GNSS 网中任一站作为起始点,构建星型多基线;以任意两站连线方向为起始方向,对其他各期网的测站进行相似变换。逐个尝试,最终筛选

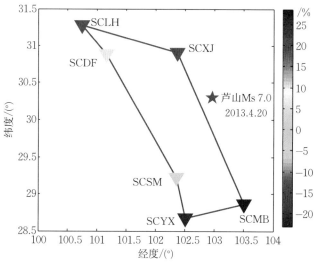

图 6.7　所有基线夹角变化的 PC1 空间响应
（不同颜色表示不同基线夹角变化的空间响应程度）

出位移时变曲线一致的两个站，作为相对稳定的两个台站。然后以这两个站的连线方向作为参考基准方向，任一站作为基准位置点，把其他期 GNSS 网所有站作平移和旋转的相似变换，得到最终各期所有测站的坐标，由此求各站位移和各基线方位角的时变序列，并进行分析。对芦山地震近场区域，通过固定不同的点和方向，作相似变换后发现，测站 SCXJ 和 SCDF 两站时变趋势较为一致，两站 E—W向 4 年的位移时间序列相差的最大值低于 7 mm，如图 6.8 所示。S—N 向位移时间序列几乎完全重合，如图 6.9 所示。这说明，测站 SCXJ 和 SCDF 处于同一刚性块体，之间没有相对位移。因此，以其中一期的 SCXJ-SCDF 作为参考方向，以 SCXJ站为起始位置，把其他各期 GNSS 网所有站按式(6.14)、式(6.15)，在高斯平面上进行平移和旋转变换，变换后各站 N、E 向位移时空序列如图 6.8 和图 6.9 所示。

　　利用 N、E 向位移时空序列解算了 GNSS 网各基线方位角变化序列和各站水平位移变化序列，如图 6.10 和图 6.11 所示。为更清楚看到所有基线方位角变化和所有站水平位移变化特征，提取了所有基线方位角变化序列和所有站水平位移变化序列的绝对值之和与 PC1 作为衡量整个 GNSS 网形变化的两个指标，如图 6.12 和图 6.13 所示。两者 PC1 的贡献率分别为 95% 和 99%。由图 6.13 可知，整个网的水平位移变化表现为稳定的线性增强趋势，震前稍稍出现了位移异常变化，曾出现了一度的闭锁状态，闭锁状态持续到地震发生，震后又恢复为原均匀线性变化状态。由图 6.12 可知，基线方位角在震前出现了更加显著的异常变化。经历了线性均匀变化—加速—闭锁—反向加速—地震发生—恢复原线性变化的过程。起初，方位角变化整体趋势是负值线性逐渐增大的，因定义的方位角起始方向为东方向，逆时针为正。因此,得出整个区域角度形变趋势一开始是顺时针右旋变化,而在震前出现了反向加速变化,即产生了左旋的异常变化。角度的左旋异常对应于来自左旋剪切构造应力的驱动。因此推测,可能是因为震源区左旋剪切构造应力的显著异常加速了地震的孕育发生。这与 6.1.2 节第一剪切应变的分析结果及其他学者的研究结果(武艳强 等,2013)相吻合。

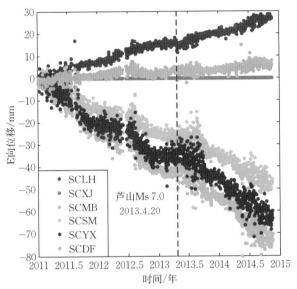

图 6.8　所有测站 E 向位移时间序列

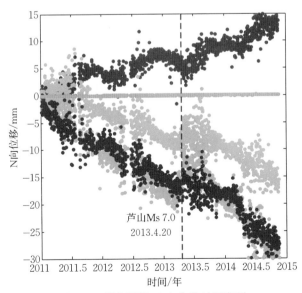

图 6.9　所有测站 N 向位移时间序列

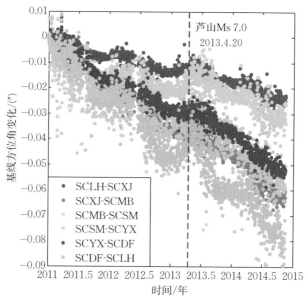

图 6.10　所有基线方位角变化时间序列

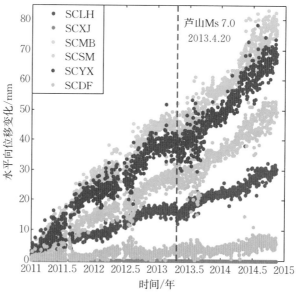

图 6.11　所有测站水平位移时间序列

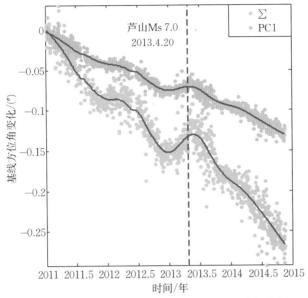

图 6.12   所有基线方位角变化之和与 PC1 时间特征

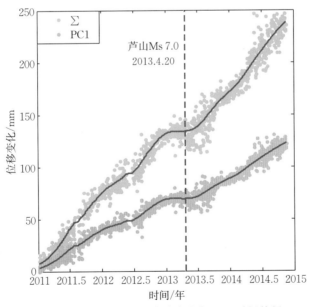

图 6.13   所有测站水平位移之和与 PC1 时间特征

可见,利用高精度的 GNSS 网形变化检测到的芦山地震震前的形变异常更加突出。结合基线长度和夹角变化,或结合坐标转换后的位移与基线方位角变化,能够客观完整地反映整个区域地壳形变异常变化特征。

6.2.4　日本强震前后基线长度与夹角时变分析

日本境内共分布有 7 个 IGS 基准站,分别为 MIZU、TSKB、USUD、KSMV、KGNI、MTKA 和 AIRA。至今,已经积累了 10 多年的数据。据统计,自 2002 年起到 2011 年 3 月 11 日止,在 MIZU 站方圆 300 km 范围内大于等于 Mw 6.9 级的地震共发生 4 次,其中包括日本 2011 年 3 月 11 日 Mw 9.0 级大地震。10 多年的 IGS 站观测资料中是否包含了这些地震的孕震形变信息是需要探讨的。为此,对这些观测数据进行了解算,分析了日本境内 IGS 站构成的网形的趋势性异常变化情况。因为测站 AIRA 距这几次地震震中较远,平均距离约为 1 300 km,所以文中没有采用;另外测站 KGNI 与 MTKA 相距较近,约为 7.46 km,因此只选用了 KGNI 站。因此共采用了几何网形较好的 5 个 IGS 站 MIZU、TSKB、USUD、KSMV 和 KGNI,自 2002—2014 年共 13 年的 GNSS 连续观测资料。为更好地分析地震前后 GNSS 基线序列的变化情况,以距离震中最近的 MIZU 站为中心,构建 GNSS 星型网。共构建了四条基线,分别为 MIZU-USUD、MIZU-KGNI、MIZU-TSKB 和 MIZU-TSMV。

解算所得四条基线长度变化时间序列如图 6.14 所示,可以看出 2011 年 3 月 11 日 Mw 9.0 级地震发生瞬间,基线长度发生了突变,随着基线与震中的距离由远及近,基线长度变化也越来越剧烈。变化最大的基线是 MIZU-KSMV,长度缩短达到了约 1.1 m。

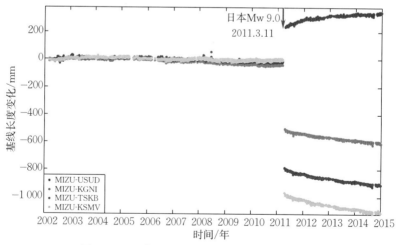

图 6.14　日本地震前后基线长度变化时间序列

四条基线构成的三个夹角 USUD-MIZU-KGNI、KGNI-MIZU-TSKB 和 TSKB-MIZU-KSMV 变化时间序列如图 6.15 所示,基线角度变化也是随着距离震中由远及近,逐渐增大。变化最大的是 TSKB-MIZU-KSMV,增大了约 $0.27''$。

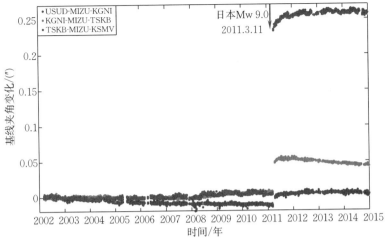

图 6.15　日本地震前后基线夹角变化时间序列

　　为了更明显分析震前和震后基线变化趋势,把基线时间序列以 2011 年 3 月 11 日 Mw 9.0 级地震发震时刻为界,截为震前和震后两部分。其中,震前基线变化时间序列如图 6.16 所示。由图 6.16 可知,四条基线整体均表现为持续的线性压缩状态,平均压缩速率为 $1.25 \times 10^{-8}/a$。这也表明了日本地震由于受到太平洋板块在向欧亚板块下方俯冲和挤压时发生逆冲,导致基线长度缩短。图 6.17 为图 6.16 所有基线长度变化时序的 PC1 时间特征,其贡献率为 91%。可以看出,之前发生的四次地震在震前的数月时间内均出现了不同程度的异常趋势变化。每个过程可描述为:均匀线性变化—加速—稳定闭锁—反向加速—地震发生—恢复原线性趋势。

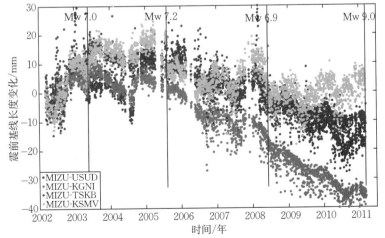

图 6.16　日本 Mw 9.0 级地震震前基线长度变化时间序列
(红色竖线为四次地震发震时刻)

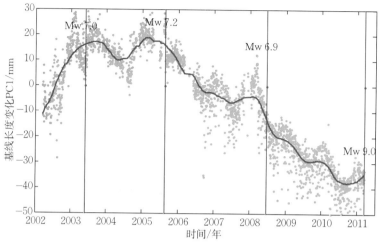

图 6.17　日本 Mw 9.0 级地震震前所有基线长度变化的 PC1 时间特征

　　日本 Mw 9.0 级地震震前基线夹角变化时间序列如图 6.18 所示。由图 6.18 可知,角度变化并没有出现类似基线变化的特征。但是,发现自 2008 年 6 月 13 日,即日本东北发生 Mw 6.9 级地震之后,KGNI-MIZU-TSKB、TSKB-MIZU-KSMV 夹角变化速度明显改变,夹角变化呈线性快速增加直到 2011 年 Mw 9.0 级地震的发生。这些区域位于日本东海岸,离震中相对较近,这些角度的变化可能会导致剪切构造应力的变化。

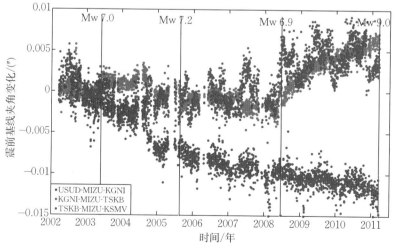

图 6.18　日本 Mw 9.0 级地震震前基线夹角变化时间序列
(红色竖线为四次地震发震时刻)

　　2011 年 3 月日本 Mw 9.0 级地震震后四年(2011—2014 年)基线长度变化与基线夹角变化时间序列如图 6.19 和图 6.20 所示。图中很好地表现了震后运动速率随时间的衰减过程,也反映了大震之后地壳的黏弹性弛豫形变。由图 6.19 和图 6.20 可知,震后形变方向与同震形变方向一致,推断震后的形变可能是地震余滑的影响。形变曲线显示,震后一年时间内变化量急剧增加,两年后基本平稳,并逐渐趋于稳定。震后四年来,基线长度变化最大值约为 150 mm,角度变化最大值约为 0.03″,量级上约为同震形变的 1/10。可见,2011 年 Mw 9.0 级地震主震可能释放了大部分的能量。

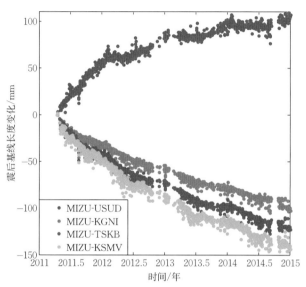

图 6.19　日本 Mw 9.0 级地震震后基线长度变化时间序列

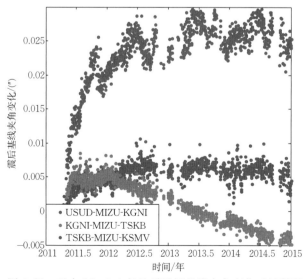

图 6.20　日本 Mw 9.0 级地震震后基线夹角变化时间序列

6.3 　本章小结

本章提出了两种震前形变异常的检测方法。一是基于基线变化解算面应变时序分析；二是基于 GNSS 网形变化时序分析，包括基线长度变化与基线间夹角变化时间序列，以及坐标变换后各站水平位移变化和各基线方位角变化序列。分别利用这些方法研究了地震前后区域地壳形变的动态变化过程。发现了芦山 Ms 7.0 级地震和日本近年来发生的四次地震在震前数月的时间内均出现了不同程度的非正常偏离，震前的整个变化过程可概括为均匀线性变化—（加速）—稳定闭锁—反向加速—地震发生—恢复均匀线性变化，可解释为弹性阶段—强化阶段—局部变形—断裂阶段—调整阶段。

基于基线变化检测形变异常，是以投影后的平面基线变化时间序列为基础，由基线变化直接解算线应变和面应变变化。以芦山地震为例，利用现有的中国大陆构造环境监测网络 2011 年至 2014 年的 GNSS 基准站数据，分析了芦山 Ms 7.0 级地震前后近场区域时序趋势性变化情况。线应变显示：区域整体地壳形变表现为 NW—SE 向挤压，S—N 向拉张状态；同时，选择南段部分基线，解算了最大主应变、最大剪切应变、最大面膨胀和第一、第二剪切应变。采用了主成分分析的方法研究了区域地壳应变特征的动态变化过程。尤其发现第一剪切应变在震前表现出较为显著的趋势性变化异常，推测震前南段可能受到左旋剪切构造动力变化的影响，从而加速了地震的孕育发生。

基于网形变化检测形变异常，是借助无约束自由网平差后高精度的 GNSS 网形结构，以网中一个点和一个边作为起始点和起始方向进行了网形的旋转和平移变换。分别从 GNSS 网变换前基线长度变化与基线间夹角变化时间序列，以及采用变换后各站水平位移变化和各基线方位角变化序列作趋势性分析，研究了区域地壳形变动态变化过程。通过芦山地震周边的 GNSS 网基准站多年观测资料，得到了区域地壳应变特征及对应本次地震前后的动态变化过程。相对于基线长度变化和各站位移变化时间序列，芦山地震近场区域 GNSS 网角度和方位角形变异常在震前表现得更为明显，这预示着震前剪切应力的显著改变，这与基于基线面应变检测结果一致。从整体变化的趋势看，大范围的构造形变并未因一次地震而解除或减缓，地震后，总的角度形变和基线长度形变仍在均匀线性增加，需继续对这些站的观测数据进行分析，对未来该地区的地震危险性做出进一步评估。

利用 GNSS 网基线和网形时空观测序列，提供了一个检测地壳时空形变异常的方法。一个站的位置变化或一个基线长度的变化反映的只是一个点、一个线的形变信息。如果这个点或线形变量很小，那么就难以发现。但是若以高精度的 GNSS 网形作为研究单元，在构造运动的背景下，地壳形变表现为高空间相关和高时间相关的信息。因此,由观测站间相互关联的观测数据可以获取观测网整体的计算结果,就能集中突出整个区域的地壳形变信息。利用高精度网形变化分析地壳形变,具有一定的捕捉强震孕震形变信息的能力,更有利于地壳微动态形变异常信息的检测。虽然目前 GNSS 连续站分布较稀疏,但从区域 GNSS 网形变指标的趋势变化中还是可以看到整个区域地壳运动变形特征。然而,GNSS 网的构建涉及站点的选择和密度、站点分布构成的图形及 GNSS 观测资料积累时间的长短等,这些都会对地壳形变异常检测结果的精度和可靠性产生一定的影响。此外,这种形变异常过程与发震断层是否有直接的关系及产生的地球动力学背景都有待进一步研究。

第7章 GNSS 约束下的断层滑动时空反演

通过地表 GNSS 数据可以直接检测得到地下活动断层所引起的地表形变的时空分布。然而,并没有建立地表 GNSS 位移与断层滑移之间的对应关系,尚不能定量分析地下活动断层内部位错分布与滑移特征,进而揭示断层的破裂过程和地震的孕震机制。因此,必须进行活动断层滑移的时空反演工作。无震蠕滑是伴随活动断层地震应力成核的重要过程,每一次断层蠕滑有可能会转移部分应力到其上部的锁定层,使其应力承载在滑移时刻的增加大大高于平时。这时,反演得到断层锁定、无震蠕滑转换的周期性滑移过程对地震危险性评估至关重要。随着连续和区域 GNSS 网观测的持续,积累的地壳运动观测数据越来越多,形成了分布在监测区域地表上的测站位移时空序列。利用 GNSS 数据不再仅仅局限于计算地壳运动速度和反演同震滑移、震间负位错静态模式等方面。更多的研究开始关注于震间和震后断层微动态形变异常检测和断层滑移动态反演等方面的研究(Segall et al,1997;McGuire et al,2003;Kositsky et al,2010;Radiguet et al,2010)。在进行反演工作之前需要知道较为准确的发生形变的断层的几何参数和断层滑移特征等先验信息作为约束条件,这对反演结果的可靠性有着至关重要的作用。通常地表形变信息检测和地下断层滑移的反演是分开进行的。其实,两者是一个相辅相成的过程。本章以活动断层带为研究区域,集地壳形变检测与断层滑移反演于一体,先利用覆盖断层带地表 GNSS 网络时空数据的主成分时空响应分析,研究了不同断层活动方式与演化过程对地表位移造成的不同时空影响规律,得出了由地表位移时空序列主成分,可直接判断断层滑移类型和演变特征的结论。以此作为反演模型的约束条件,构建了基于 GNSS 位移时空序列的主成分反演模型和基于 GNSS 网络的卡尔曼滤波反演模型。通过模拟试验,分析了不同信噪比和不同台站分布密度情况下的反演效果,得出了正确反演断层滑移时空分布所需要的最低信噪比和最优的台站分布密度。最后,以 2005 年苏门答腊 Mw 8.6 级地震震后余滑和 2006 年墨西哥慢地震为例,检测并反演了无震蠕滑时空分布,揭示了断层的破裂过程及其演变特征。

7.1 断层滑动与地表 GNSS 位移关系研究

7.1.1 理论方法

首先对地表 GNSS 站位移时空序列进行预处理,如剔除粗差、补齐缺失数据、去除长期趋势项、年和半年周期项、阶跃和共模误差,尽量消除非构造形变的影响。

然后,根据地壳形变的高空间相关性的特点,对剩余的部分采用主成分时空响应分析。如对于一个共有 m 站,观测了 n 天的 GNSS 站位移时空序列,组成矩阵,设为 $\boldsymbol{X}_{m \times n}$。其中,每一行代表一个给定站点 N、E、U 方向所有历元的值;每一列表示在一个给定的历元所有站点的某个分量位移值。为保证所有站点位移都是以零为基点,按式(7.1)对矩阵实施中心化,即

$$\boldsymbol{X}'(i,j) = \boldsymbol{X}(i,j) - \frac{\sum\limits_{k=1}^{m} \boldsymbol{X}_0(i,k)}{m} \tag{7.1}$$

式中,i、j 表示矩阵的行列号。对中心化后的矩阵 $\boldsymbol{X}'_{m \times n}$ 进行奇异值分解,即求正交矩阵 $\boldsymbol{U}_{m \times m}$、$\boldsymbol{V}_{n \times n}$ 和由奇异值构成的对角矩阵 $\boldsymbol{S}_{m \times n}$,可表示为

$$\boldsymbol{X}'_{m \times n} = \boldsymbol{U}_{m \times m} \boldsymbol{S}_{m \times n} \boldsymbol{V}^{\mathrm{T}}_{n \times n} \tag{7.2}$$

将奇异值按降序排列,对位移时空序列有较大贡献的前几个奇异值,称为主模式分量。若取前 r 个为主模式,则矩阵 $\boldsymbol{X}$ 则可近似表示为

$$\boldsymbol{X} \approx \boldsymbol{X}_r = \boldsymbol{U}_r \boldsymbol{S}_r \boldsymbol{V}^{\mathrm{T}}_r \tag{7.3}$$

式中,$\boldsymbol{S}_r$ 为前 r 个较大奇异值组成的对角阵;$\boldsymbol{V}_r$ 为 $\boldsymbol{V}$ 中对应前 r 个列向量组成的矩阵,其中的每一列称为时间特征向量;$\boldsymbol{U}_r$ 为 $\boldsymbol{U}$ 中对应前 r 个列向量组成的矩阵,其中的每一列称为空间特征向量。主模式时空响应大小是指用主模式分量中特征向量除以该特征向量中的绝对值最大的值,即对每个时空特征向量分别进行归一化处理,最大时空响应为 100%。主模式时空响应表现了区域性时空变化的主要特征。

主模式数量的确定可以通过 χ^2 统计的方法来确定,即

$$\chi^2_{\mathrm{red}} = \frac{1}{N - r(n+m-1)} \sum_{i=1}^{m} \sum_{j=1}^{n} \frac{(\boldsymbol{X}(i,j) - \boldsymbol{X}_r(i,j))^2}{\sigma(i,j)^2} \tag{7.4}$$

式中,N 为总数据个数,$N - r(n+m-1)$ 为自由度,$\sigma(i,j)$ 为 $\boldsymbol{X}(i,j)$ 的中误差。当 $\chi^2_{\mathrm{red}} < 1$,表示过度拟合;当 $\chi^2_{\mathrm{red}} > 1$,模型与实际数据拟合偏差过大;$\chi^2_{\mathrm{red}} \approx 1$,模型拟合效果较好。

通常,时空分析方法要求所有台站时间序列有相同的时间间隔,并且数据序列必须是连续完整的。然而,实际观测序列中常常会因接收机、天线、电源毁坏等原因导致数据缺失严重,时空序列矩阵过度稀疏,造成主成分分解困难。同时,数据缺失会引起矩阵中心化时计算的平均值存在系统偏差,导致分解错误。合理补全数据,并准确估计系统偏移量对主成分分析至关重要。对此,采用了考虑偏差参数的加权低秩分解的方法(Srebro et al,2003;李改 等,2012)。对于缺失数据的地方,先算出所在时间序列所在行的加权平均值,将它作为缺失时间上的值,并设其权重为 0,构造目标函数,如式(7.5)所示。其中,$\boldsymbol{M}_i$ 为第 i 行对应的偏差参数,$\boldsymbol{S}$ 已合并到 $\boldsymbol{U}$、$\boldsymbol{V}$ 中,求目标函数满足最小值时的 $\boldsymbol{U}$、$\boldsymbol{V}$、$\boldsymbol{M}$,即

$$L(\boldsymbol{U},\boldsymbol{V},\boldsymbol{M}) = \sum_{i=1}^{m}\sum_{j=1}^{n}\left(\frac{\sum\limits_{k=1}^{r}(\boldsymbol{U}_{ik}\boldsymbol{V}_{jk}) - \boldsymbol{X}(i,j) + \boldsymbol{M}_i}{\sigma(i,j)}\right)^2 \tag{7.5}$$

分别对 $\boldsymbol{U}$、$\boldsymbol{V}$、$\boldsymbol{M}$ 求偏导,令其等于零,可得到关于 $\boldsymbol{U}$、$\boldsymbol{V}$、$\boldsymbol{M}$ 的三个方程,如式(7.6)、式(7.7)和式(7.8)所示。先对矩阵 $\boldsymbol{X}$ 通过常规主成分分解得到 $\boldsymbol{U}$、$\boldsymbol{V}$ 初值,并设置 $\boldsymbol{M}$ 初值。通过式(7.6)、式(7.7)和式(7.8)求得新的 $\boldsymbol{U}$、$\boldsymbol{V}$、$\boldsymbol{M}$。利用共轭梯度法,迭代至收敛,得到 $\boldsymbol{U}$、$\boldsymbol{V}$、$\boldsymbol{M}$ 的最终解。此时的 $\boldsymbol{U}$、$\boldsymbol{V}$ 即为考虑系统偏差后的主成分分解的正交矩阵。

$$\frac{\partial L}{\partial \boldsymbol{U}_{lm}} = 2\sum_{j=1}^{n}\left(\frac{\sum\limits_{k=1}^{r}(\boldsymbol{U}_{lk}\boldsymbol{V}_{jk}) - \boldsymbol{X}(l,j) + \boldsymbol{M}_l}{\sigma(l,j)^2}\right)\boldsymbol{V}_{jm} = 0 \tag{7.6}$$

$$\frac{\partial L}{\partial \boldsymbol{V}_{lm}} = 2\sum_{i=1}^{m}\left[\left(\frac{\sum\limits_{k=1}^{r}(\boldsymbol{U}_{ik}\boldsymbol{V}_{lk}) - \boldsymbol{X}(i,l) + \boldsymbol{M}_i}{\sigma(i,l)^2} - \frac{\sum\limits_{k=1}^{r}(\boldsymbol{U}_{ik}\boldsymbol{V}_{nk}) - \boldsymbol{X}(i,n) + \boldsymbol{M}_i}{\sigma(i,n)^2}\right)\boldsymbol{U}_{im}\right] = 0 \tag{7.7}$$

$$\frac{\partial L}{\partial \boldsymbol{M}_l} = 2\sum_{j=1}^{n}\left(\frac{\sum\limits_{k=1}^{r}(\boldsymbol{U}_{lk}\boldsymbol{V}_{jk}) - \boldsymbol{X}(l,j) + \boldsymbol{M}_l}{\sigma(l,j)^2}\right) = 0 \tag{7.8}$$

7.1.2　模拟试验

设置断层几何参数如表 7.1 所示,在断层区域上方的地表按 10 km 等间隔模拟布设 63 个测站。由事先设定的断层无震蠕滑滑移类型和演变特征,根据 OKADA 弹性半无限空间断层位错模型(Okada,1985,1992),正演地表各站三维位移时空序列。利用 Fakenet(Agnew,2013),模拟不同信噪比的噪声(白噪声和有色噪声),合成较真实的地表位移时空观测序列,分析断层不同滑移特征与地表位移主成分之间的关系。大量模拟试验结果表明,当地表位移大小至少与噪声水平相当,同时为有色噪声的两倍时,其时空响应分布会出现与实际断层滑移特征一致的规律。故以下模拟试验设置噪声水平为:白噪声与地表位移大小相当,有色噪声约为地表位移大小的一半。

表 7.1　模拟的断层几何参数

下边缘中心位置(N,E)/km	方位角/(°)	长/km	宽/km	深/km	倾角/(°)
(50,50)	90	50	10	10	70

1. 走滑

设置 100 天的断层走向滑移时间序列,滑移量呈指数函数变化,如图 7.1 所示。结合表 7.1 断层几何参数,根据 OKADA 位错模型正演 63 站地表 N、E、U 向

位移时间序列,并模拟加入噪声。其中合成后的 E 向地表位移时间序列如图 7.2
所示。对 N、E、U 向位移时空序列进行主成
分时空分析,PC1 时间响应和水平空间响应结
果分别如图 7.3 和图 7.4 所示。N、E、U 向位
移空间响应场如图 7.5 所示。由图 7.3 可知,
时间响应曲线同样出现了指数形式递增趋势,
与事先设定的断层滑移演变过程一致。由
图 7.4 和图 7.5 可知,N 向和 U 向的空间响
应程度相对较小,约在 −20% ~ 20%,并且响
应分布无规律。而 E 向空间响应程度较大,响

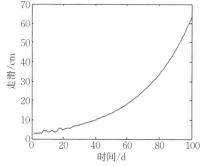

图 7.1　模拟的走滑时间序列

应值主要集中在 ±100% 左右,并且分布具有明显的规律。响应梯度最大之处与断
层分布出现了高度的一致性,由此可判断断层走向为 E—W。由图 7.4 可知,断层
南北两侧空间响应方向相反,并且与断层走向平行,由此可判断断层滑移为走向滑
移。由图 7.5 N 向空间响应可知,断层以南响应程度明显大于断层以北,可判断断
层倾向为 S—N。可见,通过断层走向滑移引起的地表位移主成分时空响应分析
可以得出断层走向滑移的特征,由时间响应变化率可判断断层走向滑移演变过程,
由空间响应梯度、方向、大小来判断断层分布、产状和运动方式。

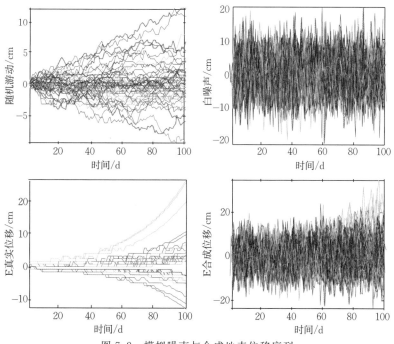

图 7.2　模拟噪声与合成地表位移序列

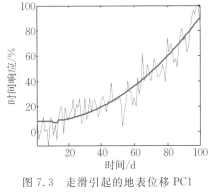

图 7.3　走滑引起的地表位移 PC1
时间响应

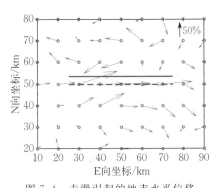

图 7.4　走滑引起的地表水平位移
PC1 空间响应
（表示水平向在不同位置的响应程度）

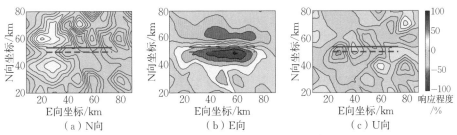

（a）N向　　　　　　　（b）E向　　　　　　　（c）U向

图 7.5　N、E、U 向位移 PC1 空间响应场
（分别表示 N、E、U 三个方向在不同位置的响应程度）

2. 逆冲滑移

设置 100 天呈指数形式变化的断层逆冲滑移时间序列，同走滑变化趋势（图 7.1）。正演地表 N、E、U 向位移场并模拟加入噪声，合成 N、E、U 向地表位移时空序列，同图 7.2。对其进行主成分时空响应分析，PC1 时间响应和水平空间响应结果如图 7.6 和图 7.7 所示，N、E、U 向位移空间响应场如图 7.8 所示。由图 7.6 可知，时间响应曲线与模拟设置的逆冲滑移演变过程一致。由图 7.8 可知，E 方向空间响应程度相对较小，并且分布无明显规律。而 N 方向和 U 方向空间响应程度相对较大，并且响应程度梯度较大的位置与断层分布出现了较强的一致性，由此根据响应梯度分布判断断层为东西走向。由 N 向空间响应方向垂直于断层走向，可判断断层为倾向滑移。N 向空间响应断层以北响应程度明显大于断层以南，可判断断层倾向为 S—N。U 向空间响应断层以北为负值，代表下降，断层以南是正值，代表上升，明显是逆冲滑移的结果。综上，通过地表位移时空主成分分析，由时间响应可判断逆冲断层滑移演变过程，由空间响应梯度可判断断层分布，结合 U 向空间响应方向判断为逆冲断层滑移类型。

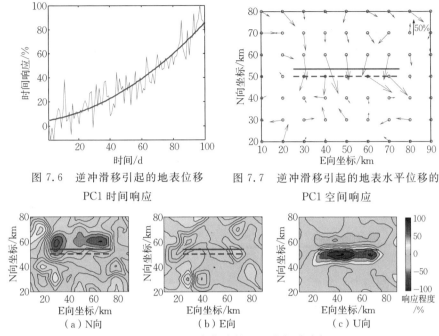

图 7.6　逆冲滑移引起的地表位移　　图 7.7　逆冲滑移引起的地表水平位移的
PC1 时间响应　　　　　　　　　　　　　PC1 空间响应

（a）N 向　　　　　　　（b）E 向　　　　　　　（c）U 向

图 7.8　N、E、U 向位移的 PC1 空间响应场

3. 走滑兼逆冲滑移

设置 100 天呈指数形式变化的断层走滑兼逆冲滑移时间序列,变化趋势同走滑序列,如图 7.1 所示。同样正演并加入噪声合成地表位移时空序列,进行主成分时空响应分析,PC1 时间响应和水平空间响应如图 7.9 和图 7.10 所示,N、E、U 向位移空间响应场如图 7.11 所示。由图 7.9 可知,时间响应曲线与模拟设置的滑移演变过程一致。由图 7.11 可知,N、E、U 向空间响应程度均较大且出现了明显规律,响应程度梯度较大且分布都与断层位置出现了高度一致,由此可判断断层的走向。同样根据 N、E、U 向空间响应程度和方向可推断断层滑移类型为走滑兼逆冲滑移。

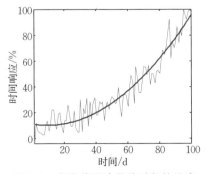

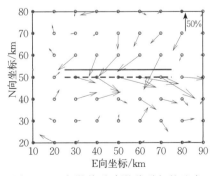

图 7.9　走滑兼逆冲滑移引起的地表　　图 7.10　走滑兼逆冲滑移引起的地表
位移 PC1 时间响应　　　　　　　　　　水平位移 PC1 空间响应

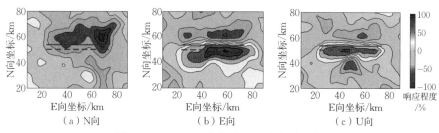

图 7.11　N、E、U 向位移 PC1 空间响应场

　　以上模拟试验结果表明,当地表位移大小至少与噪声水平相当且为有色噪声的两倍时,地表位移主成分时空响应分布会出现与实际断层滑移特征较一致的规律。通过地表位移主成分时空响应可以定性分析断层滑移特征,即由地表位移时间响应变化率可以判断断层滑移演化过程,由地表位移空间响应程度的梯度、方向和大小可以判断断层分布和滑移方式。

7.1.3　实例分析

1. 震后余滑

　　苏门答腊俯冲带位于印度洋板块、澳大利亚板块和巽他次级板块的交汇部位,由印度洋板块、澳大利亚板块在苏门答腊俯冲带向巽他次级板块下面俯冲,历史上苏门答腊地区地壳活动十分活跃,曾发生过多次大地震。2005 年 3 月 28 日,印度尼西亚苏门答腊岛附近海域发生了 Mw8.6 级强烈地震,震中位于北纬 2.2°,东经 97.0°,破坏半径高达 544 km。地表记录有 10 个 GNSS 站的观测数据。

　　解算震后 333 天的 N、E、U 向地表位移时间序列如图 7.12 所示。其中两个测站 BTHL、PBLI 是在震后 160~240 天才安装 GNSS 接收机开始观测,因此,造成测站数据严重缺失,构成的位移时空矩阵时间维过度稀疏。对此,采用了附加参数的加权低秩分解方法,通过主成分对缺失数据进行了恢复,结果如图 7.13 所示。由图 7.13 可知,缺失数据部分得到了很好的恢复。可见,对于个别测站过度缺失数据造成的矩阵稀疏问题,根据区域地壳形变高空间相关性的特点,其主成分代表着观测资料中的主要要素,可利用多个测站的主成分使缺失数据部分得到恢复。

　　对测站位移时空序列进行主成分时空响应分析,其中,第一主成分时间响应和水平空间响应结果分别如图 7.14 和图 7.15 所示,N、E、U 向位移空间响应场如图 7.16 所示。由图 7.14 可知,时间响应变化率在震后急速增加,约在第 50 天达到了最大值,之后开始衰减并趋于稳定,符合震后余滑指数衰减的特征。由图 7.16 可知,N、E、U 三方向空间响应分布均出现了和断层分布一致的规律,由空间响应程度梯度较大位置可判断断层走向为 WN—ES。结合图 7.15 空间响应方向判断,震后断层活动是以倾向滑移为主,并伴有走滑特征。响应程度最大区域主要分布于以东经 97°,北纬 1°为中心,约 50 km 为半径的范围内。分析结果与地球物理反演结果吻合(Hsu et al,2006;Kositsky et al,2010)。

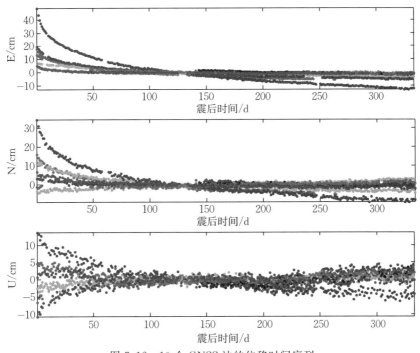

图 7.12　10 个 GNSS 站的位移时间序列

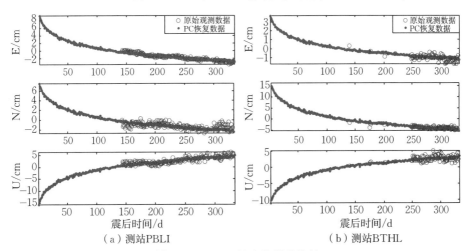

（a）测站 PBLI　　　　　　　　　　（b）测站 BTHL

图 7.13　GNSS 缺失数据的恢复

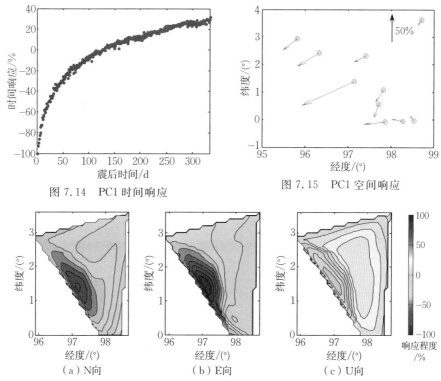

图 7.14　PC1 时间响应

图 7.15　PC1 空间响应

图 7.16　N、E、U 向位移 PC1 空间响应场

2. 慢滑移事件

墨西哥位于拉丁美洲的北部,在板块构造上,是太平洋板块、美洲板块、加勒比板块和科科斯(COCOS)板块五大板块的交汇地区。因此,墨西哥的地壳构造运动极其复杂和强烈,地震活动频繁,震级较高,地震区分布较广。墨西哥西南部的格雷罗州于 2006 年发生了慢滑移事件,这是世界上所观测到的最大的慢地震之一。覆盖断层的地表记录有 15 个 GNSS 站的观测数据。

搜集 15 个 GNSS 站 2005—2008 年期间的观测数据,解算其单日解位移时间序列,如图 7.17 所示。选取 15 个测站有着共同的观测时段即 2006 年 1 月至 2007 年 3 月的数据,对其进行主成分时空分析。其中,PC1 时间响应和水平空间响应分别如图 7.18 和图 7.19 所示,N、E、U 向位移空间响应场如图 7.20 所示。由图 7.18 可知,时间响应在 2006 年 3 月开始发生明显变化,呈指数函数形式递增。时间响应变化率约在 2006 年 7~8 月,达到了最大值,然后从 9 月开始时间响应程度出现明显衰减,并逐步趋于稳定。据 Radiguet 等(2011)地球物理反演结果称,此次滑移事件是从 2006 年 2 月开始,滑移发生明显变化,之后滑移速率逐渐增加,在 6~7 月,滑移速率达到了最大值,约为 0.5 m/a,之后滑移速率开始逐渐衰退,至 2007 年 1 月滑移结束,此时达到了最大滑移量。可见,图 7.18 时间响应特征分析结果与此相吻合。由图 7.20 的空间响应特征可知,滑移高值区分布主要集中在两个中心,分别位于西经 100°、北纬 17.5°和西经 98°、北纬 17.5°。根据空间响应梯度大小和方向,利用 7.1.2 节模拟试验总结的规律判断,断层走向为 WN—ES,断层运动方式以倾滑为主,伴有走滑特征,与相关研究结果一致(Radiguet et al,2011)。

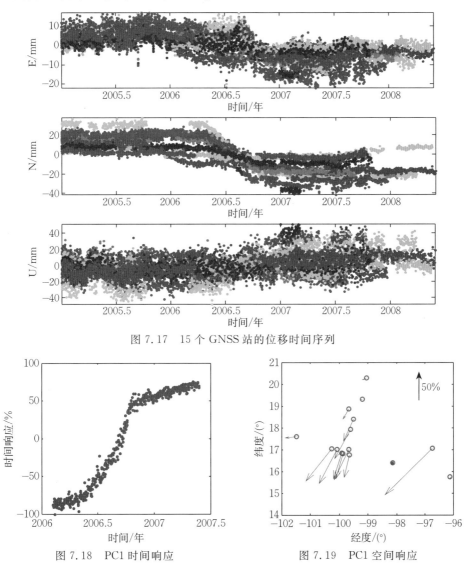

图 7.17　15 个 GNSS 站的位移时间序列

图 7.18　PC1 时间响应　　　　　图 7.19　PC1 空间响应

通过以上两个实例分析表明,根据断层滑移特征与地表位移时空响应之间的关系与规律,可以由地表位移时空分析来揭示震后余滑与慢滑移等无震蠕滑时空分布特征,能够为下一步进行精细的断层活动参数反演提供重要的先验信息和约束条件。

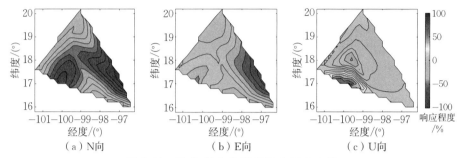

图 7.20　N、E、U 向位移 PC1 空间响应场

7.2　GNSS 主成分反演

7.2.1　反演模型构建

　　根据 7.1 节分析得到的发生形变的活动断层和形变时空分布范围,可以有针对地确定重点研究区域和时间段,选择特定的 GNSS 站进行断层滑移的反演工作。为获取断层滑移精细的空间分布,考虑断层为非均匀滑动,将断层细分为众多小断层。根据 7.1 节分析得到的断层演变过程与地表位移主成分时间响应一致的特点,先利用地表位移主成分空间分布 U_i,反演得断层滑移空间主模式分量 D_i(徐克科 等,2014c),即

$$U_i = GD_i \quad (i = 1 \sim r) \tag{7.9}$$

其中,G 为 OKADA 位错模型格林函数(Okada,1985,1992),固定断层参数(长、宽、深、位置、方位角和倾角),GNSS 观测位移是断层走滑、倾滑和张裂位错的线性函数。设反演所得断层滑移整个时空分布为 L,对于整个 GNSS 位移时空序列 X,则可表示为

$$X \approx \sum_{i=1}^{r} U_i S_i V_i^{T} = GL \tag{7.10}$$

将式(7.9)代入式(7.10),得

$$GL = \sum_{i=1}^{r} GD_i S_i V_i^{T} = G \sum_{i=1}^{r} D_i S_i V_i^{T} \tag{7.11}$$

即

$$L = \sum_{i}^{r} D_i S_i V_i^{T} \tag{7.12}$$

其中,L 即为断层滑移整体时空分布。为确保结果合理,根据 7.1 节地表检测分析的结果,附加两项约束条件。一是滑移速率在空间上分布平滑约束,二是根据先验信息附加约束。当断层细分时,未知数个数将远大于观测值个数。附加不同约

束条件,保持解的稳定至关重要。为避免滑动分布解的振荡,避免相邻子断层滑动量在大小和方向上存在显著差异,通常采用拉普拉斯平滑约束,设置相邻断层间滑动量的梯度为最小(许才军 等,2010)。其拉普拉斯二阶差分算子为

$$\nabla = \frac{s(i, j-1) - 2s(i, j) + s(i, j+1)}{(\Delta x)^2} + \frac{s(i-1, j) - 2s(i, j) + s(i+1, j)}{(\Delta y)^2}$$

$$(7.13)$$

式中,$s(i, j)$ 表示位于第 i 行、第 j 列的子断层上的滑动量,Δx、Δy 分别表示相邻子断层沿走向和倾向的距离。按式(7.13)分别对所有断层单元求相应的二阶差分算子,化为观测方程的形式为

$$d_n^\nabla = H_n^\nabla \cdot s + \varepsilon_\nabla \quad \varepsilon_\nabla \sim N(0, \gamma^2 I) \quad (7.14)$$

其中,等式左边表示虚拟观测值,一般假定为零。H_n^∇ 为所有子断层滑移拉普拉斯二阶差分算子,s 为所有子断层走向和倾向滑移大小。γ 为描述断层面上的滑移在空间上的平滑程度,值越小越平滑,反之滑移变化大。

根据某些先验信息进行约束,如滑移速度、最大滑移量和滑移特征等,可采用顾及被估参数的先验信息约束条件。设 s_0 为待估参数 s 的先验值,ε_+ 为参数先验误差。化为观测方程的形式为

$$s_0 = I \cdot s + \varepsilon_+ \quad \varepsilon_+ \sim N(0, \beta I) \quad (7.15)$$

式中,β 用于制约断层滑移大小和方向,使滑移及滑移率始终控制在一定范围内变动。

7.2.2　实例分析

2005 年 3 月 28 日印度尼西亚苏门答腊岛附近海域发生的 Mw 8.6 级强烈地震,利用 7.1.3 节所述的 10 个 GNSS 站震后 333 天的观测数据,如图 7.12 所示,基于主成分反演模型进行了震后余滑过程的反演。根据相关研究(Hsu et al, 2006;Kositsky et al,2010),反演所用断层几何参数如表 7.2 所示。

表 7.2　断层几何参数

下边缘中心位置(经纬度)/(°)	方位角/(°)	长/km	宽/km	深/km	倾角/(°)
(97.5,2)	310	320	150	106	20

为精细得到断层滑移空间分布细节,将该断层沿走向和倾向剖分为 40 km×30 km 大小的子断层,断层剖分结果与 GNSS 测站分布如图 7.21 所示。

反演所有子断层每隔 40 天的滑移时空分布如图 7.22 所示,由图 7.22 可清楚地看到震后断层滑移整个时空演变过程。随着震后时间的增加,滑移量和滑移空间影响范围逐渐增大,直至最后的稳定。时间分布上,约从震后第 10 天,开始出现明显的断层蠕滑现象,此时滑移量约为 20 cm,之后以平均约 0.5 cm/a 的速度呈指数形式逐渐增大,直到第 250 天才趋于稳定,此时最大滑移量达到了约 150 cm;空间分布上,滑移高值区主要集中于以东经 97.1°、北纬 1.5° 为中心,约 50 km 半径

范围内。因发生破裂的断层为 WN—EN 走向,从走滑与倾滑合成后的方向看,断层滑移特征为走滑兼逆冲,并呈现明显的右旋特征。与其他学者反演结果一致(Hsu et al,2006;Kositsky et al,2010)。可见,对于 2005 年苏门答腊 Mw 8.6 级地震震后余滑信息,通过主成分反演模型能够快速反演得到震后断层蠕滑时空分布,揭示其形变特征与演变过程。

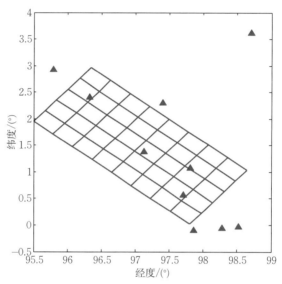

图 7.21　断层剖分结果与 GNSS 测站分布

（每一方格为一子断层,三角点为 GNSS 测站位置）

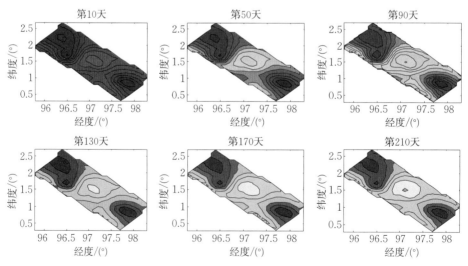

图 7.22　主成分反演 2005 年苏门答腊 Mw 8.6 级地震每隔 40 天的断层滑移时空分布

（箭头表示走向与倾向滑移的合成）

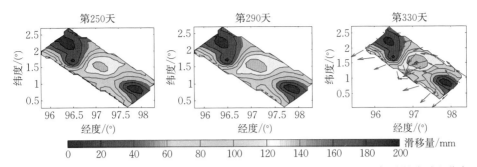

图 7.22(续)　主成分反演 2005 年苏门答腊 Mw 8.6 级地震每隔 40 天的断层滑移时空分布

（箭头表示走向与倾向滑移的合成）

墨西哥西南部格雷罗州 2006 年发生了慢滑移事件,利用 7.1.3 节所述的 15 个 GNSS 站 467 天的观测数据,如图 7.17 所示,基于主成分反演模型进行了慢地震断层滑移的反演工作。根据相关研究结果(Radiguet et al,2011),断层几何参数如表 7.3 所示。将该断层沿走向和倾向剖分为 40 km×30 km 大小的子断层,断层剖分结果与 GNSS 测站分布如图 7.23 所示。

表 7.3　2006 年墨西哥慢地震断层几何参数

下边缘中心位置(经纬度)/(°)	方位角/(°)	长/km	宽/km	深/km	倾角/(°)
(−99.4,18.2)	292	300	150	43	10

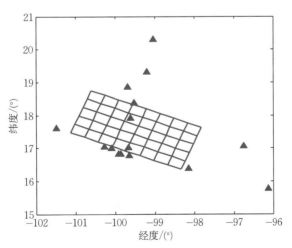

图 7.23　断层剖分和 GNSS 测站分布

（每一方格为一子断层,三角点为 GNSS 测站位置）

反演所有子断层每隔 50 天的滑移时空分布如图 7.24 所示。由图 7.24 可知,此次慢滑移事件是从 2006 年 2 月 18 日开始才出现了明显的滑移现象,此时滑移量约为 10 mm,之后滑移量逐渐增加,空间影响范围也逐渐增大。直到 2006 年

10 月 26 日,滑移趋于稳定,此时滑移量达到了最大值,约为 200 mm。空间分布上,最大滑移区域主要分布于以西经 99.6°、北纬 17.5°为中心,方圆约 100 km 范围内。从走滑和倾滑合成方向看,滑移特征为以逆冲滑移为主,呈挤压形变特征,这与 Kositsky 等(2010)反演结果相吻合。可见,对于 2006 年发生的墨西哥慢滑移事件,利用主成分反演模型可以得到断层蠕滑的时空分布和演变过程。

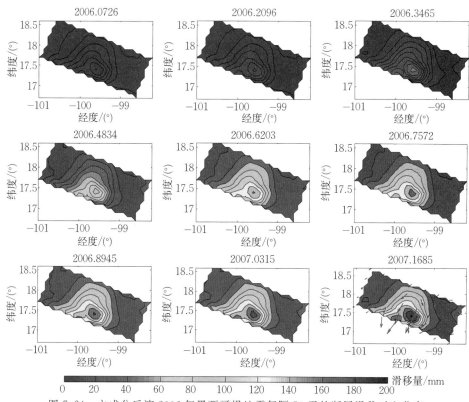

图 7.24　主成分反演 2006 年墨西哥慢地震每隔 50 天的断层滑移时空分布
(红色箭头表示走向与倾向滑移的合成)

7.3　GNSS 网络卡尔曼滤波反演

7.3.1　反演模型构建

GNSS 台站位移时间序列可表示为

$$d_{\mathrm{GNSS}}(t) = a_0 + bt + \sum_{j}^{n_g} g_j H(t - T_{gj}) + \sum_{f=1}^{2} (a_f \sin(2\pi f t) + b_f \cos(2\pi f t)) +$$

$$\int_{\Sigma} s_p(\xi,t) G_{pq}^r(x,\xi) + \delta_{cme} + \varepsilon_{\mathrm{GNSS}} \quad \varepsilon_{\mathrm{GNSS}} \sim N(0,\sigma^2 \boldsymbol{\Sigma}_{\mathrm{GNSS}}) \tag{7.16}$$

式中，t 为时间；a_0 为初始位置；b 为线性趋势项；$\sum_{j}^{n_g} g_j H(t-T_{gj})$ 为阶跃项，用来修正地震或天线改变在时间序列所造成的落差，可利用差分方法确定阶跃发生的时刻进行消除；$\sum_{f=1}^{2}(a_f \sin(2\pi ft))$ 为周年和半周年周期项；$b_f \cos(2\pi ft))$ 代表断层滑移所造成的地表位移；G 表示 OKADA 弹性位错模型格林函数（Okada，1985，1992）；δ_{cme} 为空间共模误差，可结合 PCA 和 KLE 方法去除；$\varepsilon_{\mathrm{GNSS}}$ 为观测误差，为避免解算时某些误差未被模型化而导致误差低估，需对其协方差矩阵 $\boldsymbol{\Sigma}_{\mathrm{GNSS}}$ 乘以一比例因子 σ^2，即变为 $\sigma^2 \boldsymbol{\Sigma}_{\mathrm{GNSS}}$。

根据位置和速度系统噪声的谱密度矩阵，可以得到滑移和滑移率的状态方程，其转移矩阵为

$$\boldsymbol{T}_s = \begin{bmatrix} 1 & (t_k - t_{k-1}) \\ 0 & 1 \end{bmatrix} \tag{7.17}$$

过程噪声矩阵为

$$\boldsymbol{Q}_s = \begin{bmatrix} \dfrac{1}{3}\alpha(t_k - t_{k-1})^3 & \dfrac{1}{2}\alpha(t_k - t_{k-1})^2 \\ \dfrac{1}{2}\alpha(t_k - t_{k-1})^2 & \alpha(t_k - t_{k-1}) \end{bmatrix} \tag{7.18}$$

式中，α 为速度谱密度，用来控制滑移和滑移率在时间域的平滑程度。在上述观测方程及卡尔曼滤波状态模型中，共有 4 个超参数需估计，分别为 σ、γ、β、α。可采用极大似然方法进行估计，因极大似然估计比较耗时，可将超参数转换至观测方程中，利用扩展卡尔曼滤波方法随同模型参数一并求解。转换后，观测方程式(7.16)变为

$$\frac{1}{\sigma} d_{\mathrm{GNSS}}(t) = \frac{1}{\sigma} G_{ij} \alpha s(t) + \frac{1}{\sigma} \sum_{f=1}^{2}(a_f \sin(2\pi ft) + b_f \cos(2\pi ft)) + \varepsilon_{\mathrm{GNSS}}$$
$$\varepsilon_{\mathrm{GNSS}} \sim N(0, \boldsymbol{\Sigma}_{\mathrm{GNSS}}) \tag{7.19}$$

顾及约束条件（见 7.2.1 节），转换为虚拟观测方程为

$$d^{\triangledown} = 0 = \frac{1}{\gamma} H^{\triangledown} \alpha s + \varepsilon_{\triangledown} \quad \varepsilon_{\triangledown} \sim N(0, I) \tag{7.20}$$

$$d^{+} = 0 = \frac{1}{\beta} I \cdot \alpha s - s_0 + \varepsilon_{+} \quad \varepsilon_{+} \sim N(0, I) \tag{7.21}$$

设第 k 历元总的观测值为 $\boldsymbol{d}_k$，包含 GNSS 的 N、E、U 向位移 d_{GNSS} 和约束条件虚拟观测值 $d^{\triangledown}$、d^{+}。设待估参数为 $\hat{\boldsymbol{x}}$，包含每个历元的断层滑移 s 和滑移率 $\dot{s}$、GNSS 位移时序中的初值 a_0、线性项 b、周期项系数 a_1、a_2、b_1、b_2 和超参数 σ、γ、β、α。设观测值误差项为 $\boldsymbol{\varepsilon}$，包括 $\varepsilon_{\mathrm{GNSS}}$、$\varepsilon_{\triangledown}$、$\varepsilon_{+}$，其协方差矩阵可表示为

$$\boldsymbol{R}_k = \begin{bmatrix} \boldsymbol{\Sigma}_{\mathrm{GNSS}} & 0 & 0 \\ 0 & \boldsymbol{I} & 0 \\ 0 & 0 & \boldsymbol{I} \end{bmatrix} \tag{7.22}$$

则总观测方程可表示为

$$\boldsymbol{d}_k = \boldsymbol{H}_k \hat{\boldsymbol{x}}_k + \boldsymbol{\varepsilon} \quad \boldsymbol{\varepsilon} \sim \boldsymbol{N}(0, \boldsymbol{R}_k) \tag{7.23}$$

待估参数中,除断层滑移 s 和滑移率 $\dot{s}$ 外,其他 10 个参数均为恒定参数,不随时间改变。因此,其转移矩阵为单位矩阵 $\boldsymbol{I}$,过程噪声矩阵为零,则整个待估参数总转移矩阵和过程噪声矩阵分别为

$$\boldsymbol{T} = \begin{bmatrix} \boldsymbol{T}_s & 0 \\ 0 & \boldsymbol{I}_{10\times10} \end{bmatrix}, \quad \boldsymbol{Q} = \begin{bmatrix} \boldsymbol{Q}_s & 0 \\ 0 & \boldsymbol{0}_{10\times10} \end{bmatrix} \tag{7.24}$$

正向状态预测向量为

$$\bar{\boldsymbol{x}}_k = \boldsymbol{T}\hat{\boldsymbol{x}}_{k-1} \tag{7.25}$$

相应协方差矩阵为

$$\boldsymbol{\Sigma}_{\bar{x}_k} = \boldsymbol{T}\boldsymbol{\Sigma}_{\hat{x}_{k-1}}(\boldsymbol{T})^{\mathrm{T}} + \boldsymbol{Q}_{k-1} \tag{7.26}$$

根据卡尔曼滤波递推公式,参数估值及其协方差矩阵为

$$\hat{\boldsymbol{x}}_k = \bar{\boldsymbol{x}}_k + \boldsymbol{K}_k \bar{\boldsymbol{v}}_k \tag{7.27}$$

$$\boldsymbol{\Sigma}_{\hat{x}_k} = (\boldsymbol{I} - \boldsymbol{K}_k \boldsymbol{H}_k) \boldsymbol{\Sigma}_{\bar{x}_k} \tag{7.28}$$

式中,$\boldsymbol{K}_k = \boldsymbol{\Sigma}_{\bar{x}_k} \boldsymbol{H}_k^{\mathrm{T}} (\boldsymbol{R}_k + \boldsymbol{H}_k \boldsymbol{\Sigma}_{\bar{x}_k} \boldsymbol{H}_k^{\mathrm{T}})^{-1}$

在进行卡尔曼滤波反演结果的精度评定时,其单位权方差为

$$\hat{\sigma}_k^2 = \frac{(\hat{\boldsymbol{x}}_k - \bar{\boldsymbol{v}})^{\mathrm{T}} (\boldsymbol{\Sigma}_{\bar{x}_k})^{-1} (\hat{\boldsymbol{x}}_k - \bar{\boldsymbol{v}}) + (\boldsymbol{d}_k - \boldsymbol{H}_k \hat{\boldsymbol{x}}_k)^{\mathrm{T}} (\boldsymbol{R}_k)^{-1} (\boldsymbol{d}_k - \boldsymbol{H}_k \hat{\boldsymbol{x}}_k)}{n} \tag{7.29}$$

式中,n 为观测值个数。

7.3.2　模拟试验

设置断层模型参数如表 7.4 所示。将该断层沿走向和倾向划分为 $2.5\ \mathrm{km}\times$ $1\ \mathrm{km}$ 大小的子断层,共 8×5 个,如图 7.25 所示。设置断层为非均匀滑动,滑移特征为逆冲兼走滑,模拟 300 天呈指数函数变化的滑移时间序列。其中,每隔 30 天的滑移时空分布如图 7.26 所示。设置观测台站均匀分布在断层区域,由 OKADA 弹性位错模型(Okada,1985,1992)正演 300 天地表站点 N、E、U 向的位移时间序列。模拟设置测站不同密度分布和不同信噪比情况,进行了大量的模拟试验,对反演结果进行了比较分析。

表 7.4　反演试验模拟的断层几何参数

下边缘中心位置(N,E)/km	方位角/(°)	长/km	宽/km	下边缘深/km	倾角/(°)
(50,50)	90	40	5	5	70

　　模拟一,设置观测站点沿走向和倾向分布间隔约为两倍子断层长和宽的距离,观测站数为 5×4 个,分布如图 7.25 所示。根据噪声功率谱密度,由 Fakenet 模拟软件,加入和实际位移大小相当的噪声,模拟生成较真实的地表位移序列,其中 E 向位移序列如图 7.27 所示。

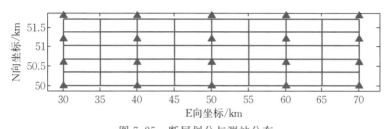

图 7.25　断层划分与测站分布

(每一方格代表一子断层在平面的投影,三角形符号表示测站)

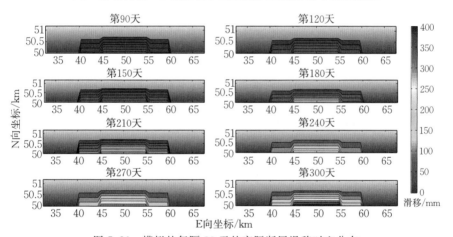

图 7.26　模拟的每隔 30 天的实际断层滑移时空分布

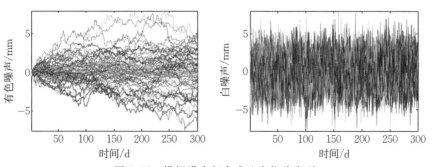

图 7.27　模拟噪声与合成地表位移序列

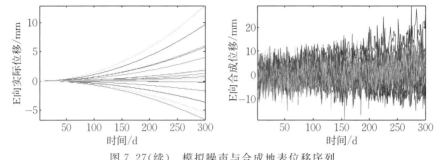

图 7.27(续)   模拟噪声与合成地表位移序列

利用表 7.4 的断层参数,由构建的 GNSS 网卡尔曼滤波反演模型进行断层滑移时空分布反演。反演的所有子断层每隔 30 天滑移分布如图 7.28 所示。由图 7.28 可知,时间分布上,反演的最大滑移量为 350 mm,而实际为 400 mm。从整个时间分布上可以得出与实际断层滑移一致的演变特征。空间分布上,滑移量最大的位置位于东向 52 km,北向 50 km,实际滑移量最大的地方为东向 50 km,北向 50 km。整体空间分布与断层滑移实际分布较一致。若噪声水平不变,减少站点分布密度,反演效果较差。若点位分布密度保持不变,放大噪声倍数,反演效果较差。由此得出,当断层滑移贡献位移与噪声水平相当时,测站分布密度沿走向和倾向至少为两倍子断层长和宽时,顾及平滑约束和先验信息约束的网络卡尔曼滤波反演能够得到正确的断层滑移时空分布。

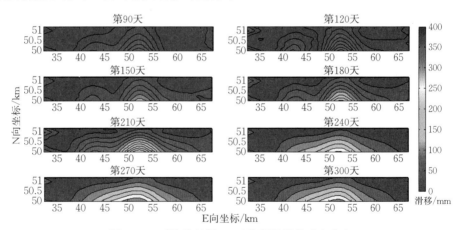

图 7.28   反演的每隔 30 天的断层滑移时空分布

模拟二,设置噪声水平同模拟一,增加观测站点的分布密度为原来的两倍,即沿走向和倾向的分布间隔约等同于子断层的长和宽,如图 7.29 所示。反演的每隔 30 天滑移分布如图 7.30 所示。由图 7.30 可知,滑移空间分布稍精细些,但整体提高并不明显。滑移时间演变过程同模拟一。由此得出,当断层滑移贡献位移与噪声水平相当时,测站分布密度沿走向和倾向为两倍子断层的长和宽时,已能得到正确的断层滑移时空分布,若增加测站分布密度,提高并不显著。

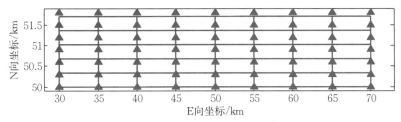

图 7.29　断层划分与测站分布

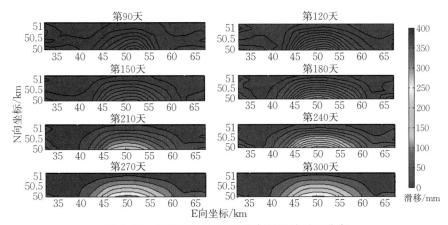

图 7.30　反演的每隔 30 天的断层滑移时空分布

　　模拟三,点位分布密度同模拟二,噪声放大一倍,合成地表位移时间序列,进行反演,反演结果与图 7.30 差别不大,仍能够得到正确的断层滑移时空分布及其演化特征。可见,当测站分布密度增大时,GNSS 网络卡尔曼滤波反演模型能够有效提高反演信噪比,甚至能够容忍 SNR<1 的情况。

　　通过上述模拟实验表明,当断层滑移贡献位移与噪声水平相当时,测站分布密度沿走向和倾向为两倍子断层的长和宽时,已能反映出正确的断层滑移时空分布,当断层滑移贡献位移与噪声水平相当、增加测站分布密度时,反演结果提高并不显著。但是,在噪声放大的同时,增加测站分布密度,可有效提高反演信噪比,甚至适用于信噪比低于 1 的情况。由此,结合 GNSS 位移解算精度和所要检测的断层滑移大小与分布,可选择最优的 GNSS 站点布设方案,或根据现有的 GNSS 站点分布,选择最优的子断层划分。

　　可见,基于 GNSS 网络位移时空序列的卡尔曼滤波反演模型,能够有效分离空间不相关的噪声和空间高相关的断层形变,准确估计断层滑移时空分布及演变特征。

7.3.3　实例分析

　　墨西哥西南部格雷罗州 2006 年发生了慢滑移事件,断层几何参数如表 7.3 所示,断层划分如图 7.23 所示。采用覆盖断层区域地表的 15 个 GNSS 台站自 2006 年 1 月至 2007 年 3 月即有着共同的观测时间的观测数据(图 7.17),对所有测站 N、E、U 向位移时间序列分别进行了预处理,包括粗差和空间共模误差的去除。利用 GNSS 网络卡尔曼滤波反演模型得到所有子断层每隔 50 天的断层滑移时空分布,如图 7.31 所示。反演所得所有子断层滑移时间序列如图 7.32 所示,反演结果中误差如图 7.33 所示。由图 7.31 可知,从断层滑移时间分布上看,自 2006 年 2 月开始,滑移量发生明显变化,之后以平均 170 mm/a 的速度逐渐增加,至 2007 年 1 月滑移结束,此时达到了最大滑移量,约为 200 mm。从空间分布上看,滑移高值区域主要分布于以西经 99.9°、北纬 17.5° 为中心,约以 70 km 为半径范围内。从滑移方向看,滑移类型以逆冲为主,伴有少量走滑。随着时间的变化,从 2006 年 5 月开始,断层滑移由右旋逐渐演变为显著的左旋特征。由图 7.32 可知,可以看出此次滑移事件是从 2006 年 2 月开始,之后滑移速率发生明显变化,滑移量逐渐增加。在 2006 年 7~9 月,滑移速率达到了最大值,约为 300 mm/a,之后滑移速率开始逐渐衰减,至 2007 年初滑移结束,此时达到了最大滑移量。卡尔曼滤波反演结果与 7.2.2 节主成分反演结果(图 7.24)相一致。由图 7.33 可知,反演所有子断层滑移中误差优于 3 mm,说明卡尔曼滤波反演模型拟合效果较好,内符合精度较高。

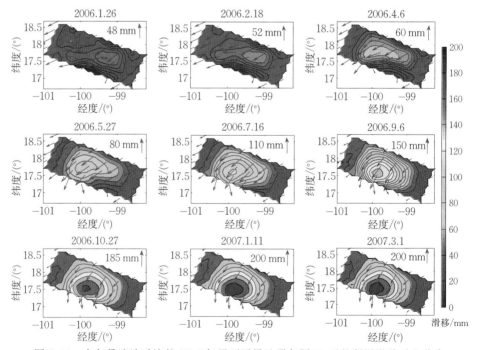

图 7.31 卡尔曼滤波反演的 2006 年墨西哥慢地震每隔 50 天的断层滑移时空分布
(箭头表示走向与倾向滑移的合成)

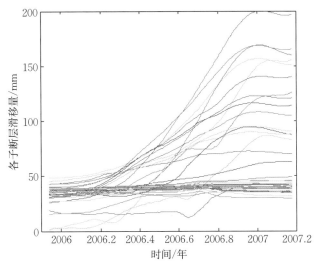

图 7.32　卡尔曼滤波反演 2006 年墨西哥慢地震
所有子断层滑移时间序列

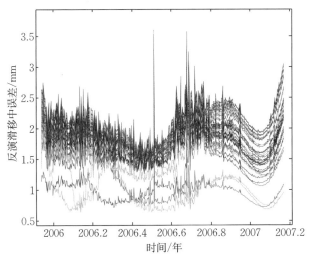

图 7.33　卡尔曼滤波反演 2006 年墨西哥慢地震断层
滑移中误差

在进行 GNSS 网络卡尔曼滤波反演之前,需要对 GNSS 数据进行预处理,如
剔除粗差、补齐缺失数据、修正阶跃项、去除共模误差等。文中反演模型是基于均
匀弹性半空间介质线性位错模型,仅反演断层滑移分量。前提是需要一定的断层
几何参数和滑移特征作为先验信息。反演震后余滑时空分布还需要考虑层状模型
来计算黏弹性形变等。当断层细分时,待估参数个数将远大于观测值个数,顾及不
同约束条件极其关键。当观测方程较少或参数之间相关性较强时,为保持解的稳

定性,要尽量减少参数个数和附加一定的约束条件。在保持参数求解稳定的情况下,考虑更多的误差改正反演效果将会更好。因为唯有尽可能去除各种相关非构造形变信号,才有可能检测慢地震或无震蠕滑等更微弱的断层形变信息,揭示更为精细的断层滑移特征及演变过程。

7.4　本章小结

以活动断层带为研究区域,利用 GNSS 网络时空数据,集断层形变检测与反演于一体,构建了基于 GNSS 时序主成分和基于 GNSS 网络卡尔曼滤波的断层无震蠕滑时空反演模型。鉴于断层滑移引起的地表位移具有强空间相关性的特点,对活动断层地表位移作主成分时空响应分析,能够抓住时空高相关的断层滑移的主要信息,有效减弱了空间不相关的噪声(随机游动和白噪声)的影响。分析得出了断层滑移类型及演化特征与地表位移主成分时空响应分布密切相关。由地表位移时间序列时间响应变化率来判断断层走向滑移速率及演化过程,由空间响应程度的梯度、方向和对称性可判断活动断层的分布与特征。通过 2005 年苏门答腊 Mw 8.6 级地震震后余滑动和 2006 年墨西哥慢地震等无震蠕滑事件的分析表明,模拟试验得出的断层滑移特征与地表时空响应之间的关系及规律,可用来揭示震后余滑与慢滑移等无震蠕滑事件的活动断层滑移时空分布特征,能够为下一步进行精细的断层活动参数的反演提供至关重要的先验信息和约束条件。

根据地表位移主成分时间响应与断层滑移主成分时间演变特征具有一致性的规律,顾及拉普拉斯平滑约束,基于连续、各向同性、弹性半无限空间中有限矩形断层位错理论,先由地表位移空间主成分反演断层滑移空间主成分,再与地表位移时间主成分相结合,构建了主成分反演模型,实现了断层滑移时空分布的快速反演。以 2005 年苏门答腊 Mw 8.7 级大地震震后滑移和 2006 年墨西哥格雷罗州慢滑移事件为例,快速反演了断层滑移时空分布,反演结果与有关学者研究一致。主成分反演模型存在的不足是,只能反演得到整个时间过程的滑移主方向,不能具体看到滑移方向随时间的演化过程。GNSS 网络卡尔曼滤波反演方法,根据断层形变具有高空间相关性的特点,利用整个 GNSS 网络一起参与反演断层滑移,可有效分离空间不相关的噪声,突出空间高相关的断层形变。通过大量模拟试验得出,当断层滑移贡献位移与噪声水平相当时,测站分布密度沿走向和倾向为两倍子断层的长和宽时,已能反映出正确的断层滑移时空分布。若增加测站分布密度,反演结果提高并不显著,但增加测站分布密度,能有效提高反演信噪比,甚至适用于信噪比低于 1 的情况。由此,结合 GNSS 位移解算精度和所要检测的断层滑移大小与分布,可选择最优的 GNSS 站点布设方案,或根据现有的 GNSS 站点分布,选择最优的子断层划分。以 2006 年墨西哥格雷罗州慢滑移事件为例,利于网络卡尔曼滤波反演模型获得了断层滑移时空分布,反演结果与主成分反演模型结果一致。研究表明,在断层带地表 GNSS 台站分布合理且数量足够的情况下,基于主成分反演模型和网络卡尔曼滤波反演模型均能够很好地检测并反演震后余滑和慢地震等无震蠕滑的断层破裂过程与演变特征。

第8章　高频 GNSS 单历元解算与形变监测及预警

随着 GNSS 观测精度和处理方法的不断改进和提高,高频(1 Hz)和超高频(20~50 Hz) GNSS 接收机的相继出现,GNSS 的观测精度和对形变谱的敏感性朝着测量地壳动态瞬时变化的方向不断改进,目前已经出现大地测量学和地震学观测谱范围逐渐合并的趋势。

不间断观测的高频 GNSS 接收机,结合高速通信传输和高效率的 GNSS 数据处理软件,使得 GNSS 接收机已逐渐成为实时监测地壳运动的 GNSS 地震仪,GNSS 地震仪对以记录速度和加速度的地震仪起到了重要的补充作用,缩小了地震学和大地测量学研究的频带界限。由于 GNSS 不仅可以观测到周期小于 1 s 的位移量,而且可以检测到超长周期的地壳运动,没有限幅的约束,所以,采用高频 GNSS 接收机一方面可观测到大动态的静态位移,另一方面可以观测到大震震时动态位移,为研究地震的破裂过程、地壳介质的非均匀特性和地震前后地壳形变短期变化过程提供了多窗口检测的工具。目前先进的 GNSS 接收机能够以 50 Hz 的采样频率进行观测,加之单历元 GNSS 处理技术的逐渐成熟,GNSS 观测技术已经发展为一门新的学科——GNSS 地震学(GNSS seismology)。

GNSS 高频数据的观测研究拓展了 GNSS 在地震学中的应用范围。主要体现为:在研究震源方面,高频采样对强地面运动提供了精确的记录,并且直接计算地震过程中的动态位移;高频采样能够扩充现有应变仪器的动态范围,可记录中等地震过程及地震刚发生后一段时间的动态位移时间序列;相对传统的地震仪器,GNSS 地震仪不存在漂移、仪器限幅和仪器定向安装不准确的问题,对任意大的静态和动态位移都可以进行直接的观测,而且观测精度随位移幅度的增大而提高。

近年来,随着经济的快速发展,兴建了大量高层建筑、大跨度悬索桥等高耸和大跨度建筑物。在强风、地震、温度变化等作用下,这些建筑物极易发生过大的变形。因此,需要对结构性能进行实时的监测和诊断,及时发现结构损伤,对可能出现的灾害进行预测,评估其安全性。结构振动的频率和振幅是评价健康状况的重要指标,它由两方面组成,结构本身的振动和外部荷载如风力、地震和日照等引起的振动和变形。为了测定结构振动的特性,通常采用加速度计、激光干涉仪和测距仪等方法。加速度计通过两次积分将加速度转换为位移量,但在 0~0.02 Hz 积分无意义,难以测出低频成分(0.01~0.20 Hz),而这个频段包含了结构体本身固有的频率范围;激光干涉仪和测距仪不适用于实现受阻或天气恶劣条件。所有这些技术在准确性、实时性和自动预报等方面不能满足大型构造物动态监测的要求。随着 GNSS 采样频率的提高,GNSS 已经被证实成为高大建筑动态监测的一项有效手段,它能够不受天气影响,可以获得连续的测站坐标时间序列数据,并且定位精度水平分量在 1~2 mm,垂直分量在 3~4 mm,展示了 GNSS 技术在监测动态形变特征方面的应用前景。高频 GNSS 能直接测定更低频率结构的振动。高频(1 Hz)和超高频(20~50 Hz)GNSS 定位技术得到了进一步的发展,它可应用于地震学、火山学、气象学和地震工程学等领域,有着巨大的应用前景。在 GNSS 测量中,定位误差来源可分为三类:一是与卫星有关的误差,如卫星钟误差、星历误差、相对论效应;二是与信号传播有关的误差,如电离层延迟、对流层延迟、多路径效应;三是与接收机有关的误差,如接收机钟误差、接收机位置误差、接收机的测量噪声。短基线相对定位,组成双差模型可基本消除卫星、接收机、电离层、对流层等误差,剩下的主要是多路径效应和测量噪声,其影响可达到厘米量级,这足以淹没结构振动。

Loves 等(1995)在国际上首次采用 GNSS 接收机对艾伯塔省西部高达 160 m 的卡尔加里塔进行了强风下的振动测量,测得南北、东西方向的振动频率均为 0.3 Hz,没有超出允许的 0.1~10 Hz 范围,证实了 GNSS 可作为一种建筑物风振测量的标准方法。Breuer 等(2002)对斯图加特电视台进行了现场监测,分别采用事后动态相对定位的方式研究了电视台在太阳辐射和空气温度改变耦合作用下电视台的位移变化,以及采用实时动态定位的方式研究了电视塔在弱风作用下的振动情况。Celebi 等(2002)对洛杉矶一幢 44 层的楼房在风荷载和交通噪音的环境振动下的位移进行了测量,尽管当时结构只有很小的振幅,并且信噪比较低,但仍确定出了结构的基频。Tamura 等(2002)对一个 108 m 高的钢塔进行了强风观测和温度形变监测,结果发现在风速较高的范围内,平均位移几乎与平均风速的平方成比例增长,而无风条件下塔顶最大位移达 4 cm,运动轨迹近似为圆形。希腊帕特雷大学的 Nickitopoulou 等(2006)针对 GNSS 定位中的 RTK 与 PPK 模式,对其精度及粗差率进行了统计分析得出数据粗差水平为 1.5%,水平与竖直方向定位精度为 15 mm 与 35 mm,能确定的频率范围为 0.1~2 Hz。钱稼茹等(1998)在国内对高达 325 m 的深圳地王大厦进行了强台风下的实测,得到结构东西和南北方向的主振频率为 0.174 Hz 和 0.205 Hz,脉动测试结果为 0.175 Hz 和 0.20 Hz,吻合很好。Chen 等(2002)利用采样率为 10 Hz 的双频 GNSS 接收机对地王大厦进行了为期两天的振动测量,利用小波滤波及多分辨分析技术对监测结果进行了去噪滤波与长周期的多路径效应误差分离处理,从 GNSS 监测结果中能够发现 1~2 mm 的微小结构振动。此外,黄声享(2005)也对小波分析方法在高层结构动态监测中的应用进行了研究。

本章针对 GNSS 高频多天连续观测数据,在单历元解算的基础上,研究了两大主要误差源多路径误差和测量噪声的特性及其影响规律,并进行了相应的消除和分离,最终提取了微形变信息。为了避免或减少形变对人身安全和国民经济造成的损失,对形变监测数据进行科学的分析处理,利用统计的方法进行分析研究,发现了形变特征及其在时间和空间的变化规律。基于高阶谐函数构建了形变监测的位移模型,实现了形变异常的实时预警。研究结果表明,短期预报结果与真实监测值相比较,均方根误差水平方向优于±3 mm,垂直方向优于±7 mm。实现了形变动态监测模型化,可用于形变异常预警。

8.1 监测方案设计

设计监测网络由基准站、监测站和参考站构成,图形几何结构强,具有良好的自检能力,其示意图如图 8.1 所示。

以同济大学测绘与地理信息学院楼顶上的接收机作为基准站 SGG,周围环境情况:四周有钢制围栏,西侧和南侧距离 50 m 有高楼;以高约为 100 m 的上海同济大厦 25 层楼顶接收机作为监测站 TJA,周围视野开阔。两者基线长约为 489 m,如图 8.2 所示。观测仪器采用 UR240-CORS-Ⅱ BD2/GNSS 双系统三频高精度接收机。观测时间从 2012 年 11 月开始至今实施连续观测,设置采样频率 1 Hz,卫星截止高度角 10°。对高频 GNSS 数据采用双差模型,仅用 L1 观测值并引入精密星历,通过离散卡尔曼滤波算法实时单历元动态解算,获取了监测站 TJA1 长时间位移连续时间序列(徐克科 等,2014b)。位移序列中主要包含有楼房振动信息、多路径效应、随机噪声及 GNSS 本身固有误差等。

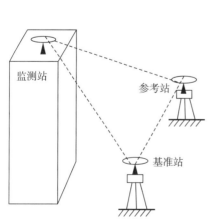

图 8.1 监测方案示意

图 8.2 测站实景

8.2　高频 GNSS 单历元解算

GNSS 高频数据处理可以利用大多数 24 h 平均定位的计算模块，但是估计的方法有变化。例如，当解算 24 h 的平均位置时，一般每一对测站和卫星的组合估算一个相位模糊度，其弱点是如果模糊度解算不成功，则定位结果很差。从已有研究结果来看，GNSS 高频数据处理一般都采用选择一个测站作为参考站，其位置约束到某一个参考框架上，然后解算其他测站的坐标。虽然理论上观测网中的任何测站都可以作为参考点，但是参考站的运动特征需要在处理时给予说明，否则，所有测站的坐标都将是相对的，而不是绝对的坐标。一旦参考站确定，就可以在每个历元解算其他测站的坐标，其坐标的先验约束一般给予 100 m 的松弛约束，其他估计的参数包括卫星钟差、接收机钟差、天顶对流层延迟参数和相位模糊度，所有参数作为白噪声随机过程进行估计。目前三个高精度 GNSS 数据处理软件（GLOBK、Bernese 和 GIPSSY）都可以进行单历元数据处理。GLOBK 软件的 TRACK 运动学分析模块，Bernese 软件运动学坐标解算模块，都是选取一个参考站进行差分定位。GIPSSY 软件的高精度运动学数据处理方法可用于处理相对于参考站的坐标，并需要一个基站提供时钟参考。

以 Bock Y 为代表的美国 Geodetics 公司在深入研究单历元算法的同时，研制了相关的商业软件，并申请了专利。其数据处理方法称为瞬时定位方法（instantaneous positioning），瞬时定位方法与静态和实时差分方法的主要区别是能够利用单历元观测数据解算模糊度。瞬时定位既可以用实时处理方法来实现，也可以通过后处理方法实现，与传统的多历元静态和动态处理方法相比，这种方法更精确，而且更加灵活。经过对比研究，采用单历元方法估计的日坐标比采用 24 h 观测数据估计的坐标精度提高了 20%～50%。

单历元快速定位算法的特点是每一个历元都解算一个模糊度，因而不需要探测周跳。其优点在于：提供瞬时初始化和再初始化，而典型的实时差分定位则需要 30～45 s 时间的初始化；不受周跳和接收机失锁的影响；与多历元定位和实时差分定位方法相比，更容易探测到坏的数据块，并舍弃掉这些数据。相对多历元处理方法，多个单历元的稳健估计提高了点位坐标的精度。高效率的算法能够实现对 50 个以上高频接收机组成的观测网络进行快速定位。

采用单历元进行坐标计算，其精度受到系统误差的影响，研究高频 GNSS 计算结果的精度及如何改进算法，提高坐标解算精度是十分关键的。Ji 等（2004）分析认为，1 Hz GNSS 数据计算的 E—W 向、N—S 向和垂直向的位移的标准差为 3 mm、7 mm 和 11 mm。利用振动台模拟地震动态实验分析，Elósegui 等（2006）发现 1 Hz GNSS 观测数据的精度可优于 5 mm。Langbein 等（2004）认为，对于南加州 GNSS 观测网,利用恒星日滤波(sidereal filtering)方法可以提高观测结果的精度,利用几秒至几个小时的观测数据,1 Hz GNSS 观测数据可以在 99% 的置信水平估计幅度大于 6 mm 的水平位移。通过解算卫星轨道重复性,并改进恒星日滤波方法用于 1 Hz GNSS 坐标序列分析估计,可以显著提高低频部分(0.001~0.04 Hz)精度。Larson 等(2007)分析了卫星轨道的重复性特征,提出了方位重复时间调整(ARTA)滤波方法,对南加州 GNSS 网 12 h 观测长度的时间序列,NS 分量精度由 8.2 mm 提高到 5.1 mm,EW 分量由 6.3 mm 提高到 4.0 mm。通过 stacking 空间滤波方法,精度进一步提高到 3.0 mm 和 2.6 mm。根据目前的观测和研究结果,高频观测数据在垂直方向的定位精度比水平方向低 3~5 倍。

为了能够比较和验证结果的可靠性,采用多天连续观测数据。其中,以 2013 年 3 月 13~16 日(年积日为 072、073、074、075)连续四天的数据为例。通过 TEQC 软件分别进行了数据质量评定和预处理。其中,072 天 TJA1 站数据总历元为 86 399 个,实际记录观测量个数为 726 364 个,数据利用率为 95%,平均高度角是 39.6°,观测值与周跳个数的比值为 475,P1、P2 多路径影响的 RMS 分别为 0.23 m 和 0.26 m。072 天 CHXY 站,实际记录观测量个数为 752 951,数据利用率为 99%,平均高度角是 38.6°,观测值与周跳个数的比值为 1 530,P1、P2 多路径影响的 RMS 分别为 0.38 m 和 0.35 m。计算两站所有可视卫星 P1 多路径影响,结果如图 8.3 所示,其中的不同颜色代表不同卫星的多路径效应。

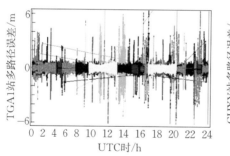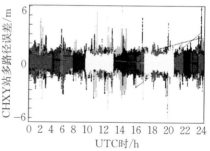

图 8.3　年积日 072 天两站的多路径效应

由图 8.3 可知,CHXY 站多路径效应较 TJA1 站影响严重。这是因为 TGA1 站地势较高,视野开阔,受多路径影响小,而 CHXY 站周围有高楼和钢制框架影响,因此受多路径影响严重。

GAMIT 是 GNSS 数据后处理与分析软件,TRACK 是 GAMIT 的一个动态定位模块,利用 TRACK 对实测数据处理的目的在于单历元的解算。其定位结果得到测站每个历元的三维坐标差及单位权中误差,从而获得移动测站的运动轨迹。对于本文采集数据,采用双差模型 L1 观测值、引入精密星历,对多天数据进行单历元解算。获得监测点 TGA1 相对于基准点 CHXY 在 WGS-84 坐标系下每个历元的三维大地坐标(B,L,H)。然后进行投影变换,将大地坐标(B,L,H)变换为站心地平坐标系坐标(N,E,U),从而获取了监测站 TJA1 站多天连续位移时间序列,其中的四天结果如图 8.4 所示。

　　由图 8.4 可以看出,N、E 分量偏差在$-10\sim10$ mm,主要集中于$-5\sim5$ mm 部分。U 分量位移偏差在$-20\sim20$ mm,主要集中在$-10\sim10$ mm 部分。其中,072 天 N、E、U 方向均方根误差分别是 3.09 mm、2.21 mm 和 6.00 mm。这样的位移曲线结果符合动态 GNSS 测量的正常精度,表明 GNSS 观测质量是好的,数据处理结果可靠。解算其他的观测数据,多天的位移时间序列精度相当,位移波动形态相似。可见,每天存在很强的相关性,具有周日重复性。初步认为,波动较大的部分可能就是 GNSS 多路径效应或是楼房结构振动信息。

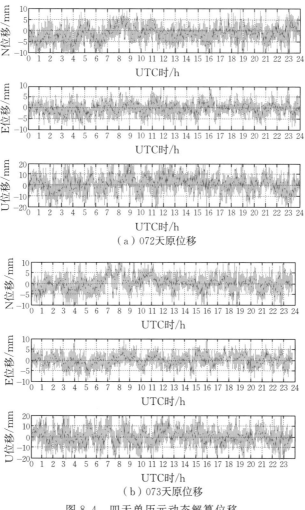

（a）072天原位移

（b）073天原位移

图 8.4　四天单历元动态解算位移

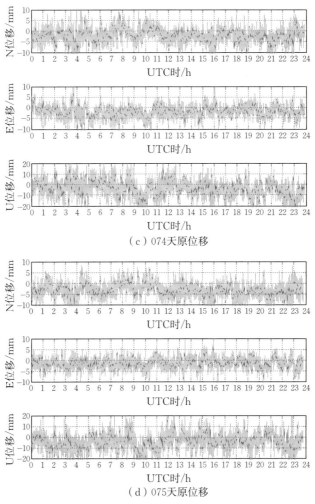

（c）074天原位移

（d）075天原位移

图 8.4（续）　四天单历元动态解算位移

8.3　GNSS 时序误差处理

8.3.1　多路径效应消除

多路径效应误差是指在 GNSS 测量定位中,接收机天线除直接接收到 GNSS 卫星信号之外,还可能接收到经观测站周围发射物的发射再传播过来的信号,两种信号产生干涉,从而使观测值偏离其真值而产生的误差,这种现象称为多路径效应。这种误差较为复杂,因其随观测站周围环境的不同而变化。根据有关资料可知,多路径效应误差对观测值的影响有时可达米级,若天线处于多反射环境中,其影响值甚至会更大。而且严重时还会导致卫星信号的失锁,从而使载波相位测量产生周跳。多路径效应误差是 GNSS 测量定位中的重要误差源之一。

在 GNSS 测量定位中,多路径效应误差的大小取决于反射物离测站的距离和反射系数(取决于反射的材料、形状及表面粗糙程度等)及卫星信号的方向等各种因素。迄今为止,尚无法建立准确的误差改正模型。多路径效应的影响,一般包括常数部分和周期性部分,其中常数部分,在同一地点将会日复一日地重复出现。现在,多路径效应清除较为有效的办法是进行恒星日滤波。

GNSS 卫星轨道运行周期为 12 h 恒星时,如果接收天线的位置固定,则卫星与天线相位中心的相对几何位置理论上会在第二天提前 236 s 的时刻与前一天的环境几何构形相同,对于站点位置固有的误差,如多路径效应等噪声将会重复出现。根据这个特性,可利用连续两天同时段的重复观测消除重复性噪声。卫星空间分布相对于接收机的几何构形是随时间而改变的,需先确定 GNSS 卫星星座的实际轨道周期,最简单且直接的方法就是利用长期 GNSS 卫星接收站每日接收的广播星历求得。

根据广播星历,由开普勒第三定律,卫星运动周期的平方与轨道椭圆长半轴的立方比值为一常数。得卫星平均角速度为

$$n = \sqrt{\frac{GM}{A^3}} + \Delta n \tag{8.1}$$

$$GM = 3.986\ 004\ 7 \times 10^{14}\ \text{m}^3/\text{s}^2 \tag{8.2}$$

式中,A 为卫星轨道椭圆长半轴;Δn 为平均角速度摄动参数,可由导航文件得到。

因 GNSS 卫星轨道周期为 12 h 恒星时,如果是在开普勒轨道情况下,每日两回的轨道周期理论应提前 236 s 回到原空间位置,但是由于美国国防部并未将卫星的轨道周期约束为恒星周期,而是把地面跟踪站设定为固定站,所以导致卫星每天的实际轨道周期并不完全一致,需要进行修正。GNSS 卫星经过一日的时间将绕行地球两周,因此定义卫星运行两周的时间为轨道重复周期 T,即

$$T = 4\pi/n \tag{8.3}$$

根据测站接收到的卫星星座进行周期分析,将一天分为 12 个时段,计算各时段站点所接收到的卫星星座的平均运动周期相对于 24 h 的变化值。其中,072 天各时段所有可见卫星平均轨道周期如图 8.5 所示。

由图 8.5 可见,站点观测到的卫星星座的轨道平均运行周期在 1 天内有所差异。这主要是受卫星星座随地月引力场时空变化不均和受地面控制中心的调控影响。所以利用平均全天的一个卫星轨道运

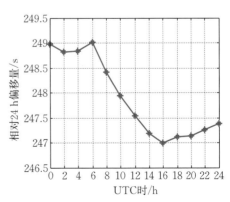

图 8.5　年积日 072 天各时段轨道周期

动周期值并不能完全适应每个时段。需要利用不同时段观测到的卫星星座的轨道周期来对恒星日滤波进行修正。

　　根据测站接收到的卫星星座进行周期分析,得出不同时段最佳的平均轨道周期值。利用不同时段卫星轨道运行周期值进行改进恒星日滤波,对相邻两天的结果进行平移和差分,消除其重复性噪声。数据以年积日 073 天为参考,分别对年积日 072 天、年积日 074 天、年积日 075 天的单历元监测形变结果进行了滤波叠置消除多路径,其结果如图 8.6 所示。由图 8.4 和图 8.6 对比可以看出,多路径去除后少了一些长周期项,位移时间序列更加平稳,主要以随机误差为主。

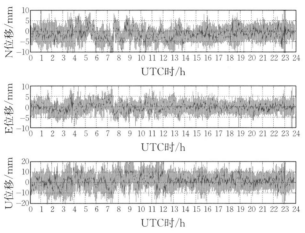

图 8.6　年积日 072 天去多路径后位移

　　为研究多路径影响程度,把多路径消除前后的位移时间序列通过傅里叶变换转换到频率域,并进行了对比,072 天结果如图 8.7 所示。

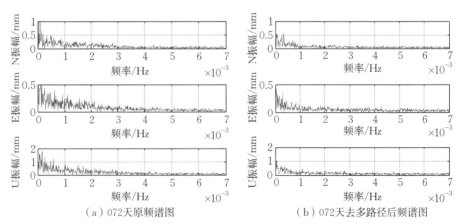

（a）072天原频谱图　　　　　　　　　　　（b）072天去多路径后频谱图

图 8.7　多路径消除前后频谱图

由图 8.7 可见,0～0.28×10⁻³ Hz 频率区间得到了有效消除。而多路径效应频率范围一般为 $8×10^{-4}～8×10^{-2}$ Hz,可见,去除的 $0～0.28×10^{-3}$ Hz 范围符合多路径效应的频率范围。多路径去除后 N、E、U 方向均方根误差分别是 2.44 mm、1.89 mm 和 5.08 mm,比去除前分别提高了 21%、12% 和 15%。

8.3.2　去　噪

经多路径消除后的主要误差是随机噪声,由图 8.7 去多路径后频谱图可以看出,有用信号主要集中在低频 $0～3×10^{-3}$ Hz 内,而白噪声主要分布在大于 $3×10^{-3}$ Hz 的高频范围且均匀分布,分别设置 N、E、U 分量滤波阈值为 $1.399×10^{-3}$ Hz、$2.107×10^{-3}$ Hz 和 $0.422\,4×10^{-3}$ Hz,进行低通滤波,消除高频随机噪声。

8.4　形变信息提取

经去除多路径效应误差和噪声后提取的连续三天的位移时间序列如图 8.8 所示。结果表明,多天解算结果精度相当。其中,072 天 N、E、U 方向均方根误差分别是 1.56 mm、1.07 mm、2.96 mm,相比去噪前分别提高了 36%、43%、41%。

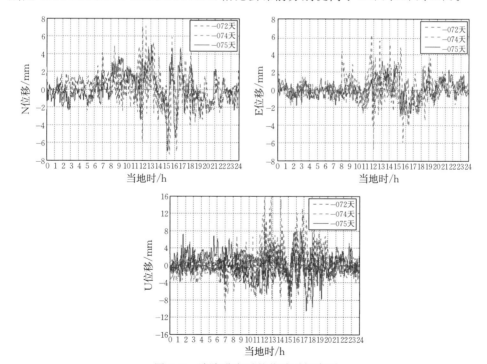

图 8.8　消除噪声后的位移时间序列

从图 8.8 可以看出，多天位移时间序列，振动形态一致。在当地时 7 至 22 时期间，N、E、U 三分量位移摆动幅度明显，在当地时 22 至 7 时期间，三分量位移波动平稳。非常巧合的是，高楼正下方有地铁 10 号线在此经过，其运营时间是 6:20—22:07。初步分析认为，运营期间地铁的过往可能会对高楼造成一定影响，使位移摆动幅值明显增大。同时，也可能伴随温度变化的影响。另外，N 方向即南北方向位移时间序列整体上明显大于 E 方向即东西方向位移时间序列。分析认为，地铁是南北方向经过，因此，建筑物受震动的影响是以其沿线方向大于其他方向振动的规律出现。在当地时 22 至 7 时即地铁停运期间依然有微小波动，水平方向为 −2~2 mm，垂直方向为 −4~4 mm。分析认为，可能是因为观测噪声没有完全消除所致。因此得出：在消除多路径效应和观测噪声后，探测楼房结构振动信息的精度，水平方向为 ±2 mm，垂直方向为 ±4 mm。

8.5　形变模型构建及预警

长时间序列会有明显的增长或衰减趋势和周期性趋势。可以认为这样的时间序列是由三部分组成，即

$$X(t) = L(t) + S(t) + y(t) \tag{8.4}$$

式中，$X(t)$ 表示位移时间序列；$L(t)$ 表示线性趋势分量，它反映了 $X(t)$ 的变化趋势；$S(t)$ 表示周期分量，它反映了 $X(t)$ 的周期性变化；$y(t)$ 是随机漫步噪声分量，它反映了随机因素的影响。根据式(8.4)，如果能估计和提取固定分量 $L(t)$ 和 $S(t)$，就能研究残余分量 $y(t)$。为 $y(t)$ 建立一个恰当的模型，然后利用 $L(t)$ 和 $S(t)$ 根据最小二乘预测时间序列 $X(t)$。　建立模型为

$$X(t) = c + bt + \sum_{i=1}^{n} \left(\lambda_i \sin\left(\frac{2\pi}{T_i} t + \theta_i \right) + y(t) \right), (t = 0 \sim 24 \text{ h}) \tag{8.5}$$

式中，c 和 b 为线性函数常数项和一次项系数，n 表示谐函数阶数，T 表示周期，θ 表示相位偏移量，λ 表示振幅。式(8.5)表明，只要位移序列具有明显的周期，就可以通过式(8.5)进行位移量的模型化。本文拟通过对 2012 年 11 月 6 日—2013 年 1 月 5 日 61 天的位移观测的分析研究，确定该位移观测量的变化周期，然后求解各周期性对应的振幅与相位时间序列，研究其特性，以达到位移量的模型化。

8.5.1　周期项的确定

长时间序列显著周期项直接决定着谐函数的阶数。为了更详细地研究位移的特性，通过快速傅里叶变化(FFT)，进行周期性分析，找出位移显著的周期。为更加准确且合理地进行位移的模型化提供准备，分别构成北、东、上(N、E、U)三方向

位移显著的前六个周期项时间序列,如图 8.9 所示。

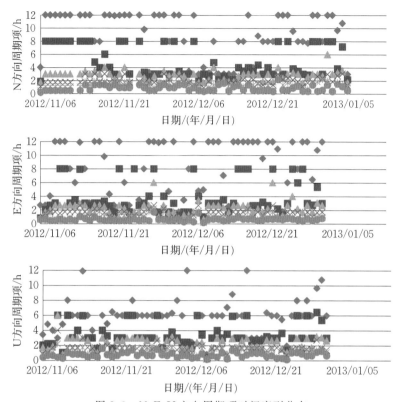

图 8.9　N、E、U 方向周期项时间序列分布

　　从图 8.9 可以看出,N、E、U 方向位移量具有明显且稳定的周期。N 方向最为明显的周期有 12 小时、8 小时、3 小时、2 小时 ;E 方向最为明显的周期有 12 小时、8 小时、3 小时、1.5 小时、0.5 小时;U 方向最为明显的周期有 6 小时、3 小时、1.5 小时、0.5 小时。确定周期项,基于模型函数,通过最小二乘拟合解算模型参数(线性项系数 c、b,以及振幅 λ 和相位 θ),由此构建位移模型。模型估计结果与实际观测位移相比较,差异较小。N、E、U 三方向每天均方根误差(RMS)分布如图 8.10 所示,由图 8.10 可以看出,模型结果 RMS 在 N、E 方向优于 2.5 mm,U 方向大多优于 8 mm。由此可以得出,确定的共同周期项所建位移模型与实际观测吻合较好,能够代表大厦整个位移时间序列。

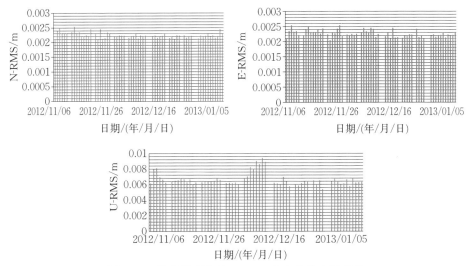

图 8.10　位移模型估计 N、E、U 方向的均方根误差

8.5.2　振幅项的确定

基于确定的周期，可以解算得到 N、E、U 三个方向所对应的振幅时间序列，结果如图 8.11 所示。由图 8.11 可见，振幅整体变化较小，N、E 方向振幅变化在 0.001 m 范围内波动，U 方向振幅变化在 0.002 m 范围内波动。根据振幅时间序列，采用不同拟合模型，对振幅趋势进行拟合，并对不同拟合结果进行比较。结果表明，采用如下 n 阶多项式拟合残差较小，即

$$\lambda_t(t) = a_0 t^n + a_1 t^{n-1} + \cdots + a_{n-1} t + a_n \tag{8.6}$$

式中，$a_0, \cdots, a_n$ 是多项式系数，t 是时间（以天为单位）。

振幅趋势拟合精度如表 8.1 所示，由表 8.1 可知，振幅拟合均方根误差，N、E 方向优于 0.22 mm，U 方向优于 0.61 mm。说明拟合效果很好，可以用此拟合模型进行相应振幅的估计。

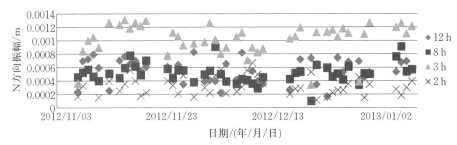

图 8.11　N、E、U 方向共同周期项所对应的振幅时间序列

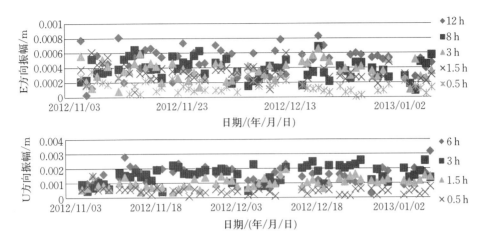

图 8.11(续) N、E、U 方向共同周期项所对应的振幅时间序列

表 8.1 N、E、U 方向振幅、相位趋势拟合精度

	周期/h	12	8	3	2	
N	振幅-RMS/m	2.212×10^{-4}	1.851×10^{-4}	1.224×10^{-4}	1.021×10^{-4}	
	相位-RMS/rad	0.315	0.332	0.341	0.251	
	周期/h	12	8	3	1.5	0.5
E	振幅-RMS/m	1.895×10^{-4}	1.221×10^{-4}	1.117×10^{-4}	1.063×10^{-4}	6.369×10^{-5}
	相位-RMS/rad	0.272	0.283	0.254	0.189	0.221
	周期/h	6	3	1.5	0.5	
U	振幅-RMS/m	6.024×10^{-4}	6.061×10^{-4}	4.425×10^{-4}	3.612×10^{-4}	
	相位-RMS/rad	0.212	0.225	0.232	0.236	

8.5.3 相位项的确定

模型解算所得 N、E、U 三方向共同周期项所对应的相位时间序列如图 8.12 所示。由图 8.12 可以明显看出,每个周期项的相位变化有一定的规律,即非常明显的线性变化特征,相位都是从 0 线性递增至 2π 即一个周期,然后再回到 0,再将线性增加到 2π,周而复始,不断循环。每个周期的相位变化可用如下线性函数进行拟合,即

$$\theta_i(t) = b_0 + b_1 t \tag{8.7}$$

式中,b_0 是常数,b_1 是相位的变化速度。

相位趋势拟合精度如表 8.1 所示。由表 8.1 可知,相位拟合均方根误差优于 0.342 弧度。说明拟合效果很好,可以用此拟合模型进行相应相位的估计。

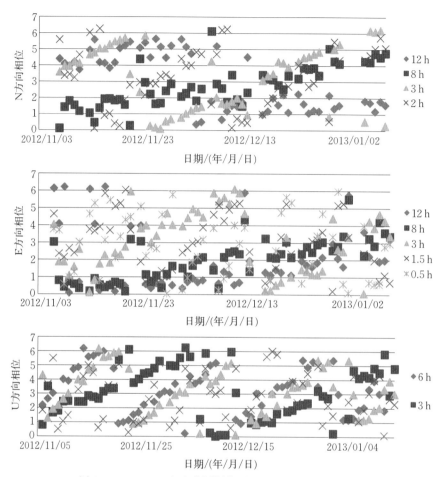

图 8.12　N、E、U 方向共同周期项所对应的相位时间序列

8.5.4　线性项系数的确定

模型解算所得 N、E、U 方向线性函数项系数 c 和 b 的时间序列,如图 8.13 所示。

由图可见,c 变化区间很小,N、E 方向 c 波动幅度在 0.002 m 范围之内,U 方向 c 波动幅度在 0.01 m 范围之内。b 变化区间更小,N、E 方向位移在 $-1\times10^{-6}\sim$ 1×10^{-6} m 上下波动,U 方向位移在 $-2\times10^{-6}\sim2\times10^{-6}$ m 上下波动。为使其更符合实际趋势,通过 c、b 的时间序列采用 n 次多项式拟合,同振幅拟合方法。拟合精度如表 8.2 所示。由表 8.2 可知,N、E 方向 c 拟合均方根误差优于 0.68 mm,b 拟合均方根误差优于 3.38×10^{-4};U 方向 c 拟合均方根误差优于 2.2 mm,b 拟合均方根误差优于 1.24×10^{-3} mm。说明 c、b 拟合精度较高,可以用此拟合模型进

行 c、b 值的估计。

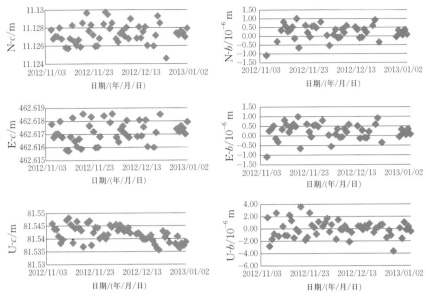

图 8.13　N、E、U 方向线性函数项系数 c、b 的时间序列

表 8.2　c、b 趋势拟合精度

	c-RMS/m	b-RMS/m
N	7.432×10^{-4}	2.857×10^{-7}
E	6.726×10^{-4}	3.379×10^{-7}
U	2.123×10^{-3}	1.231×10^{-6}

通过以上分析可以得出,共同周期项的确定能够代表整个大厦位移的时间序列。对振幅、相位、一次项系数时间序列研究得出的拟合趋势函数拟合精度较高,能够预计模型参数变化,建立的预报模型可以很好地描述大厦未来的位移变化。

8.5.5　模型预警结果

由时间段 2012 年 11 月 6 日—2013 年 1 月 5 日数据建立位移预报模型,预计 15 天后即 2013 年 1 月 20 日和 30 天后 2013 年 2 月 5 日的单历元时间序列和实际观测时间位移序列比较,如图 8.14 所示。模型预测精度评定,如表 8.3 所示。

表 8.3　模型预测精度

预测日期	N-RMS/m	E-RMS/m	U-RMS/m
2013.1.20	0.002 1	0.002 3	0.006 0
2013.2.5	0.002 9	0.002 7	0.006 8

由图 8.14 可知,利用两个月连续观测数据建立预报模型估计近一个月之内的

位移序列,模型预计曲线和实际观测位移时间序列趋势一致,吻合较好。由表 8.3 可知,模型预计结果与实际监测位移值相比较,水平方向均方根误差优于 3 mm, 垂直方向均方根误差优于 7 mm。可以得出,预报时间越短,精度越高。随着观测 数据的增多,将有助于建立更符合实际的预报模型,能够进一步提高位移预报的 精度。

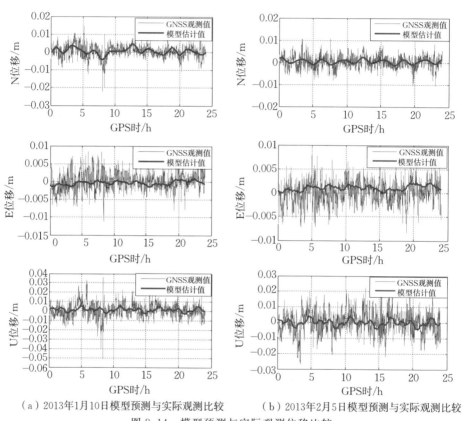

（a）2013年1月10日模型预测与实际观测比较　（b）2013年2月5日模型预测与实际观测比较

图 8.14　模型预测与实际观测位移比较

8.6　本章小结

在短基线单历元定位中,坐标时间序列误差主要以多路径效应和随机噪声为 主。根据各时段可视卫星的平均轨道周期,利用改进的恒星日滤波方法,能够有效 消除多路径效应。当站点所有可视卫星星座轨道平均运行周期在一天中有较大差 异时,需考虑利用不同时段的平均轨道周期来对恒星日滤波进行修正。通过对位 移时间序列作频谱滤波,能够有效去除观测噪声。滤波法的运用可提高 GNSS 测 量微小动态变形和变频振动信号的监测能力。滤波因子和阈值的选取至关重要,建议根据实际情况并结合加速度计、激光干涉仪、风速传感器等所测数据辅助选择适合的滤波器。

本章基于高频 GNSS 单历元动态定位技术,研究了大型建筑物实时动态监测模型的构建问题。采用频谱分析,提取了位移变化主成分;利用高阶谐函数,构建了实时监测位移预报模型,通过所构建模型,实现了对形变的异常行为进行及时预警。设计了形变体的监测方案并进行了 GNSS 高频长时间连续观测,单历元动态精度为 N、E、U 方向的均方根误差分别为 ±3.09 mm、±2.21 mm、±6.00 mm。在有效消除多路径效应和观测噪声后,提取的楼房结构振动信息精度在水平方向达到 ±2 mm,垂直方向达到 ±4 mm。通过长时间数据的频谱分析发现,正常情况下位移变化具有一定的规律,每天的观测数据都存在显著的共同周期项。N 方向明显周期项为 12 小时、8 小时、3 小时、2 小时;E 方向明显周期项为 12 小时、8 小时、3 小时、1.5 小时、0.5 小时;U 方向明显周期项为 6 小时、3 小时、1.5 小时、0.5 小时。基于带线性函数的高阶谐函数构建大厦位移序列模型,根据最小二乘解算模型参数(线性变化系数、振幅和相位)。通过对模型参数分析发现,振幅具有明显的变化趋势,可通过二次方程拟合预测;相位具有明显的线性趋势,可通过线性函数拟合预测。由此可以构建大厦位移预报模型。结果表明,由两个月连续观测数据序列预测近一个月的位移,预计结果与实际监测位移值比较,水平方向均方根误差优于 ±3 mm,垂直方向均方根误差优于 ±7 mm。

所建模型能够实现对形变异常情况作出判断,并进行预警,可为大型建筑物施工提供准确的定位数据,如施工纠偏、纠扭等,同时可作为保障建筑安全运营的一种有效技术手段。随着连续观测数据积累,模型参数的变化规律将会表现得越来越明显,所建立的预报模型将会越来越符合实际,预测的时间跨度也会越来越大,预测精度将进一步提高。这对于大型建筑物形变监测及地壳形变异常情况及时预警具有重要的意义。

第9章 融合 GNSS 和 InSAR 重建三维形变场

通过区域布设的 GNSS 观测网络可以在连续工作模式下实时对 N、E、U 方向三维形变进行监测,并提供高精度和高时间分辨率的地表三维运动信息,观测精度高达数毫米级。然而,GNSS 常常受到野外地形条件、观测环境、设备与运维成本等因素的限制,其观测网的密度往往较低,无法获得地表空间连续的形变场。InSAR 技术以其空间分辨率高、覆盖范围广、对形变敏感度高等优势成为了高密度面状形变的主要观测手段,已广泛应用于大尺度的地表形变,如地震形变、火山运动、地面沉降、矿山形变、火山活动、冰川漂移、山体滑坡等领域,可以弥补 GNSS 空间分辨率的不足。然而,InSAR 探测得到的只是地表三维形变(N、E、U)在雷达视线(line of sight,LOS)向的投影值。因此,不能根据 LOS 方向观测值识别和分析地表水平和垂直的具体形变特征,视线方向上表现的正负并不意味着地表的沉陷和隆升。没有其他数据的辅助,难以做到将一维形变量转换为三维形变量。因此,国内外学者长期致力于多平台、多方位、多数据融合技术方面的研究,以期能够将单一的 InSAR-LOS 向观测值转换为地表在水平和垂直方向的真实形变量,获取高精度、高空间分辨率的三维形变场,揭示断层实际的破裂特征(Zhang,2009;Zhao et al,2018;Castaldo et al,2018)。当前,InSAR-LOS 向观测值的三维形变转换方法主要有:联合 Envisat、ALOS、Radarsat 等多卫星影像确定法、升降轨多方向联合观测法、像元偏移量估计法(offset-tracking)、多孔径 SAR 干涉(multiple aperture InSAR,MAI)法、融合 GNSS 技术等。Wright 等(2004)采用不同入射角的升降轨数据获得了 2002 年美国阿拉斯加尼纳纳山(Nenana Mountain)地震的同震三维位移场;Hashimoto 等(2010)、刘云华等(2012)采用偏移量法得到了汶川地震同震形变场,确定了断层分段模型和断层滑动分布。然而,这种方法获得的形变场精度较差,约为 SAR 图形像元尺寸的 $1/30 \sim 1/10$,显然不如 InSAR 观测精确。温扬茂等(2012)采用的包含升降轨数据的 Envisat 卫星,结合不同入射倾角的 ALOS 卫星提供了拉奎拉(L'Aquila)地震同震地表三维地表形变场,有效降低了 LOS 的模糊问题;Hu 等(2012)联合 InSAR 和 MAI 技术获取了 2003 年伊朗巴姆(Bam)Mw 6.5 级地震可靠的三维形变场。然而,因 MAI 技术基于差分干涉相位,其精度主要取决于干涉相干性和视数,对相位失相干非常敏感,在获取短时间剧烈地表形变方面(如地震、冰川漂移)效果较差。融合方位向观测技术(offset-tracking 和 MAI)由于其过低的观测精度(厘米至分米级),无法获取可靠的结果。因此,上述众多方法中,目前最有效的方法是融合 GNSS 观测结果作为补偿。由于 GNSS 空间密度过低,通常做法是利用 GNSS 点位信息插值到与 InSAR 观测结果同样的分辨率,然后基于马尔可夫随机场或模拟退火算法的全局最优化方案得到三维形变信息(班保松 等,2010;胡俊 等,2013;宋小刚 等,2015)。GNSS 插值算法主要有基于函数模型拟合,如双三次样条函数、球谐函数等;或者是基于统计模型的数值逼近,如最小二乘配置法、克里金插值法等。这些插值方法均是基于数学模型的内插方法,没有体现地壳运动内在的物理意义、力学规律及地球物理和地球动力学特征,内插的结果与真实情况往往有较大差异,这是其固有的缺陷。

对于一次地震事件,通过弹性位错模型的正演可得到连续的同震地表三维形变场,然而生成三维形变场的质量主要取决于断裂位错模型的精细程度和先验信息的可靠性,不同的位错模型将会得到不同的形变场分布。然而,断层破裂所引起的地表形变有高空间相关性的特点,其方向性在一定的范围内具有较强的空间一致性。虽然同一个地震破裂错动的空间分布状况相差较大,不同学者和不同手段可能各执己见,然而,一旦断裂的运动属性(走滑、逆冲、倾滑等)和几何属性(倾角、长度、宽度、方位角等)大致确定,地表形变整体趋势特征确定,地表形变场的方向差别可能不大(徐克科 等,2014a)。为此,以断裂位错模型的方向信息为约束,融合高精度的 GNSS 观测数据和高空间分辨率的 InSAR 数据,基于断层位错模型,重建了断层破裂时地表连续分布的三维形变场。

9.1　InSAR-LOS 与 GNSS 三维形变之间的转换关系

根据 InSAR 的成像特点,其形变观测结果是 N、E、U 三个方向的形变在雷达视线方向上的投影叠加。InSAR-LOS 向与 N、E、U 向间的空间几何位置关系,如图 9.1 所示,图中,ω 为雷达飞行坐标方位角,φ 为 LOS 向投影方位角,两者之间的关系是 $\varphi = \omega - \dfrac{3}{2}\pi$;$\theta$ 为雷达侧视角,这些参数可由 SAR 影像头文件获取。$\boldsymbol{L}$ 和 $\boldsymbol{i}$、$\boldsymbol{j}$、$\boldsymbol{k}$ 分别为 LOS 向和 N、E、U 向三维分量的单位矢量。

由图 9.1 可知,根据各向空间几何位置关系,可以写出 N、E、U 向三维单位矢量 $\boldsymbol{i}$、$\boldsymbol{j}$、$\boldsymbol{k}$ 与 LOS 向单位矢量 $\boldsymbol{L}$ 间的关系表达式,即

$$\boldsymbol{L} = \sin\theta\cos\varphi\,\boldsymbol{i} + \sin\theta\sin\varphi\,\boldsymbol{j} + \cos\varphi\,\boldsymbol{k} \tag{9.1}$$

由式(9.1)可建立 InSAR-LOS 向形变量与 N、E、U 三维形变量之间的转换关系,即

$$d_{\mathrm{LOS}} = [\sin\theta\cos\varphi \quad \sin\theta\sin\varphi \quad \cos\varphi] \cdot [d_{\mathrm{N}} \quad d_{\mathrm{E}} \quad d_{\mathrm{U}}]^{\mathrm{T}} \tag{9.2}$$

式中,d_{N}、d_{E}、d_{U} 为地面上任一点 N、E、U 向三维形变分量大小,d_{LOS} 为 InSAR-LOS 向形变量大小。显然,由式(9.2)可以容易地将地面三维形变 d_{N}、d_{E}、d_{U} 转换为 InSAR-LOS 向形变 $\boldsymbol{d}_{\mathrm{LOS}}$,但不能根据 LOS 向一维形变 $\boldsymbol{d}_{\mathrm{LOS}}$ 反算得到地表在

水平和垂直方向上的三维形变 d_N、d_E、d_U。

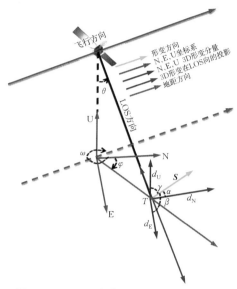

图 9.1　InSAR 成像几何与三维形变关系

地表形变的总位移矢量 $\boldsymbol{S}$ 与三维形变分量 d_N、d_E、d_U 之间的关系可表达为

$$\boldsymbol{S} = d_N \boldsymbol{i} + d_E \boldsymbol{j} + d_U \boldsymbol{k} \tag{9.3}$$

设地表三维合成总位移大小为 $\boldsymbol{S}$，N、E、U 向三维位移分量可表示为(徐克科等,2014a),

$$\left. \begin{array}{l} d_N = \boldsymbol{S} \cdot \boldsymbol{i} \\ d_E = \boldsymbol{S} \cdot \boldsymbol{j} \\ d_U = \boldsymbol{S} \cdot \boldsymbol{k} \end{array} \right\} \tag{9.4}$$

将式(9.4)代入式(9.2)得

$$\boldsymbol{d}_{LOS} = \begin{bmatrix} \sin\theta\cos\varphi & \sin\theta\sin\varphi & \cos\varphi \end{bmatrix} \cdot \begin{bmatrix} \boldsymbol{S} \cdot \boldsymbol{i} & \boldsymbol{S} \cdot \boldsymbol{j} & \boldsymbol{S} \cdot \boldsymbol{k} \end{bmatrix}^{\mathrm{T}} \tag{9.5}$$

由式(9.5)可求得地表形变总位移矢量 $\boldsymbol{S}$ 为

$$\boldsymbol{S} = \frac{\boldsymbol{d}_{LOS}}{\begin{bmatrix} \sin\theta\cos\varphi & \sin\theta\sin\varphi & \cos\varphi \end{bmatrix} \cdot \begin{bmatrix} i & j & k \end{bmatrix}^{\mathrm{T}}} \tag{9.6}$$

式中,i、j、k 与三维形变 d_N、d_E、d_U 之间的关系为

$$i = \cos\alpha = \frac{d_N}{\sqrt{d_N^2 + d_E^2 + d_U^2}}$$

$$j = \cos\beta = \frac{d_E}{\sqrt{d_N^2 + d_E^2 + d_U^2}}$$

$$k = \cos\gamma = \frac{d_U}{\sqrt{d_N^2 + d_E^2 + d_U^2}}$$

可见,只要知道了三维形变方向矢量 $\boldsymbol{i}$、$\boldsymbol{j}$、$\boldsymbol{k}$,联合式(9.4)和式(9.6)便可将 InSAR-LOS 向一维形变值 $\boldsymbol{d}_{\mathrm{LOS}}$ 唯一转换成三维形变分量 d_{N}、d_{E}、d_{U}。

9.2　InSAR-LOS 形变误差的 GNSS 纠正

InSAR 观测值在干涉过程中会受到轨道残余误差、大气延迟误差、相位解缠、失相干、DEM 误差及其本身固有的系统误差的影响。因此,有必要利用高精度的 GNSS 观测数据对 InSAR-LOS 向形变场进行差值趋势性拟合纠正。方法为:先利用 InSAR 成像几何关系式(9.4)将 GNSS 站点在 N、E、U 三个方向的三维形变值转换至 LOS 向形变;再由 InSAR-LOS 连续形变场,内插得出 GNSS 站点的 InSAR-LOS 向形变值;然后将 GNSS 站点三维转换得到的 LOS 向形变值与相同位置处的 InSAR-LOS 观测值求差 d。考虑 InSAR 观测数据所受到的各种误差影响在空间分布上具有很强的相关性(Hanssen,2001;温扬茂 等,2014),两者差值在一定区域范围内变化平缓,故将差值看作是该范围内各站点位置的曲面函数,即

$$d = a_0 + a_1 L + a_2 B + a_3 L^2 + a_4 B^2 + a_5 LB + \cdots + \varepsilon \tag{9.7}$$

式中,ε 为模型拟合误差。a_0、a_1、a_2、a_3、a_4、a_5 为曲面拟合系数,L、B 为 GNSS 站点经纬度,若有 n 个拟合站点,写成矩阵形式为

$$\begin{bmatrix} d_1 \\ d_2 \\ d_3 \\ \vdots \\ d_n \end{bmatrix} = \begin{bmatrix} 1 & L_1 & B_1 & L_1 & B_1 & \cdots \\ 1 & L_2 & B_2 & L_2 & B_2 & \cdots \\ 1 & L_3 & B_3 & L_2 & B_2 & \cdots \\ \vdots & \vdots & \vdots & \vdots & \vdots \\ 1 & L_n & B_n & L_n & B_n & \cdots \end{bmatrix} \cdot \begin{bmatrix} a_1 \\ a_2 \\ a_3 \\ \vdots \\ a_n \end{bmatrix} + \begin{bmatrix} \varepsilon_1 \\ \varepsilon_2 \\ \varepsilon_3 \\ \vdots \\ \varepsilon_n \end{bmatrix} \tag{9.8}$$

在最小二乘准则下,求得拟合模型系数,利用拟合得到的曲面函数模型对 InSAR 观测值进行纠正,从而可以得到消除主要误差后的 InSAR-LOS 向形变场。

9.3　地表三维形变方向参数的反演

OKADA 弹性位错模型(Okada,1985)是描述震源位移与地表位移之间的物理方程,广泛用于断层参数反演。根据弹性均匀、各向同性、半无限空间位错理论,断层表面 Σ 由于位错 $\Delta u_j(\varepsilon_1,\varepsilon_2,\varepsilon_3)$ 产生的位移场可表示为

$$D_\Sigma = \frac{1}{F} \iint\limits_{\Sigma} \Delta u_j \left[\lambda \delta \frac{\partial u_i^n}{\partial \varepsilon_n} + u \left(\frac{\partial u_i^j}{\partial \varepsilon_k} + \frac{\partial u_i^k}{\partial \varepsilon_j} \right) \right] v_k \, \mathrm{d}\Sigma \tag{9.9}$$

式中,δ 是克罗内克符号,λ、u 为介质弹性参数,也称为拉梅常数,v_k 表示垂直平面 Σ 的法向量,u_i^j 表示在点 $(\varepsilon_1,\varepsilon_2,\varepsilon_3)$ 的第 j 个方向上的作用力 F 在地表一点 (x,y,z) 产生的第 i 个分量位移。通常,断层几何参数如断层长度、宽度、深度、位置、走向、倾

角等可以根据震源机制解算得到。在这些参数确定以后,位错模型反演就可以转化为观测数据与断裂滑动分布的线性反演问题,即

$$y_i = \sum_{j=1}^{m} (Gs_j^x + Gs_j^y) + \varepsilon \tag{9.10}$$

式中,$y_i(i = 1, \cdots, n)$ 为 n 个 GNSS 站 N、E、U 方向上的观测数据,$s_j^x, s_j^y(j = 1, \cdots, m)$ 为 m 个离散的子断层沿走向和倾向上的滑移分量,G 为 OKADA 位错模型格林函数,ε_i 为误差。

为确保估计结果的可靠性和稳定性,附加可靠的先验信息和约束条件至关重要。可以根据已知的最大滑移量 s_{max} 和断层滑动性质如走滑、倾滑,左旋、右旋等,采用不等式约束来控制断层滑移的大小和方向,使之始终保持在一定范围和一定方向内变动。

$$s_j \leqslant s_{max}, \quad \varphi_{min} \leqslant \arctan\left(\frac{s_j^y}{s_j^x}\right) \leqslant \varphi_{max} \tag{9.11}$$

式中,φ_{max}、φ_{min} 为最大、最小滑动角。

另外,为得到断层面精细滑动,要考虑断层的不均匀变形特征,于是将整个断层面离散为许多子断层。认为每一个子块内的位错是均匀的,但不同的子块滑动大小和方向不同,地表上任一点的位移是各个子块单元位错造成的位移的叠加。为避免滑动分布解的振荡,避免相邻子断层滑动量在大小和方向上存在显著差异,保持断层滑动分布在空间上的平稳性,可以采用拉普拉斯算子约束断层面上的滑动在空间分布上的平滑程度,即

$$\nabla = \frac{s(i, j-1) - 2s(i, j) + s(i, j+1)}{(\Delta x)^2} + \frac{s(i-1, j) - 2s(i, j) + s(i+1, j)}{(\Delta y)^2}$$
$$\tag{9.12}$$

联合式(9.10)、式(9.11)、式(9.12),采用约束最小二乘(Wang et al,2013)建立断层面上的滑动量与同震地表形变之间的反演模型为

$$\left\| y_i - \sum_{j=1}^{m} (Gs_j^x + Gs_j^y) \right\|^2 + \alpha^2 \| H\tau^2 \|^2 = \min \tag{9.13}$$

式中,α 为平滑因子,H 为平滑算子。

由反演得到的断层面滑动参数,根据式(9.10)可正演出断层上方地表空间连续的三维形变场方向参数。

9.4 汶川地震同震三维形变场的重建

2008 年 5 月 12 日 14 时 28 分,北纬 31.0°、东经 103.4°,在青藏高原东部龙门山推覆构造带汶川附近发生了 Mw 8.0 级强烈地震。该地震是自唐山大地震

以来在我国境内发生的破坏性最大的内陆地震。根据中国地震台网测定,震源深度 14 km。震后的地震地质考察表明龙门山断裂带的映秀-北川断裂是这次地震的主发震断裂,形成的地表破裂带长达 240 多千米,最大垂直错距和水平错距分别达到 6 m 和 4.9 m,沿整个破裂带的平均错距可达 2 m 以上,龙门山断裂带的灌县-江油断裂同时也发生破裂,形成 70 多千米长的地表破裂带。有学者利用全球数字地震台网记录到的地震波,反演了这次地震的破裂过程和断层面上的同震位移分布,指出震源破裂具有逆冲兼走滑的性质,最大同震位移可达 9~12 m。

龙门山断裂带是青藏高原和华南地块的边界带,是纵贯中国大陆南北地震带的组成部分。为了监测地震活动性、研究地震的孕育过程,国家重大科学工程"中国大陆构造环境监测网络"和国家重点基础研究发展计划项目"活动地块边界带的动力过程与强震预测"项目组在龙门山断裂带两侧布设有一定数量、以流动观测为主的 GNSS 观测点。这些观测点都是钢筋混凝土标墩,有强制对中装置。流动点在震前有多期观测,每期观测 3~4 天,震前的最后一期观测是在 2007 年 4~7 月间完成的。地震发生后,中国地震局在第一时间对这些 GNSS 点进行了复测,每点观测 2~3 天。四川省地震局和重庆市地震局分别在成都和重庆地区建设了以实时动态(real time kinematic,RTK)服务为主的 GNSS 连续观测网络,为避免数据处理中由于模型不统一导致的系统偏差混淆于同震位移。这些数据采用了相同的方法和模型进行了统一处理,获得一致性的全球参考框架,为研究汶川"5·12"大地震的地壳形变特征提供了非常宝贵的资料。

采用 178 个 GNSS 站的同震观测数据进行断裂参数反演(Wu et al,2011),GNSS 测站稀疏分布于断层两侧,为同震滑动分布的反演提供了较好的近场数据约束。

日本 ALOS 卫星获取了地震前后的 6 个相邻条带的 PALSAR 影像,每个条带的覆盖区域大小约为 70 km×200 km,总共覆盖范围约为 330 km×250 km,PALSAR 数据的具体参数如表 9.1 所示。

表 9.1   ALOS-PALSAR 数据参数

轨道号	主影像 (年/月/日)	副影像 (年/月/日)	垂直基线 /m	时间基线 /d	震后间隔 /d	中误差 /cm
P471A	2007/01/11	2008/12/01	417	690	203	2.0
P472A	2007/01/28	2009/02/02	−293	736	266	2.1
P473A	2006/12/30	2008/01/04	421	736	237	1.5
P474A	2008/03/05	2008/06/05	301	92	24	2.2
P475A	2007/12/21	2008/02/10	−81	782	639	2.4
P476A	2007/01/04	2008/11/24	355	690	196	1.6

经差分干涉得到了 6 景地理编码后的 InSAR 干涉图(温扬茂 等,2014),如

图 9.2 所示。其中 Path 475 和 Path 476 的卫星数据覆盖了地震的震中位置。由 InSAR-LOS 形变场可以看出汶川地震地面形变的变化趋势,差分干涉条纹以映秀-北川断裂带为中心环绕分布,离断层越近条纹越密集,也就意味着 LOS 向形变量的梯度越大,地面形变越严重。反之,离断层越远,条纹越稀疏,形变相对就小。中间空白部分发生了严重的失相干,反映了地面形变的严重程度。由 InSAR 干涉条纹得到 InSAR-LOS 形变图如图 9.3 所示,每个条纹代表着 LOS 向半个波长即 11.8 cm 的形变量。可以看出,断层上盘为 LOS 向负变化,量值主要集中在 −80 cm,断层下盘为 LOS 向正变化,量值主要集中在 80 cm。

图 9.2　InSAR 干涉图

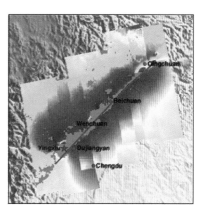
图 9.3　InSAR-LOS 形变图

从 InSAR 干涉图和形变图可以看出,这次地震波及范围广。干涉图之间存在严重的形变场不连续现象,直接原因是 InSAR 数据处理过程中受到轨道和大气等误差的影响较大。为此,采用 25 个高精度 GNSS 观测站的观测数据对 InSAR-LOS 向形变进行了纠正。纠正前、后结果比较如表 9.2 所示。由表 9.2 可知,纠正前 GNSS 与 InSAR 观测值之差的中误差是 9.29 cm,改正后降为 5.89 cm,纠正效果明显。图 9.4 为表 9.2 的直观显示,InSAR-LOS 向纠正前后位移与 GNSS 转换的 LOS 向位移的差值从最大为 20 cm 降至 −10～10 cm。改正后 InSAR 与 GNSS 变化趋势一致,吻合度较高。

表 9.2　25 个 GNSS 站点上 InSAR-LOS 值改正前后比较

GNSS 站点	经度 /(°)	纬度 /(°)	GNSS 转换值/cm	InSAR-LOS 观测值/cm	InSAR-LOS 纠正值/cm	纠正前 差值/cm	纠正后 差值/cm
H140	102.84	30.25	−1.00	−5.23	−5.47	4.23	4.47
H141	103.41	30.42	5.47	−3.53	1.02	9.01	4.45
H138	103.64	30.62	2.12	5.88	11.10	−3.76	−8.98
H128	104.06	30.64	7.56	1.13	12.37	6.43	−4.81
H126	104.08	30.73	14.65	−3.03	7.08	17.68	7.57

续表

GNSS 站点	经度 /(°)	纬度 /(°)	GNSS 转换值/cm	InSAR-LOS 观测值/cm	InSAR-LOS 纠正值/cm	纠正前 差值/cm	纠正后 差值/cm
H130	103.76	30.91	22.75	32.28	35.91	−9.53	−13.16
H131	103.15	31.01	−51.74	−48.16	−50.04	−3.59	−1.71
H127	103.69	31.06	47.77	41.61	43.24	6.17	4.54
H121	105.07	31.08	8.31	−9.72	12.80	18.03	−4.49
H122	104.44	31.16	16.16	9.16	18.81	7.00	−2.65
H123	104.73	31.44	16.54	−2.03	7.83	18.57	8.71
H119	104.78	31.49	18.67	−0.94	9.07	19.61	9.59
H116	104.25	31.51	41.40	34.58	37.63	6.82	3.77
H109	104.44	31.69	26.76	23.69	26.96	3.07	−0.19
H114	102.67	31.85	−11.55	−11.93	−11.23	0.37	−0.32
H113	105.46	32.02	20.01	4.56	16.77	15.45	3.24
H110	103.68	32.04	−18.06	−17.74	−20.08	−0.32	2.02
H111	103.17	32.08	−10.08	−9.06	−9.99	−1.02	−0.09
H108	104.83	32.18	43.99	53.71	55.86	−9.72	−11.87
H112	104.69	32.36	−49.04	−49.17	−49.54	0.14	0.50
H106	103.73	32.36	−10.52	−8.60	−10.66	−1.92	0.14
H101	104.57	32.41	−31.21	−34.55	−35.85	3.35	4.64
H102	105.23	32.57	−13.93	−8.29	−6.44	−5.64	−7.49
JB37	103.61	32.59	−7.60	−4.36	−5.09	−3.24	−2.50
H103	104.62	33.00	−3.67	−5.19	−8.28	1.52	4.62

　　根据相关研究结果(张国宏 等,2010),考虑实际的两个断裂,一个是映秀-北川断裂,倾角在沿深度从 30°到 70°变化、方位角沿 EN 向从 223°到 229°变化;一个是灌县-江油断裂,倾角沿深度从 20°到 60°变化、方位角沿 EN 向从 223°到 229°变化(Diao et al,2010),其断层几何结构模型如表 9.3 所示。

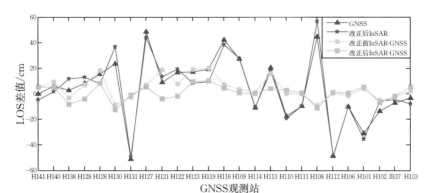

图 9.4　InSAR 改正前后与 GNSS 观测值比较

表 9.3　　汶川地震的断层参数

破裂断层	纬度/(°)	经度/(°)	走向角/(°)	倾角/(°)	长度/km	宽度/km	滑动角/(°)
映秀-北川	32.5	105.2	223~229	30~70	250	30	90~180
灌县-江油	31.63	104.4	223~229	20~60	75	30	90~180

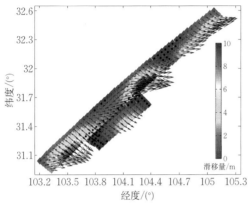

图 9.5　断裂滑动分布反演结果

由上述断层参数,利用 GNSS 数据反演断层面滑动分布结果如图 9.5 所示,滑动高值区主要集中于映秀、汶川、北川及青川等地,滑动方向上也更为清晰地呈现了沿映秀—汶川—北川—青川从断层逆冲到走滑特征的转变过程。模型拟合情况如图 9.6 和图 9.7 所示,无论从方向上还是量级上,观测值与模型值除极个别差异较大外,大都吻合程度较高。其中,拟合平均值为 0.02 m,拟合均方根误差为 0.036 m;观测值与模型值相关性为 91.976%,这说明模型与 GNSS 观测值相关性较好,反演结果具有一定的可信度。

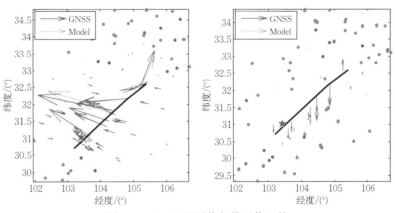

图 9.6　GNSS 观测值与模型值比较

以位错模型的方向信息为约束,重建的三维形变场水平形变如图 9.8 所示,垂直形变如图 9.9 所示。由重建的三维形变场可知,断裂带以西的所有站点都向东运动,而以东的所有站点都向西运动,并在龙门山断裂带两侧形成了强烈的相向运动和地壳水平缩短运动。水平方向,断层 WS 段映秀、都江堰等地上下盘位移方向均垂直断层,表现出以逆冲为主。上盘的逆冲分量沿着汶川—北川—青川方向逐渐减弱,在中段北川等地很快转变为平行断层,走滑分量则逐渐加强,到 EN 段青川之地又逐渐偏离断层,有明显的右旋水平位移。整体形变特征呈逆时针旋转态势,这与平时青藏高原东南缘块体围绕东喜马拉雅构造结的顺时针旋转方向相反;断层下盘四川盆地以西向运动为主,从南向北,位移方向从北西向逐渐偏转为西向,在位移方向呈扇形向发震断层集中,整体斜向挤入龙门山之下,与震间形变方向相反;这表明地震时发生了弹性回跳。而且,断层 WS 段区域的远场变形明显大于中段和东北段。由此可见,断层 WS 段为本次地震的发起端。因此推断,本次地震的发生先是以逆冲为主,后又因受四川盆地的阻挡再过渡到右旋走滑特征。垂直方向,断层上盘整体抬升为主,下盘则以下降为主。沿断层垂直形变高值区分布不均匀,主要集中分布在发震断裂的南、中和北端。断层两侧垂直形变极不对称,主要以上盘的剧烈抬升为主,上盘的隆升量远远大于下盘的沉降量,表现出龙门山大幅度隆升与四川盆地沉降;与相关研究结果一致(单新建 等,2014)。

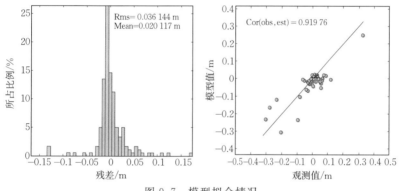

图 9.7　模型拟合情况

由图 9.7 可知,水平形变高值区主要集中分布在发震断裂的南段,在震中映秀、邻近的都江堰、中段北川和北段青川区域,形变幅度高达 4.5 m;在映秀和北川也出现了较大的隆升,隆升量高达 4 m。破裂带南段的映秀镇和中北段的北川县城擂鼓镇一带位移量最大,地表地震地质调查结果也证实了这一点(徐锡伟 等,2008)。可见,这两个地段是能量释放最集中的地方,地震灾害也最严重。

由图 9.8 可知,断层上盘下盘存在明显的不对称性,上盘形变量整体大于下盘。跨断裂形变范围极其有限,上盘断裂带临近区域即远离断层 60 km 范围内,下盘距离断层 20 km 范围内形变量极为显著,水平方向高达 4～5 m,垂直方向高达 3～4 m。但在距离地表破裂线超过 100 km 的区域,形变量迅速衰减至厘米级,这意味着随着距震源距离的增大,地表形变场衰减迅速,这可能与断层倾角有较大的关系。

可见,重建的三维形变场能够清晰地显示出断层局部运动的细节特征,这也反映了发震断层运动的复杂性和非均匀性,一致展示了汶川地震在不同区位的变形幅度和方式,直观诠释了龙门山逆冲兼走滑的强震机制,揭示了青藏东缘晚新生代挤压变形的总体构造特征。

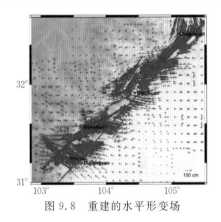

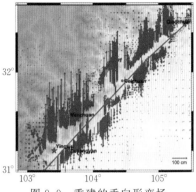

图 9.8　重建的水平形变场　　　　　图 9.9　重建的垂直形变场

为了验证 InSAR-LOS 位移三维转换效果,用区域范围内 26 个 GNSS 站的三维观测结果与重建的三维形变值进行了比较,如图 9.10 所示。可以看出,两者形变特征变化趋势一致,吻合度较高。个别站点形变量值存在一定的系统偏离(可能是由于两者观测时间跨度不同所致),但不影响整体的变化特征。

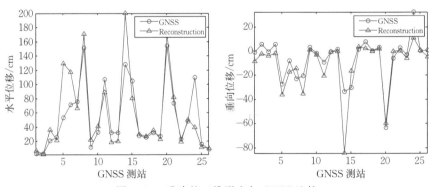

图 9.10　重建的三维形变与 GNSS 比较

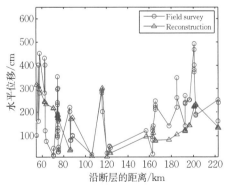

图 9.11　重建的水平形变与野外地质
调查结果比较

地震发生后,野外地震地质考察也给出了沿断层的地表破裂情况(徐锡伟 等,2008)。将 InSAR 重建后的水平形变与区域 62 个野外调查结果及位错模型正演结果分别进行了比较,如图 9.11 所示。由图 9.11 可知,沿断层走向 NE 方向 InSAR 重建的三维形变场与野外地质调查观测结果趋势变化一致,吻合较好。而纯粹的位错模型正演结果与野外调查差异甚大。可见,利用 GNSS/InSAR 观测值,结合位错模型反演的方向信息构建的三维形变场比单纯利用位错模型正演的结果更加符合地表实际破裂特征。

9.5　本章小结

InSAR 形变存在方向模糊问题,只要有正确的同震形变场的三维方向参数,就能够唯一地转换成三维场。鉴于断层破裂引起的地表位移具有高空间相关性的特点和形变方向在一定范围内具有一致性的规律,以及断层破裂所引起的地表形变具有高空间相关性的特点,其方向在一定的范围内具有较强的空间一致性。因此,以断裂位错模型的方向信息为约束,结合高精度的 GNSS 观测数据和高空间分辨率的 InSAR 数据,先确定同震位错模型,以此模型为基础,正演出高密度分布的理论同震形变场。以该形变场的方向参数为约束,可将 InSAR 一维形变场转化为三维形变场。以汶川地震为例,用该方法重建的三维形变场与 GNSS 实际观测和地质野外调查结果进行对比,吻合效果较好,变化趋势整体特征一致。重建的三维形变场相比位错模型正演的三维形变结果更加符合野外地质调查和 GNSS 实际观测。从重建的三维形变场结果可以清楚地判断断层局部细节运行的方向和性质及各种分量(逆冲和走滑)的大小,可靠地分析特定方向上更为精细的形变特征,为揭示大区域近、远场真实的形变特征,理解断层运动方式和地震触发机制提供了有价值的参考,也为震间断层三维蠕滑形变场的建立提供了一个好的方法。

尽管如此,仍存在部分区域与实际观测值相差甚大,分析认为:InSAR 数据 6 个条带其时间跨度为 92~736 天,覆盖的震后时间为 24~639 天,而此期间对汶川 Ms 8.0 级特大地震来说,余震和地表弹性恢复更为频繁,这导致在获取的干涉图中不仅包含同震形变信号,还包含有一定的震间、余震和震后形变。主震和余震所造成地表形变通常难以区分。另外,GNSS 数据获取时间与 InSAR 获取时间不完全相同,这无疑会导致数据精度的不同,从而给最终的融合结果带来不同程度的偏差。GNSS 与 InSAR 计算的形变量均是地震后相对于震前的形变量,是绝对形变量,而野外考察的结果是地震后相对形变量。将绝对形变结果转换为相对形变量是一种近似的变换,因此存在一定的偏差。另外,常规 InSAR 技术易受到时空失相干、大气延迟、轨道残余误差、相位解缠、DEM 误差、形变场的邻轨不连续问题及其本身固有的系统性偏差的影响,因此基于 InSAR 结果的地表三维形变信息获取技术势必也受到其制约。引入高精度的 GNSS 观测数据对其纠正至关重要,研究表明,纠正后 InSAR 同震形变场的准确度与平滑性能够显著提高。

相关研究表明,InSAR 技术对于探测无震蠕滑、震间瞬时形变有一定的潜力,并通过 InSAR 技术已发现多次蠕滑事件。本章提出的 InSAR 三维重建方法,对震间地表动态连续三维形变场的构建和蠕滑形变特征的分析具有一定借鉴意义。动态形变场的构建中,时序 InSAR 技术可以有效解决时空失相干的问题,大气延迟也可以通过模拟或结合外部数据的方法借以弱化,如何将时序 InSAR 技术与高时间分辨率的 GNSS 技术进行有机融合,得到震间断层近、远场时间序列的三维形变信息,值得进一步研究。

参考文献

班保松,伍吉仑,陈永奇,等,2010.联合 GPS 和 InSAR 观测结果计算汶川地震三维地表形变[J].大地测量与地球动力学,30(4):25-28.

柴洪洲,明锋,段婷婷,等,2009.全球板块运动背景场及 ITRF2005VEL 的建立[J].测绘科学技术学报,26(2):79-81.

陈光齐,武艳强,江在森,等,2013.GNSS 资料反映的日本东北 Mw9.0 地震的孕震特征[J].地球物理学报,56(3):848-856.

成英燕,2012.ITRF2008 框架简介[J].大地测量与地球动力学,3(1):47-50.

单新建,屈春燕,郭利民,等.2014.基于 InSAR 与 GPS 观测的汶川同震垂直形变场的获取[J].地震地质,36(3):718-730.

党亚民,陈俊勇,刘经南,等,1998.利用国家 GPSA 级网资料对中国大陆现今水平形变场的初步分析[J].测绘学报,5(3):81-87.

丁开华,许才军,温扬茂,2013a.汶川地震震后形变的 GPS 反演[J].武汉大学学报(信息科学版),8(2):131-135.

丁开华,许才军,邹蓉,等,2013b.利用 GNSS 分析川滇地区活动地块运动与应变模型[J].武汉大学学报(信息科学版),7(3):822-827.

杜方,闻学泽,张培震,2010.鲜水河断裂带炉霍段的震后滑动与形变[J].地球物理学报,53(10):2355-2366.

方荣新,施闯,宋伟伟,等,2013.实时 GNSS 地震仪系统实现及精度分析[J].地球物理学报,56(2):450-458.

方颖,江在森,顾国华,2008.昆仑山 Mw8.1 地震对川滇地区地壳运动影响分析[J].大地测量与地球动力学(4):25-30.

付广裕,孙文科,2012.地球横向不均匀结构对地表以及空间固定点同震重力变化的影响[J].地球物理学报,55(8):2728-2732.

高锡铭,伍吉仑,1994.负位错模型与断层运动图象——确定滇西地震预报试验区的潜在震源区[J].地壳形变与地震,14(4):1-8.

高锡铭,钟晓雄,王威中,1990.考虑地震位错引起的大地水准面形变的源参数反演[J].地震学报,4(2):148-158.

顾国华,2012.地壳形变与地震前兆探索回顾和展望[J].地震(2):22-30.

顾国华,王武星,孟国杰,等,2009a.GPS 测得的汶川大地震前后的地壳运动[J].武汉大学学报(信息科学版),11(2):1336-1339.

顾国华,王武星,徐岳仁,等,2009b.区域网 GPS 观测得到的 2008 年汶川 Ms 8.0 地震前的地壳水平运动[J].地震学报(6):597-605.

顾国华,王武星,占伟,等,2015.芦山 Ms 7.0 地震前水平位移和同震水平位移研究[J].地震学报(1):53-64.

郭良迁,等,2009.GNSS 连续站的基线变化与青藏块体的现代活动[J].大地测量与地球动力学,12(4):10-14.

胡俊,李志伟,朱建军,等,2013.基于 BFGS 法融合 InSAR 和 GPS 技术监测地表三维形变[J].
地球物理学报,56(1):117-126.

黄立人,符养,2007.GPS 连续观测站的噪声分析[J].地震学报(2):197-202.

黄立人,肖木,1994.用大地测量资料反演滇西地震预报试验场断裂带的活动段[J].地震研究
(3):264-272.

黄立人,2002.用于相对稳定点组判别的 QUAD 法[J].大地测量与地球动力学(2):10-15.

黄声享,2005.GPS 动态监测中多路径效应的规律性研究[J].武汉大学学报(信息科学版),30
(10):877-880.

江在森,刘经南,2010.应用最小二乘配置建立地壳运动速度场与应变场的方法[J].地球物理学
报,53(5):1109-1117.

江在森,马宗晋,张希,等,2003.GPS 初步结果揭示的中国大陆水平应变场与构造变形[J].地球
物理学报,46(3):352-358.

江在森,武艳强,2012.地壳形变与强震地点预测问题与认识[J].地震(2):8-21.

江在森,武艳强,方颖,等,2009.汶川 8.0 级地震前区域地壳运动与应变场动态特征[J].地震
(1):68-76.

姜卫平,李昭,刘鸿飞,等,2013.中国区域 IGS 基准站坐标时间序列非线性变化的成因分析[J].
地球物理学报,56(7):2228-2237.

金明培,汪荣江,屠泓为,2014.芦山 7 级地震的同震位移估计和震源滑动模型反演尝试[J].地
球物理学报,57(1):129-137.

金双根,朱文耀,2002.基于 ITRF2000 的全球板块运动模型[J].中国科学院上海天文台年刊
(23):28-33.

金双根,朱文耀,2003.确定板块运动学模型的台站选取[J].大地测量与地球动力学,23(3):
56-60.

李改,潘嵘,李章凤,等,2012.基于大数据集的协同过滤算法的并行化研究[J].计算机工程与设
计(6):2437-2441.

李文军,张晶,刘琦,等,2014.2012 年印尼 8.6 级地震应变地震波的 Hilbert-Huang 时频分
析[J].地震(2):45-54.

李昭,姜卫平,刘鸿飞,等,2012.中国区域 IGS 基准站坐标时间序列噪声模型建立与分析[J].测
绘学报,41(4):586-590.

李志才,许才军,张鹏,等,2014.顾及地壳黏弹性结构的地震断层震后形变反演分析[J].武汉大
学学报(信息科学版),12(6):1477-1481.

刘经南,施闯,许才军,等,2001.利用局域复测 GPS 网研究中国大陆块体现今地壳运动速度
场[J].武汉大学学报(信息科学版),21(3):189-195.

刘经南,魏娜,施闯,2013.国际地球参考框架(ITRF)的研究现状及展望[J].自然杂志,16(4):
243-250.

刘序俨,季颖锋,黄声明,等,2011.地形变应变张量矩阵的不变量分析[J].大地测量与地球动力
学,31(4):66-70.

刘云华,屈春燕,单新建,2012.基于 SAR 影像偏移量获取汶川地震二维形变场[J].地球物理学

报，55(10):3296-3306.

钱稼如,过静琚,陈志鹏,1998.地王大厦动力特性及大风时楼顶位移和加速度实测研究[J].土木工程学报,31(6):30-39.

钱晓东,秦嘉政,2011.2011年缅甸7.2级地震及震后云南强震趋势分析[J].华南地震,31(4):39-50.

施一民,2003.现代大地控制测量[M].北京:测绘出版社.

宋小刚,申星,姜宇,等,2015.通过InSAR与GPS数据融合获取汶川地震同震三维形变场[J].地震地质,37(1):222-231.

孙文科,大久保修平,1994.球体内点位错产生的球型位移场理论[J].地球物理学报,37(3):298-310.

孙文科,2012.地震位错理论[M]北京:科学出版社.

田云锋,沈正康,2009.GPS坐标时间序列中非构造噪声的剔除方法研究进展[J].地震学报,31(1):68-81.

王解先,1997.GPS精密定轨定位[M].上海:同济大学出版社.

王解先,2005.由GPS基线向量解算地面形变[J].同济大学学报(自然科学版),18(7):967-970.

王琪,张培震,马宗晋,2002.中国大陆现今构造变形GPS观测数据与速度场[J].地学前缘(2):415-429.

王琪,张培震,牛之俊,等,2001.中国大陆现今地壳运动和构造变形[J].中国科学:D辑 地球科学,(13)7:529-536.

魏文薪,江在森,武艳强,等,2012.利用GPS数据研究川滇块体东边界主要断裂带运动特性[J].武汉大学学报(信息科学版),11(9):1041-1044.

温扬茂,何平,许才军,等,2012.联合Envisat和ALOS卫星影像确定L'Aquila地震震源机制[J].地球物理学报,55(1):53-65.

温扬茂,许才军,李振洪,等,2014.InSAR约束下的2008年汶川地震同震和震后形变分析[J].地球物理学报,57(6):1814-1824.

吴忠良,许忠淮,2013.地震学百科知识(四)-慢地震[J].国际地震动态(5):39-43.

伍吉仓,邓康伟,陈永奇,2003a.板块内部层状负位错模型及其反演[J].武汉大学学报(信息科学版),12(6):671-674.

伍吉仓,邓康伟,陈永奇,2003b.三角形形状因子对地壳形变计算精度的影响[J].大地测量与地球动力学(3):26-30.

伍吉仓,邓康伟,陈永奇,2002a.用边长变化结果计算地应变及块体划分[J].大地测量与地球动力学(4):35-38.

伍吉仓,孙亚峰,刘朝功,2008.连续GPS站坐标序列共性误差的提取与形变分析[J].大地测量与地球动力学,21(4):97-101.

伍吉仓,许才军,2002b.利用GPS资料反演华北块体运动的负位错模型参数[J].武汉大学学报(信息科学版),27(4):352-357.

武艳强,江在森,王敏,等,2013.GPS监测的芦山7.0级地震前应变积累及同震位移场初步结果[J].科学通报,20(5):1910-1916.

武艳强,江在森,杨国华,2007.最小二乘配置方法在提取 GPS 时间序列信息中的应用[J].国际地震动态,16(7):99-103.

徐克科,伍吉仓,2014b.高频 GNSS 高楼结构振动动态监测试验[J].测绘科学,39(7):3-47.

徐克科,伍吉仓,2013.基于假设检验的刚性板块台站选取及全球板块运动模型的建立[J].大地测量与地球动力学,33(6):121-125.

徐克科,伍吉仓,2014c.基于 GNSS 网主成分分析的断层形变检测与反演[A].2014 年中国地球科学联合学术年会—专题 26:卫星导航技术及其在地球科学应用论文集[C].

徐克科,伍吉仓,2014d.利用抗差估计进行刚性板块异常台站探测及其运动参数求取[J].大地测量与地球动力学,34(2):95-99.

徐克科,伍吉仓,2014a.联合 GPS、InSAR 建立同震地表三维位移场[J].大地测量与地球动力学,34(1):15-18.

徐锡伟,闻学泽,韩竹军,等,2013.四川芦山 7.0 级强震:一次典型的盲逆断层型地震[J].科学通报,58(20):1887-1893.

徐锡伟,闻学泽,叶建青,等,2008.汶川 Ms8.0 地震地表破裂带及其发震构造[J].地震地质(3):597-629.

许才军,汪建军,温扬茂,2009.震后松弛过程的黏弹性模型在 1997 年 Mw7.6 玛尼地震中的应用研究[J].武汉大学学报(信息科学版),17(3):253-256.

许才军,王乐洋,2010.大地测量和地震数据联合反演地震震源破裂过程研究进展[J].武汉大学学报(信息科学版),7(4):457-462.

许才军,尹智,2014.利用大地测量资料反演构造应力应变场研究进展[J].武汉大学学报(信息科学版),10(5):1135-1146.

阳生权,2012.岩体力学[M].北京:机械工业出版社.

杨国华,张风霜,武艳强,等,2007.GPS 基准站坐标分量噪声的时间序列与分类特征[J].国际地震动态(7):80-86.

杨文,刘杰,程佳,2013.2011 年 3 月 24 日缅甸 7.2 级地震对云南地区的影响研究[J].地学前缘,20(3):35-44.

杨元喜,等,1994.价权原理——参数平差模型的抗差最小二乘解[J].测绘通报,24(3):11-19.

杨元喜,曾安敏,吴富梅,2011.基于欧拉矢量的中国大陆地壳水平运动自适应拟合推估模型[J].中国科学:地球科学,23(8):1116-1125.

余学祥,吕伟才,焦宝文,1998.抗差估计对粗差的定位定量探测[J].矿山测量(2):32-35.

袁林果,丁晓利,陈武,等,2008.香港 GPS 基准站坐标序列特征分析[J].地球物理学报,51(5):1372-1384.

曾祥方,罗艳,韩立波,等,2013.2013 年 4 月 20 日四川芦山 Ms7.0 地震:一个高角度逆冲地震[J].地球物理学报(4):1418-1424.

张风霜,占伟,2015.利用 GNSS 连续观测资料获取高精度动态速度场的研究[J].地震研究(1):75-83.

张风霜,占伟,孙东颖,2012.2011 年日本 9.0 级地震前后 GNSS 基线时间序列分析[J].地震研究(2):190-200.

张国宏,屈春燕,汪驰升,等,2010.基于 GPS 和 InSAR 反演汶川 Mw 7.9 地震断层滑动分布[J].大地测量与地球动力学,30(4):19-24.

张希,张四新,李瑞莎,等,2012.渭河断裂中东段长水准剖面的非均匀负位错反演[J].大地测量与地球动力学(5):1-5.

赵国强,孙汉荣,任弇,等,2013.中国地壳运动观测网络 GNSS 基准站时间序列分析与研究[J].国际地震动态(4):19-29.

赵静,江在森,武艳强,等,2013a.Defnode 负位错模型反演结果的可靠性和稳定性分析[J].大地测量与地球动力学(1):21-24.

赵静,武艳强,江在森,等,2013b.芦山地震前龙门山断裂带闭锁程度与变形动态特征研究[J].地震学报,35(5):681-691.

赵少荣,1994.基于力学模式的动态大地测量数据反演研究[J].测绘学报,23(2):90-97.

周江文,1989.经典误差理论与抗差估计[J].测绘学报,18(2):115-120.

朱文耀,程宗颐,王小亚,等,1998.中国大陆地壳运动的背景场[A].中国地球物理学会.1998 年中国地球物理学会第十四届学术年会论文集[C].中国地球物理学会:1.

朱文耀,符养,李彦,等,2003.ITRF2000 的无整体旋转约束及最新全球板块运动模型 NNR-ITRF2000 VEL[J].中国科学:D 辑 地球科学,33(10):1-11.

朱文耀,宋淑丽,2010.国际地球参考框架(ITRF)的原点和无整体旋转[J].天文学进展,28(4):321-332.

AGNEW D C,1992. The time-domain behavior of power-law noises[J]. Geophysical Research Letters,19(4):333-336.

AGNEW D C,2013. Realistic simulations of geodetic network data:The Fakenet package[J]. Seismological Research Letters,84(3):426-432.

ALTAMIMI Z,COLLILIEUX X,MÉTIVIER L,2007. ITRF2008:an improved solution of the international terrestrial reference frame[J]. Journal of Geodesy,85(8):457-473.

AMIRI-SIMKOOEI A R,2009. Noise in multivariate GPS position time-series[J]. Journal of Geodesy,83(2):175-187.

BEAVAN J,2005. Noise properties of continuous GPS data from concrete pillar geodetic monuments in New Zealand and comparison with data from US deep drilled braced monuments[J]. Journal of Geophysical Research:Solid Earth,110(B8):2583-2591.

BEROZA G C,IDE S,2011. Slow earthquakes and nonvolcanic tremor[J]. Annual Review of Earth and Planetary Sciences,39(2):271-296.

BLEWITT G,LAVALLÉE D,2002. Effect of annual signals on geodetic velocity[J]. Journal of Geophysical Research:Solid Earth,107(B7):9-11.

BOGDANOVA I,VANDERGHEYNST P,ANTOINE J R,et al,2005. Stereographic wavelet frames on the sphere[J]. Applied and Computational Harmonic Analysis,19(2):223-252.

BOS M S,BASTOS L,FERNANDES R M S,2010. The influence of seasonal signals on the estimation of the tectonic motion in short continuous GPS time-series [J]. Journal of Geodynamics,49(3):205-209.

BOS M S,FERNANDES R M S,WILLIAMS S D P,et al,2008. Fast error analysis of continuous GPS observations[J]. Journal of Geodesy, 82(3):157-166.

BREUER P,CHMIELEWSKI T, GORSKI P, et al, 2002. Application of GPS technology to measurements of displacements of high-rise structures due to weak winds[J]. Journal of Wind Engineering and Industrial Aerodynamics, 90(8):223-230.

CASTALDO R, CHELONI D, NOVELLIS V D,2018. Integration of multiplatform InSAR and GPS measurements for the definition of the seismogenic source of 2016 Central Italy earthquake sequence[C]// EGU General Assembly. Wien:EGU.

CELEBI M, SANLI A, 2002. GPS in pioneering dynamic monitoring of long-period structures[J]. Earthquake Spectra, 18(2):47-61.

CHAMBODUT A, PANET I, MANDEA M, et al, 2005. Wavelet frames:an alternative to spherical harmonic representation of potential fields[J]. Geophysical Journal International, 163 (3):875-899.

CHENG J,LIU M,GAN W,et al, 2014. Seismic impact of the Mw 9.0 Tohoku earthquake in eastern China[J]. Bulletin of the Seismological Society of America, 104(3):1258-1267.

CHEN Y, HUANG D, DING X, et al,2002. Measurement of vibrations of tall buildings with GPS[J]. Proc Spie, 43(37):477-483.

CHIEH-HUNG C, et al, 2010. Identification of earthquake signals from groundwater level records using the HHT method[J]. Geophysical Journal International,180(12):1231-1241.

CHIEH-HUNG C,STRONG W,et al,2014. Surface displacements in Japan before the 11 March 2011 M9.0 Tohoku-Oki earthquake[J]. Journal of Asian Earth Sciences,80(5):165-171.

COSTELLO J F, HOFMAYER C, PARK Y J, 1999. Displacement based seismic design criteria[J]. Office of Scientific & Technical Information Technical Reports,18(3):11-20.

DAVIS J L,BENNETT R A,WERNICKE B P,2003. Assessment of GPS velocity accuracy for the Basin and Range Geodetic Network (BARGEN)[J]. Geophysical Research Letters, 30(7): 16-19.

DEMIR D O,DOGAN U,2014. Determination of crustal deformations based on GPS observing-session duration in Marmara region,Turkey[J]. Advances in Space Research, 53(3):452-462.

DEVACHANDRA M,KUNDU B,CATHERINE J,et al,2014. Global positioning system (GPS) measurements of crustal deformation across the frontal eastern himalayan syntaxis and seismic-hazard assessment[J]. Bulletin of the Seismological Society of America, 104(3):1518-1524.

DIAO F, XIONG X, WANG R, et al,2010. Slip model of the 2008 Mw7.9 Wenchuan (China) earthquake derived from co-seismic GPS data[J]. Earth Planets and Space, 62(11):869-874.

DMITRIEVA K,SEGALL P,DEMETS C,2015. Network-based estimation of time-dependent noise in GPS position time series[J]. Journal of Geodesy, 89(6):591-606.

DONG D,FANG P,BOCK Y,et al, 2006. Spatiotemporal filtering using principal component analysis and Karhunen-Loeve expansion approaches for regional GPS network analysis[J].

Journal of Geophysical Research:Solid Earth, 111(B3):161-172.

EL-FILKY G S,KATO T,1999. Continuous dist ribution of the horizontal st rain in the Tohoku dist rict,Japan,Predicted by Least-squares Collocation [J]. Journal of Geodynamics, 49(27): 213-236.

ELÓSEGUI P, DAVIS J L, OBERLANDER D, et al,2006. Accuracy of high rate GPS for seismology[J]. Geophysical Research Letters, 113(8):1049-1069.

ESTEY L H, MEERTENS C M, 1999. Teqc: The multi-purpose toolkit for gps/glonass data[J]. Gps Solutions, 3(1):42-49.

FUKUDA J, HIGUCHI T, MIYAZAKI S, et al, 2004. A new approach to time-dependent inversion of geodetic data using a Monte Carlo mixture Kalman filter[J]. Geophysical Journal International, 159(1):17-39.

FUKUDA J I,KATO A,OBARA K,et al,2014. Imaging of the early acceleration phase of the 2013—2014 Boso slow slip event[J]. Geophysical Research Letters, 41(21):7493-7500.

GHIASI Y,NAFISI V,2015. The improvement of strain estimation using universal kriging[J]. Acta Geodaetica et Geophysica, 50(4):479-490.

GOLUB G H,MICHAEL H,GRACE W,1979. Generalized Cross-Validation as a Method for Choosing a Good Ridge Parameter[J]. Technometrocs, 21(2):215-222.

GUALANDI A,SERPELLONI E,BELARDINELLI M,2014. Space-time evolution of crustal deformation related to the Mw6. 3, 2009 L'Aquila earthquake (central Italy) from principal component analysis inversion of GPS position time-series [J]. Geophysical Journal International, 197(1):174-191.

HAN G,SHUANGCHENG Z,RUI Z,2013. analysis and application of extracting GPS time series common mode errors based on PCA[C]. China Satellite Navigation Conference (CSNC) 2013 Proceedings:257-267.

HANSSEN, F R, 2001. Radar Interferometry[M]. Netherlands:Springer.

HASHIMOTO M, ENOMOTO M, FUKUSHIMA Y,2010. Coseismic deformation from the 2008 Wenchuan, China, Earthquake Derived from ALOS/PALSAR Images [J]. Tectonophysics, 491(1):59-71.

HERRING T A, FLOYDM A,KING R W, et al,2010b. GLOBK Reference Manual:Global Kalman filter VLBI and GPS analysis program,Release 10. 6 [EB/OL]. Canberra: Australia National University (2015-06-16) [2018-10-28]. http://geoweb. mit. edu/gg/GLOBK _ Ref. pdf.

HERRING T A, KING R W, MCCLUSKY S C, 2010a. GAMIT Reference Manual:GPS Analysis at MIT,Release 10. 6 [EB/OL]. Canberra: Australia National University (2015-06-16)[2018-10-28]. http://www-gpsg. mit. edu/~simon/gtgk/GAMIT_Ref. pdf.

HE X,HUA X,YU K,et al,2015. Accuracy enhancement of GPS time series using principal component analysis and block spatial filtering[J]. Advances in Space Research, 55(5): 1316-1327.

HIROSE H，MATSUZAWA T，KIMURA T，et al，2014. The boso slow slip events in 2007 and 2011 as a driving process for the accompanying earthquake swarm[J]. Geophysical Research Letters，41(8):2778-2785.

HOLSCHNEIDER M，CHAMBODUT A，MANDEA M，2003. From global to regional analysis of the magnetic field on the sphere using wavelet frames[J]. Physics of the Earth and Planetary Interiors，135(43):107-124.

HSU Y J，SIMONS M，AVOUAC J P，et al，2006. Frictional afterslip following the 2005 Nias-simeulue earthquake，Sumatra[J]. Science，312(82):1921-1926.

HU J，LI Z W，LEI Z，ET AL，2012. Correcting ionospheric effects and monitoring two-dimensional displacement fields with multiple-aperture InSAR technology with application to the Yushu earthquake[J]. Science China Earth Sciences，55(12):1961-1971.

IKARI M J，MARONE C，SAFFER D M，et al，2013. Slip weakening as a mechanism for slow earthquakes[J]. Nature Geoscience，6(6):468-472.

JIANG W，LI Z，VAN DAM T，et al，2013. Comparative analysis of different environmental loading methods and their impacts on the GPS height time series[J]. Journal of Geodesy，87 (7):687-703.

JI C，LARSON M，TAN Y，et al，2004. Slip history of the 2003 San Simon earthquake constrained by combining 12 Hz GPS，strong motion，and teleseismic data[J]. Geophysical Research Letters，68(31):1029-1039.

JI K H，HERRING T A，2013. A method for detecting transient signals in GPS position time-series:Smoothing and principal component analysis[J]. Geophysical Journal International，193 (1):171-186.

JOLIVET R，SIMONS M，AGRAM P，et al，2015. Aseismic slip and seismogenic coupling along the central San Andreas Fault[J]. Geophysical Research Letters，42(2):297-306.

KATO A，OBARA K，IGARASHI T，et al，2012. Propagation of slow slip leading up to the 2011 Mw 9.0 Tohoku-Oki earthquake[J]. Science，335(69):705-708.

KOSITSKY A P，AVOUAC J P，2010. Avouac，inverting geodetic time series with a principal component analysis-based inversion method[J]. Journal of Geophysical Research:Solid Earth，115(B3):393-401.

LANGBEIN J，2012. Estimating rate uncertainty with maximum likelihood:differences between power-law and flicker-random-walk models[J]. Journal of Geodesy，86(9):775-783.

LANGBEIN J，BOCK Y，2004. High-rate real-time GPS network at Parkfield:Utility for detecting fault slip and seismic displacements[J]. Geophysical Research Letters，311(15):289-302.

LARSON K，BILICH A，AXELRAD P，2007. Improving the precision of high 2rate GPS[J]. Geophysical Research Letters，112(22)，367-388.

LI J L，et al，2001. A statistical selection of on-plate sites based on a VLBI global solution[J]. Earth Planets Space，53(20):1111-1119.

LOVSE J W, TESKEY W F, LACHAPE U G, et al, 1995. Dynamic deformation monitoring of tall structures using GPS technology[J]. Journal of Surveying Engineering, 121(1):35-40.

MAO A, HARRISON C G A, DIXON T H. 1999. Noise in GPS coordinate time series[J]. Journal of Geophysical Research: Solid Earth, 104(B2):2797-2816.

MARSAN D, REVERSO T, HELMSTETTER A, et al, 2013. Slow slip and aseismic deformation episodes associated with the subducting Pacific plate offshore Japan, revealed by changes in seismicity[J]. Journal of Geophysical Research: Solid Earth, 118(9):4900-4909.

MCCAFFREY R, KING R W, PAYNE S J, et al, 2013. Active tectonics of northwestern US inferred from GPS-derived surface velocities[J]. Journal of Geophysical Research: SolidEarth, 118(2):709-723.

MCGUIRE J J, SEGALL P, 2003. Imaging of aseismic fault slip transients recorded by dense geodetic networks[J]. Geophysical Journal International, 155(3):778-788.

MENDOZA L, RICHTER A, FRITSCHE M, et al, 2015. Block modeling of crustal deformation in Tierra del Fuego from GNSS velocities[J]. Tectonophysics, 147(7):35-40.

NAKATA R, MIYAZAKI S I, HYODO M, et al, 2014. Reproducibility of spatial and temporal distribution of aseismic slips in Hyuga-nada of southwest Japan[J]. Marine Geophysical Research, 35(3):311-317.

NICKITOPOULOU A, PROTOPSALTI K, STIROS S, 2006. Monitoring dynamic and quasi-static deformations of large flexible engineering structures with GPS: Accuracy, limitations and promises[J]. Engineering Structures, 28(10):1471-1482.

NIKOLAIDIS R, 2002. Observation of geodetic and seismic deformation with the Global Positioning System[J]. Geophysical Research Letters, 11(2):67-74.

OHTANI R, MCGUIRE J J, SEGALL P, 2010. Network strain filter: A new tool for monitoring and detecting transient deformation signals in GPS arrays[J]. Journal of Geophysical Research: Solid Earth, 115(B12): 124-128.

OKADA Y, 1985. Surface deformation due to shear and tensile faults in a half-space[J]. Bulletin of the Seismological Society of America, 92(2):1018-1040.

OKADA Y, 1992. Internal deformation due to shear and tensile faults in a half-space[J]. Bulletin of the Seismological Society of America, 82(2):1018-1040.

PENG Z, GOMBERG J, 2010. An integrated perspective of the continuum between earthquakes and slow-slip phenomena[J]. Nature Geoscience, 3(9):599-607.

PERFETTINI H, AVOUAC J P, TAVERA H, et al, 2010. Seismic and aseismic slip on the central Peru megathrust[J]. Nature, 465(94):78-81.

POLLITZ F F, 2003. Postseismic relaxation theory on a laterally heterogeneous viscoelastic model[J]. Geophysical Journal International, 155(30):57-78.

QU W, LU Z, ZHANG Q, et al, 2014. Kinematic model of crustal deformation of Fenwei basin, China based on GPS observations[J]. Journal of Geodynamics, 75(2):1-8.

RADIGUET M, COTTON F, VERGNOLLE M, et al, 2011. Spatial and temporal evolution of a long term slow slip event: the 2006 Guerrero Slow Slip Event [J]. Geophysical Journal International, 184(2):816-828.

RIEL B, SIMONS M, AGRAM P, et al,2014. Detecting transient signals in geodetic time series using sparse estimation techniques[J]. Journal of Geophysical Research: Solid Earth,119(6): 5140-5160.

ROGERS G, DRAGERT H,2003. Episodic tremor and slip on the Cascadia subduction zone: the chatter of silent slip[J]. Science,300(27):1942-1943.

SANTAMARÍA-GÓMEZ A, BOUIN M N, COLLILIEUX X, et al, 2011. Correlated errors in GPS position time series: implications for velocity estimates [J]. Journal of Geophysical Research: Solid Earth,116(B1):57-62.

SAVAGE J C, BURFORD R O, 1973. Geodetic determination of the relative plate motion in central California[J]. Geophysical Journal International,78(41):832-845.

SEGALL P, DESMARAIS E K, SHELLY D, et al, 2006. Earthquakes triggered by silent slip events on Kilauea volcano, Hawaii[J]. Nature, 442(98):71-74.

SEGALL P, MATTHEWS M, 1997. Time dependent inversion of geodetic data[J]. Journal of Geophysical Research: Solid Earth,102(B10):22391-22409.

SEGALL P R,2000. Bürgmann and Matthews, Time-dependent triggered afterslip following the 1989 Loma Prieta earthquake [J]. Journal of Geophysical Research: Solid Earth, 105 (B3): 5615-5634.

SHEN Y, LI W, XU G, et al,2014. Spatiotemporal filtering of regional GNSS network's position time series with missing data using principle component analysis[J]. Journal of Geodesy. 88 (1):1-12.

SHEN Z K, JACKSON D D, GE B X, 1996. Crustal deformation across and beyond the Los Angeles basin from geodetic measurements[J]. Journal of Geophysical Research: Solid Earth, 101(B12):27957-27980.

SREBRO N, JAAKKOLA T, 2003. Weighted low-rank approximations [C]//ICML. (3): 720-727.

STEKETEE J A,1958. On Volterra's dislocations in a semi-infinite elastic medium[J]. Canadian Journal of Physics, 36(2):192-205.

TAMURA Y, MATSUI M, PAGNINI L C, et al,2002. Measurement of wind-induced response of buildings using RTK-GPS[J]. Journal of Wind Engineering and Industrial Aerodynamics, 90(13):1783-1793.

TAPE C, MUSE P, SIMONS M, et al,2009. Multiscale estimation of GPS velocity fields[J]. Geophysical Journal International, 179(2):945-971.

TEFERLE F N, ORLIAC E J, BINGLEY R M ,2007. An assessment of Bernese GPS software precise point positioningusing IGS final products for global site velocities[J]. GPS Solutions,11 (3):205-213.

WALLACE L M, BARTLOW N, HAMLING I, et al,2014. Quake clamps down on slow slip[J].

Geophysical Research Letters,20(3):168-172.

WANG R, DIAO F, HOECHNER A,2013. SDM-a geodetic inversion code incorporating with layered crust structure and curved fault geometry[C]// EGU General Assembly Conference. EGU General Assembly Conference Abstracts.

WANG R, LORENZO-MARTÍN F, ROTH F, 2006. PSGRN/PSCMP—a new code for calculating co-and post-seismic deformation, geoid and gravity changes based on the viscoelastic-gravitational dislocation theory[J]. Computers & Geosciences,32(4):527-541.

WECH A G,BARTLOW N M,2014. Slip rate and tremor genesis in Cascadia[J]. Geophysical Research Letters, 41(2):392-398.

WILLIAMS S D P,2003. The effect of coloured noise on the uncertainties of rates estimated from geodetic time series[J]. Journal of Geodesy, 76(9-10):483-494.

WILLIAMS S D P, 2008. CATS: GPS coordinate time series analysis software [J]. GPS Solutions. 12(2):147-153.

WILLIAMS S D P,BOCK Y,FANG P,et al,2004. Error analysis of continuous GPS position time series[J]. Journal of Geophysical Research:Solid Earth,109(B3):33-43.

WRIGHT T J, PARSONS B E, LU Z,2004. Toward mapping surface deformation in three dimensions using InSAR[J]. Geophysical Research Letters, 31(1):169-178.

WU J C,LIU R Z,CHEN Y Q,et al,2011. Analysis of the crust deformations before and after the 2008 Wenchuan Mw8. 0 earthquake based on GPS measurements[J]. International Journal of Geophysics,46(7):21-25.

WU J, LIU R, CHEN Y, et al,2011. Analysis of the Crust Deformations before and after the 2008 Wenchuan Ms8. 0 Earthquake Based on GPS Measurements[J]. International Journal of Geophysics, 20(3):34-39.

WU Y,JIANG Z,ZHAO J,et al,2015. Crustal deformation before the 2008 Wenchuan Mw8. 0 earthquake studied using GPS data[J]. Journal of Geodynamics, 85(3):11-23.

XU K K,WU J C,2016. Regional crustal deformation characteristics before and after lushan Ms 7. 0 earthquake detected by GNSS network[J]. International Symposium on Geodesy and Geodynamics,37(16):23-25.

XU P, SHI C, FANG R, et al,2013. High-rate precise point positioning (ppp) to measure seismic wave motions: an experimental comparison of gps ppp with inertial measurement units[J]. Journal of Geodesy, 87(4):361-372.

ZHANG G,2009. Coseismic fault slip of the 2008 Wenchuan Ms 8. 0 earthquake inverted jointly from InSAR and GPS measurements[C]// AGU Fall Meeting. AGU Fall Meeting Abstracts.

ZHANG X,ZHA X,DAI Z,2015. Stress changes induced by the 2008 Wenchuan earthquake, China[J]. Journal of Asian Earth Sciences, 98(34):98-104.

ZHAO D, QU C, SHAN X, et al,2018. InSAR and GPS derived coseismic deformation and fault model of the 2017 Ms7. 0 Jiuzhaigou earthquake in the Northeast Bayanhar block[J]. Tectonophysics, 726(78):86-99.

附录 A　顾计不同噪声的川滇地区陆态网络 GNSS 基准站速度估计结果

测站	N、E、U 分量	白噪声		白噪声＋幂律噪声		
		速度/(mm/a)	中误差/mm	幂律指数	速度/(mm/a)	中误差/mm
KUNM	N	−15.9	0.1	1.4	−15.2	0.9
	E	33.7	0.1	1.4	33.7	1.0
	U	−4.1	0.2	1.0	−4.0	1.2
SCGZ	N	−9.4	0.0	0.9	−9.5	0.2
	E	46.4	0.0	1.3	46.2	0.4
	U	−1.0	0.1	1.0	−1.6	0.8
SCJL	N	−17.5	0.0	1.1	−17.5	0.3
	E	38.9	0.0	0.9	39.3	0.3
	U	2.4	0.1	1.1	3.2	1.1
SCJU	N	−7.6	0.0	1.3	−8.0	0.5
	E	34.2	0.1	1.3	33.9	0.6
	U	7.1	0.5	2.3	0.1	87.8
SCLH	N	−11.3	0.0	1.1	−11.6	0.3
	E	45.8	0.0	0.9	45.8	0.2
	U	−0.1	0.1	1.1	−0.2	1.0
SCLT	N	−15.4	0.1	1.1	−15.4	0.4
	E	43.0	0.1	0.9	43.0	0.3
	U	1.9	0.2	1.1	2.2	1.6
SCMB	N	−8.1	0.0	1.3	−8.6	0.6
	E	32.5	0.0	1.2	32.6	0.5
	U	20.1	0.4	2.0	14.7	13.5
SCML	N	−19.7	0.0	0.8	−19.8	0.2
	E	47.6	0.0	1.1	47.5	0.3
	U	−3.5	0.1	1.0	−4.0	1.0
SCMN	N	−16.4	0.0	1.1	−16.8	0.3
	E	37.9	0.0	0.9	37.9	0.2
	U	−0.2	0.1	1.1	−0.8	1.1
SCMX	N	−6.2	0.0	1.2	−6.3	0.4
	E	44.6	0.0	0.8	44.7	0.2
	U	9.5	0.1	1.0	9.2	0.9

续表

测站	N、E、U 分量	白噪声		白噪声＋幂律噪声		
		速度 /(mm/a)	中误差 /mm	幂律指数	速度 /(mm/a)	中误差 /mm
SCNN	N	−17.1	0.1	0.7	−17.1	0.2
	E	36.4	0.1	0.4	36.4	0.2
	U	1.2	0.2	0.8	1.3	1.1
SCPZ	N	−17.5	0.0	1.2	−17.7	0.5
	E	35.0	0.0	0.9	34.9	0.3
	U	0.8	0.1	1.1	0.8	1.3
SCSM	N	−11.8	0.0	1.2	−11.6	0.4
	E	37.5	0.0	1.2	38.0	0.4
	U	0.7	0.1	1.1	0.2	1.3
SCTQ	N	−15.7	0.1	1.8	−15.1	3.0
	E	32.6	0.1	1.4	33.0	0.7
	U	2.1	0.1	0.9	1.6	0.7
SCXC	N	−16.9	0.0	1.1	−17.1	0.3
	E	40.6	0.0	0.9	40.6	0.2
	U	1.1	0.1	1.2	1.1	1.2
SCXD	N	−14.3	0.0	1.1	−14.8	0.3
	E	37.6	0.0	0.8	37.5	0.2
	U	−0.7	0.1	1.0	−1.1	0.9
SCXJ	N	−7.6	0.0	1.3	−7.3	0.5
	E	40.7	0.0	1.2	40.8	0.4
	U	−0.8	0.1	1.0	−1.2	0.8
SCYX	N	−13.0	0.0	1.1	−13.2	0.3
	E	37.1	0.0	0.7	37.1	0.2
	U	−2.7	0.1	1.0	−3.0	0.9
SCYY	N	−17.7	0.0	1.2	−18.3	0.5
	E	37.5	0.0	0.7	37.5	0.2
	U	0.2	0.1	1.1	−0.3	1.0
SHAO	N	−10.9	0.0	1.2	−11.0	0.4
	E	33.4	0.0	1.2	32.4	0.6
	U	−2.5	0.1	1.0	−1.7	0.8
TNML	N	−7.8	0.0	1.2	−7.7	0.5
	E	30.6	0.0	1.2	29.6	0.6
	U	−0.5	0.1	0.9	−0.6	0.6
URUM	N	6.5	0.0	1.4	6.1	0.9
	E	31.8	0.0	1.2	31.9	0.4
	U	3.2	0.1	1.1	1.7	1.3

续表

测站	N、E、U 分量	白噪声		白噪声＋幂律噪声		
		速度 /(mm/a)	中误差 /mm	幂律指数	速度 /(mm/a)	中误差 /mm
WUHN	N	−9.4	0.0	1.3	−9.4	0.5
	E	35.3	0.1	1.2	34.8	0.7
	U	−2.3	0.1	1.4	−2.8	2.1
XIAG	N	−16.6	0.1	0.6	−16.7	0.3
	E	29.2	0.1	0.6	29.2	0.4
	U	−0.3	0.2	0.8	0.9	1.0
XZCD	N	−5.2	0.0	1.2	−5.4	0.4
	E	48.8	0.0	0.7	48.9	0.1
	U	0.9	0.1	1.2	0.9	1.5
XZCY	N	−9.4	0.1	1.0	−9.8	0.5
	E	41.0	0.1	0.8	41.2	0.3
	U	4.4	0.2	1.1	3.2	1.4
YNCX	N	−16.5	0.0	1.1	−16.9	0.4
	E	30.7	0.0	1.1	31.7	0.5
	U	1.2	0.1	1.0	0.4	0.9
YNDC	N	−12.0	0.0	0.7	−12.0	0.2
	E	34.1	0.0	0.8	34.1	0.2
	U	1.0	0.2	0.9	1.5	1.0
YNGM	N	−11.3	0.1	0.6	−11.3	0.3
	E	24.6	0.1	0.7	24.8	0.6
	U	0.6	0.2	0.7	1.0	1.1
YNHZ	N	−10.4	0.0	1.1	−11.0	0.5
	E	34.6	0.0	0.7	34.5	0.2
	U	−0.3	0.1	0.9	−0.6	0.8
YNJD	N	−15.6	0.1	1.1	−15.8	0.5
	E	28.4	0.1	0.7	28.7	0.5
	U	1.1	0.1	1.1	−0.6	1.4
YNJP	N	−8.5	0.0	1.4	−9.4	0.9
	E	33.5	0.0	1.1	33.5	0.3
	U	−2.0	0.1	1.1	−2.9	1.4
YNLA	N	−10.1	0.1	2.0	−11.1	6.0
	E	27.0	0.1	1.8	26.5	2.6
	U	−3.4	0.1	1.2	−3.2	1.4
YNLC	N	−13.4	0.0	1.0	−13.5	0.3
	E	29.1	0.1	0.7	28.9	0.3
	U	0.1	0.1	1.0	−0.9	1.0

续表

测站	N、E、U 分量	白噪声		白噪声＋幂律噪声		
		速度 /(mm/a)	中误差 /mm	幂律指数	速度 /(mm/a)	中误差 /mm
YNLJ	N	−18.2	0.0	1.3	−18.8	0.5
	E	31.5	0.0	0.9	31.6	0.2
	U	0.7	0.1	1.1	−0.0	1.0
YNMH	N	−11.2	0.1	1.4	−12.3	0.9
	E	28.5	0.1	1.1	28.4	0.4
	U	−0.9	0.1	1.1	−1.1	1.2
YNMJ	N	−14.8	0.0	1.3	−15.5	0.7
	E	29.7	0.0	0.9	29.8	0.2
	U	−0.2	0.1	1.2	−1.9	1.3
YNML	N	−8.5	0.1	1.8	−9.1	2.4
	E	34.1	0.0	1.3	34.1	0.7
	U	0.0	0.1	1.1	−0.8	1.0
YNMZ	N	−8.5	0.0	0.8	−8.8	0.3
	E	33.3	0.1	0.4	33.3	0.1
	U	−2.3	0.1	1.1	−3.4	0.9
YNRL	N	−8.4	0.0	1.3	−8.4	0.6
	E	22.4	0.0	1.2	22.5	0.3
	U	0.3	0.1	1.1	−0.4	1.0
YNSD	N	−13.7	0.0	1.1	−13.9	0.4
	E	25.8	0.1	0.7	25.8	0.2
	U	1.3	0.1	1.1	1.2	1.3
YNSM	N	−13.9	0.1	1.8	−13.5	2.6
	E	28.1	0.0	1.4	28.1	0.8
	U	−2.6	0.1	1.2	−3.5	1.3
YNTC	N	−10.6	0.0	1.0	−10.9	0.4
	E	23.9	0.1	1.3	24.2	1.1
	U	1.5	0.1	1.1	1.1	1.2
YNTH	N	−13.5	0.0	1.0	−13.9	0.3
	E	31.6	0.0	0.9	31.6	0.3
	U	0.6	0.1	1.0	0.2	0.9
YNWS	N	−10.3	0.0	1.4	−11.4	1.0
	E	30.1	0.1	1.4	30.0	0.9
	U	2.6	0.1	0.9	2.3	1.0
YNXP	N	−16.4	0.1	1.4	−15.9	1.4
	E	30.6	0.1	1.3	29.8	1.3
	U	1.0	0.1	1.0	0.2	1.0

续表

测站	N、E、U 分量	白噪声		白噪声＋幂律噪声		
		速度 /(mm/a)	中误差 /mm	幂律指数	速度 /(mm/a)	中误差 /mm
YNYA	N	−16.3	0.0	1.1	−16.5	0.4
	E	32.2	0.0	0.8	32.2	0.2
	U	1.9	0.1	1.1	2.2	1.2
YNYL	N	−16.3	0.0	1.0	−16.5	0.3
	E	27.0	0.0	0.7	26.9	0.2
	U	−1.3	0.2	1.2	−2.3	1.5
YNYM	N	−17.0	0.0	1.1	−17.2	0.4
	E	32.9	0.0	1.0	33.0	0.3
	U	1.2	0.1	1.0	0.7	0.9
YNYS	N	−17.1	0.0	1.1	−17.4	0.4
	E	34.8	0.0	0.8	34.7	0.2
	U	1.1	0.1	1.0	0.1	0.9
YNZD	N	−20.3	0.0	1.1	−20.6	0.4
	E	33.5	0.1	0.7	33.4	0.3
	U	−1.1	0.1	0.8	−1.2	0.9

附录 B　主成分分析方法的相关数学理论公式推导

B.1　高维向低维的降维思想

设 $\boldsymbol{X}$ 是一个 $m \times n$ 的数据矩阵，我们将 $\boldsymbol{X}$ 视为 n 个 m 维点的集合，考虑从高维向低维降维的问题，即是寻找一个 k 维空间 $(k < n)$，$\boldsymbol{X}$ 内的所有数据点在 k 维中的空间投影点与原始数据点最接近，从而用这些投影点描述 m 个原始数据点，并保证信息损失最小。

先从 $k=1$ 开始分析，即要在 p 维中挑选一个方向，使得 m 个点与过原点此方向的直线上的投影最接近，利用几何的思想表述为：记直线 L_1 的方向单位向量为 $\boldsymbol{u}_1$，则 $\boldsymbol{x}_i$ 到 L_1 的投影为 $\boldsymbol{x}_i^{\mathrm{T}} \boldsymbol{u}_1$，所谓接近的准则是误差平方和，即式（B.1）达到最小。

$$\sum_{i=1}^{n} \left\| \boldsymbol{x}_i - (\boldsymbol{x}_i^{\mathrm{T}} \boldsymbol{u}_1) \boldsymbol{u}_1 \right\|^2 \tag{B.1}$$

利用几何勾股定理有

$$\sum_{i=1}^{n} \left\| \boldsymbol{x}_i - (\boldsymbol{x}_i^{\mathrm{T}} \boldsymbol{u}_1) \boldsymbol{u}_1 \right\|^2 = \sum_{i=1}^{n} \left(\left\| \boldsymbol{x}_i \right\|^2 - \left\| \boldsymbol{x}_i^{\mathrm{T}} \boldsymbol{u}_1 \right\|^2 \right) = \sum_{i=1}^{n} \left\| \boldsymbol{x}_i \right\|^2 - \sum_{i=1}^{n} \left\| \boldsymbol{x}_i^{\mathrm{T}} \boldsymbol{u}_1 \right\|^2 \tag{B.2}$$

由于 $\sum\limits_{i=1}^{n} \left\| \boldsymbol{x}_i \right\|^2$ 固定，式（B.2）的最小化问题等价于 $\sum\limits_{i=1}^{n} \left\| \boldsymbol{x}_i^{\mathrm{T}} \boldsymbol{u}_1 \right\|^2$ 最大化，利用矩阵表示为：求 $\boldsymbol{u}$ 使得 $\boldsymbol{u}^{\mathrm{T}} \boldsymbol{X}^{\mathrm{T}} \boldsymbol{X} \boldsymbol{u}$ 最大。基于二次型极值的性质，显然这个最大值就是 $\boldsymbol{X}^{\mathrm{T}} \boldsymbol{X}$ 的最大特征值 λ_1，而达到这个最大值的 $\boldsymbol{u}$ 就是 λ_1 所对应的特征向量 $\boldsymbol{u}_1$，这样决定的 L_1 就是对数据具有最优拟合的一维空间。

接下来分析二维空间拟合，即是再求一个与 $\boldsymbol{u}_1$ 正交的单位向量 $\boldsymbol{u}_2$，由 $\boldsymbol{u}_1$ 和 $\boldsymbol{u}_2$ 产生二维空间，作 m 个点到这个二维空间的投影，使得这些投影点与原始数据点最接近，即满足 $\boldsymbol{u}_1^{\mathrm{T}} \boldsymbol{u}_2 = 0$ 的单位向量 $\boldsymbol{u}_2$ 使式（B.3）达到最小。

$$\sum_{i=1}^{n} \left\| \boldsymbol{x}_i - (\boldsymbol{x}_i^{\mathrm{T}} \boldsymbol{u}_1) \boldsymbol{u}_1 - (\boldsymbol{x}_i^{\mathrm{T}} \boldsymbol{u}_2) \boldsymbol{u}_2 \right\|^2 \tag{B.3}$$

同样由几何勾股定理，有

$$\sum_{i=1}^{n} \left\| \boldsymbol{x}_i - (\boldsymbol{x}_i^{\mathrm{T}} \boldsymbol{u}_1) \boldsymbol{u}_1 - (\boldsymbol{x}_i^{\mathrm{T}} \boldsymbol{u}_2) \boldsymbol{u}_2 \right\|^2 = \sum_{i=1}^{n} \left(\left\| \boldsymbol{x}_i \right\|^2 - \left\| \boldsymbol{x}_i^{\mathrm{T}} \boldsymbol{u}_1 \right\|^2 - \left\| \boldsymbol{x}_i^{\mathrm{T}} \boldsymbol{u}_2 \right\|^2 \right) =$$

$$\sum_{i=1}^{n} \left\| \boldsymbol{x}_i \right\|^2 - \sum_{i=1}^{n} \left\| \boldsymbol{x}_i^{\mathrm{T}} \boldsymbol{u}_1 \right\|^2 - \sum_{i=1}^{n} \left\| \boldsymbol{x}_i^{\mathrm{T}} \boldsymbol{u}_2 \right\|^2 \tag{B.4}$$

式(B.4)达到最小即是 $\sum\limits_{i=1}^{n}\|\boldsymbol{x}_i^{\mathrm{T}}\boldsymbol{u}_2\|^2$ 达到最大,同理,由二次型的极值性质有:$\boldsymbol{u}_2$ 即为 $\boldsymbol{X}^{\mathrm{T}}\boldsymbol{X}$ 的第二大特征值所对应的特征向量。

同上类推,如果设 $\boldsymbol{X}^{\mathrm{T}}\boldsymbol{X}$ 的特征值 $\lambda_1 > \lambda_2 > \cdots > \lambda_k > 0$,其对应的标准正交特征向量分别为 $\boldsymbol{u}_1$、$\boldsymbol{u}_2$、$\cdots$、$\boldsymbol{u}_k$,有结论:对任意 k,$0 < k < n$,在所有可能的 k 维子空间中,以 $\boldsymbol{X}^{\mathrm{T}}\boldsymbol{X}$ 的前 k 个标准正交特征向量 $\boldsymbol{u}_1$、$\boldsymbol{u}_2$、$\cdots$、$\boldsymbol{u}_k$ 构成的子空间,使 $\boldsymbol{x}_1$、$\boldsymbol{x}_2$、$\cdots$、$\boldsymbol{x}_n$ 与其在子空间上的投影具有最小误差平方和。

B. 2　主成分对原始数据的恢复

记 $\boldsymbol{y}_j = \boldsymbol{X}\boldsymbol{u}_j$,$j = 1, 2, \cdots, k$ 表示 $\boldsymbol{X}$ 的 k 个主成分,用矩阵表示为

$$\boldsymbol{Y} = \begin{bmatrix} \boldsymbol{y}_1 & \boldsymbol{y}_2 & \cdots & \boldsymbol{y}_k \end{bmatrix} = \boldsymbol{XU} \tag{B.5}$$

其中,$\boldsymbol{U} = (\boldsymbol{u}_1, \boldsymbol{u}_2, \cdots, \boldsymbol{u}_k)$,由于

$$\boldsymbol{Y}^{\mathrm{T}}\boldsymbol{Y} = \boldsymbol{U}^{\mathrm{T}}\boldsymbol{X}^{\mathrm{T}}\boldsymbol{X}\boldsymbol{U} = \boldsymbol{\Lambda} \tag{B.6}$$

主成分之间相互正交,并且第 j 个主成分的模为 $\sqrt{\lambda_j}$。同时,由于特征向量 $\boldsymbol{U}$ 的正交性,则有

$$\boldsymbol{X} = \boldsymbol{Y}\boldsymbol{U}^{\mathrm{T}} \tag{B.7}$$

式(B.7)表示用主成分可恢复原始数据,如果选择部分主成分对原始数据进行逼近,则有最优化近似为

$$\boldsymbol{x}_i \approx \sum_{j=1}^{p} \boldsymbol{u}_{ij}\boldsymbol{y}_j \quad (i = 1, \cdots, k) \tag{B.8}$$

对任意的 p,$1 < p < k$,逼近误差平方和为

$$d_p \triangleq \sum_{i=1}^{k}\left\| \boldsymbol{x}_i - \sum_{j=1}^{p}\boldsymbol{u}_{ij}\boldsymbol{y}_j \right\|^2 = \sum_{i=1}^{k}\|\boldsymbol{x}_i\|^2 - \sum_{i=1}^{k}\sum_{j=1}^{p}(\sqrt{\lambda_j}\boldsymbol{u}_{ij})^2 =$$
$$\mathrm{tr}(\boldsymbol{X}^{\mathrm{T}}\boldsymbol{X}) - \sum_{j=1}^{p}\lambda_j\sum_{i=1}^{k}\boldsymbol{u}_{ij}^2 = \sum_{i=1}^{k}i - \sum_{j=1}^{p}\lambda_j = \sum_{j=p+1}^{k}\lambda_j \tag{B.9}$$

式中,$\mathrm{tr}(\boldsymbol{X}^{\mathrm{T}}\boldsymbol{X})$ 表示数据 $\boldsymbol{X}$ 的总变差,λ_j 表示主成分 $\boldsymbol{y}_j$ 对数据 $\boldsymbol{X}$ 的变差贡献,$\sum\limits_{j=1}^{p}\lambda_j$ 表示前 p 个主成分对数据 $\boldsymbol{X}$ 的总变差贡献率。

从数据恢复损失信息最小的角度来说,用主成分逼近是最优的。

B. 3　主成分计算

通常采用经典正交分解(EOF)的方法计算主成分:

(1)首先对数据矩阵 $\boldsymbol{X}$ 进行中心化处理,将数据矩阵 $\boldsymbol{X}$ 转换成一个列均值为 0 的中心化矩阵。

(2)计算数据矩阵 $\boldsymbol{X}$ 的协方差矩阵 $\boldsymbol{B}$ 的特征值 $\lambda_1 > \lambda_2 > \cdots > \lambda_k > 0$ 及其对

应的标准正交特征向量 u_1、u_2、$\cdots$、u_k,矩阵 B 及其谱分解表示为

$$B = X^T X = U\Lambda U^T \tag{B.10}$$

其中,$U = \begin{bmatrix} u_1 & u_2 & \cdots & u_k \end{bmatrix}$,$\Lambda = \mathrm{diag}(\lambda_1, \lambda_2, \cdots, \lambda_k)$。

（3）计算主成分对总变差的累积贡献率为

$$\alpha_p \triangleq \frac{\sum\limits_{i=1}^{p} \lambda_i}{\sum\limits_{i=1}^{k} \lambda_i} \tag{B.11}$$

（4）与事先选定的累积贡献率 c 进行对比,确定使 $\alpha_p > c$ 的最小 p。

（5）计算 p 个主成分,即

$$y_j = X u_j \quad (j = 1, 2, \cdots, p) \tag{B.12}$$

此外,Savage(1973)提出了运用奇异值分解进行主成分分析的方法。

对一个数据矩阵 X,首先直接对矩阵 X 进行奇异值分解,即

$$X = E\Lambda C^T \tag{B.13}$$

其中,E、Λ 和 C 分别表示矩阵 X 的左特征向量、特征值向量和右特征向量,满足,有

$$E E^T = I, \quad C C^T = I \tag{B.14}$$

奇异值分解与经典正交分解的参数对应关系为

$$Y = E\Lambda, \quad U = C \tag{B.15}$$

B.4 主成分分析方法共性误差滤波

对 GNSS 坐标残差时间序列组成的时空矩阵 X（m 个历元 n 个站点组成的 $m \times n$ 阵,不失一般性,设 $m > n$）进行经典正交分解或奇异值分解（Dong et al, 2006）,获取协方差矩阵 B 的特征向量矩阵 U 和特征值对角矩阵 Λ,其中矩阵 U 和矩阵 Λ 均为 $n \times n$ 矩阵。

主成分矩阵 A 表示为

$$a_k(i) = \sum_{j=1}^{n} X(i, j) u_k(j) \quad (i = 1, 2, \cdots, m; k = 1, 2, \cdots, n) \tag{B.16}$$

式中,$a_k = \begin{bmatrix} a_k(1) & a_k(2) & \cdots & a_k(m) \end{bmatrix}$ 称为时空矩阵 X 的第 k 个主成分,u_k 为其相应的特征向量。主成分是时间域的函数,其对应的特征向量表示的是该主成分在测站上的空间响应,因此,时空矩阵 X 可以分解为时间域函数与其相应的空间域响应函数的乘积的形式,即

$$X(i, j) = \sum_{k=1}^{n} a_k(i) u_k(j) \quad (i = 1, 2, \cdots, m; j = 1, 2, \cdots, n) \tag{B.17}$$

对特征值对角矩阵 $\mathbf{\Lambda}$ 进行降序排列,并相应地重排主成分及特征向量。通过探查每个主成分特征向量的空间响应,选择特征向量具有空间统一响应的主成分来恢复共性误差。从原始 GNSS 测站坐标时间序列中扣除共性误差即可有效消除区域 GNSS 网中的空间相关性。

附录 C　卡尔曼滤波方法相关公式推导

在工程系统随机控制和信息处理问题中,通常所得到的观测信号中不仅包含所需要信号,而且还包含有随机观测噪声和干扰信号(如 GNSS 观测中的多路径效应)。通过对一系列带有观测噪声和干扰信号的实际观测数据的处理,从中得到所需要的各种参量的估计值,这就是估计问题。在工程实践中,经常遇到的估计问题有两类:

(1)系统的结构参数部分全部未知或有待确定。

(2)实施最优控制需要随时了解系统的状态,而由于种种限制,系统中的一部分或全部状态变量不能直接测得。

这就形成了估计的两类问题——参数估计和状态估计。一般估计问题都是由估计验前信息、估计约束条件和估计准则三部分构成。若设

X 为 n 维未知状态参数,$\hat{X}$ 为其估值,Z 为与 X 有关的 m 维观测向量。它与 X 的关系可表示为

$$Z = f(X, V) \tag{C.1}$$

式中,V 为 m 维观测噪声,它的统计规律部分全部已知。

那么估计问题可叙述为:给定观测向量 Z 和观测噪声向量 V 的全部或部分统计规律,根据选定的准则和约束条件式(C.1),确定一个函数 $H(Z)$,使得它成为(在选定准则下)X 的最优估计,即

$$\hat{X} = H(Z) \tag{C.2}$$

为了衡量估计的好坏,必须有一个估计准则。在应用中,总是希望估计出来的参数或状态越接近实际值越好,即得到状态或参数的最优估计。很显然,估计准则可能是各式各样的,最优估计不是唯一的,它随着准则不同而不同。因此在估计时,要恰当选择衡量估计的准则。

如前所述,估计准则以某种方式度量了估计的精确性,它体现了估计是否最优的含义。准则应该用函数来表达,估计中称这个函数为指标函数或损失函数。一般来说,损失函数是根据验前信息选定的,而估计式是通过损失函数的极小或极大化导出来的,不同的损失函数,导致不同的估计方法,原则上,任何具有一定性质的函数都可用作损失函数。然而,从估计理论的应用实践看,可行的损失函数只有少数几种。目前估计中常用的三类准则是直接误差准则、误差函数矩准则和直接概率准则。

(1)直接误差准则,是指以某种形式的误差(如估计误差 $\tilde{X} = X - \hat{X}$ 或对 Z 的

拟合误差 $\tilde{Z} = Z - \hat{Z}, \hat{Z}$ 是 $\hat{X}$ 的函数)为自变量的函数作为损失函数的准则。在这类准则中,损失函数是误差的凸函数,估计式是通过损失函数的极小化导出的,而与观测噪声的统计特性无关。因此,这类准则特别适用于观测噪声统计规律未知的情况。最小二乘估计及其各种推广形式都是以误差的平方和最小作为估计准则。

(2)误差函数矩准则,是以直接误差函数作为损失函数的准则。特别地,我们可把损失函数 X 选作直接误差函数,以其均值为零和方差最小为准则。在这类准则中,要求观测噪声的有关矩是已知的,显然它比直接误差准则要求更多的信息,因而可望具有更高的精度。最小方差估计、线性最小方差估计等都属于这类准则的估计。

(3)直接概率准则,这类准则的损失函数是以某种形式误差的概率密度函数构成的。由于这类准则与概率密度有关,这就要求有关的概率密度函数存在,而且要知道其形式。另外,除少数情况外,在这类准则下,估计的导出比较困难,因此,这类准则的应用是极有限的。极大似然估计和极大验后估计就是这类准则的直接应用。

选取不同的估计准则,就有不同的估计方法,估计方法与估计准则是紧密相关的。相应于上述三类估计准则,常用的估计方法有最小二乘估计、线性最小方差估计、最小方差估计、极大似然估计及极大验后估计。

在估计问题中,常考虑如下随机线性离散系统模型,即

$$X_k = \boldsymbol{\Phi}_{k,k-1} X_{k-1} + \boldsymbol{\Gamma}_{k,k-1} W_{k-1} \tag{C.3}$$

$$Z_k = \boldsymbol{H}_k \boldsymbol{X}_k + \boldsymbol{V}_k \tag{C.4}$$

式中,X_k 是系统的 n 维状态向量,Z_k 是系统的 m 维观测向量,W_k 是系统的 p 维随机干扰向量,V_k 是系统的 m 维观测噪声向量,$\boldsymbol{\Phi}_{k,k-1}$ 是系统的 $n \times n$ 维状态转移矩阵,$\boldsymbol{\Gamma}_{k,k-1}$ 是 $n \times p$ 维干扰输入矩阵,$\boldsymbol{H}_k$ 是 $m \times n$ 维观测矩阵。

根据状态向量和观测向量在时间上存在的不同对应关系,我们可以将所估计问题分为滤波、预测和平滑,以式(C.3)和式(C.4)所描述的随机线性离散系统为例,设 $\hat{X}_{k,j}$ 为根据 j 时刻和 j 以前时刻的观测值,对 k 时刻状态 X 作出的某种估计,则按照 k 和 j 的不同对应关系,分别叙述如下:

(1)当 $k = j$ 时,$\hat{X}_{k,j}$ 的估计称为滤波,即依据过去直到现在的观测量来估计现在的状态。相应地,称 $\hat{X}_{k,k}$ 为 X_k 的最优滤波估计值,简记为 $\hat{X}_k$。这类估计主要用于随机系统的实时控制。

(2)当 $k > j$ 时,对 $\hat{X}_{k,j}$ 的估计称为预测或外推,即依据过去直到现在的观测量来预测未来的状态,并把 $\hat{X}_{k,j}$ 称为 X_k 的最优预测估计值。这类估计主要用于对系统未来状态的预测和实时控制。

(3)当 $k < j$ 时,对 $\hat{X}_{k,j}$ 的估计称为平滑或内插,即依据过去直至现在的观测

量去估计过去的历史状态,并称 $\hat{\boldsymbol{X}}_{k,j}$ 为 $\boldsymbol{X}_k$ 的最优平滑估计值。这类估计广泛应用于通过分析试验或试验数据,对系统进行评估。

在预测、滤波和平滑三类状态估计问题中,预测是滤波的基础,滤波是平滑的基础。下面将主要讨论滤波问题。

式(C.3)和式(C.4)分别称为系统的状态方程和量测方程,其中状态转移矩阵 $\boldsymbol{\Phi}_{k,k-1}$ 具有下列性质:

(1) $\boldsymbol{\Phi}_{k,k}=\boldsymbol{I}$,$\boldsymbol{I}$ 为单位矩阵。

(2) $\boldsymbol{\Phi}_{k,k-1}=\boldsymbol{\Phi}_{k-1,k}^{-1}$。

(3) $\boldsymbol{\Phi}_{k,k-1}\boldsymbol{\Phi}_{k-1,k-2}=\boldsymbol{\Phi}_{k,k-2}$。

下面我们将讨论离散系统的随机模型。

(1)动态噪声和观测噪声是零均值白噪声或高斯白噪声序列,即有

$$E(W_k)=0,\quad E(V_k)=0$$
$$\mathrm{cov}(W_k,W_l)=\boldsymbol{Q}_k\delta_{kl},\quad \mathrm{cov}(V_k,V_l)=\boldsymbol{R}_k\delta_{kl}$$

其中,$\boldsymbol{Q}_k$ 是已知的非负定矩阵,$\boldsymbol{R}_k$ 是已知的正定矩阵,δ_{kl} 为克罗内克函数。

(2)动态噪声与观测噪声完全不相关,即 $\mathrm{cov}(W_k,V_k)=0$。

(3)系统的初始状态 $\boldsymbol{X}_0$ 是具有正态分布或其他分布的随机向量,其均值和方差为 $\hat{\boldsymbol{X}}_0=E(\boldsymbol{X}_0)$,$\mathrm{var}(\boldsymbol{X}_0)=\boldsymbol{P}_0(\boldsymbol{P}_0\geqslant 0)$。

由以上性质,我们可以得到卡尔曼滤波的递推方程,即

$$\hat{\boldsymbol{X}}_{k/k-1}=\boldsymbol{\Phi}_{k,k-1}\hat{\boldsymbol{X}}_{k-1/k-1} \tag{C.5}$$

$$\hat{\boldsymbol{X}}_{k/k}=\hat{\boldsymbol{X}}_{k/k-1}+\boldsymbol{K}_k\left[\boldsymbol{Z}_k-\boldsymbol{H}_k\hat{\boldsymbol{X}}_{k/k-1}\right] \tag{C.6}$$

$$\boldsymbol{K}_k=\boldsymbol{P}_{k/k-1}\boldsymbol{H}_k^{\mathrm{T}}\left[\boldsymbol{H}_k\boldsymbol{P}_{k/k-1}\boldsymbol{H}^{\mathrm{T}}+\boldsymbol{R}_k\right]^{-1}\text{或 }\boldsymbol{K}_k=\boldsymbol{P}_{k/k-1}\boldsymbol{H}_k^{\mathrm{T}}\boldsymbol{R}_k^{-1} \tag{C.7}$$

$$\boldsymbol{P}_{k/k-1}=\boldsymbol{\Phi}_{k,k-1}\boldsymbol{P}_{k-1/k-1}\boldsymbol{\Phi}_{k,k-1}^{\mathrm{T}}+\boldsymbol{\Gamma}_{k-1}\boldsymbol{Q}_{k-1}\boldsymbol{\Gamma}_{k-1}^{\mathrm{T}} \tag{C.8}$$

$$\boldsymbol{P}_{k/k}=(\boldsymbol{I}-\boldsymbol{K}_k\boldsymbol{H}_k)\boldsymbol{P}_{k/k-1}(\boldsymbol{I}-\boldsymbol{K}_k\boldsymbol{H}_k)^{\mathrm{T}}+\boldsymbol{K}_k\boldsymbol{R}_k\boldsymbol{K}_k^{\mathrm{T}} \tag{C.9}$$

或 $\boldsymbol{P}_{k/k}=(\boldsymbol{I}-\boldsymbol{K}_k\boldsymbol{H}_k)\boldsymbol{P}_{k/k-1}$ (C.10)

$$\boldsymbol{P}_{k/k}=(\boldsymbol{P}_{k/k-1}^{-1}+\boldsymbol{H}_k^{\mathrm{T}}\boldsymbol{R}_k^{-1}\boldsymbol{H}_k)^{-1} \tag{C.11}$$

在有些文献中将预报值及其协方差矩阵的递推计算式式(C.5)和式(C.8)称为时间更新,滤波值及其协方差计算式式(C.6)、式(C.7)和式(C.9)称为测量更新。式(C.5)和式(C.6)又称为卡尔曼滤波器方程,由此两式可得到卡尔曼滤波器结构图,如图 C.1 所示,在图中,滤波器的输入是系统状态的观测值,输出是系统状态的估计值。

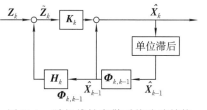

图 C.1　随机线性离散系统滤波结构

整个滤波算法可用方框图表示,如图 C.2 所示,从图 C.2 可以明显看出,卡尔

曼滤波具有两个计算回路,即增益计算回路和滤波计算回路。其中增益计算回路是独立计算的回路,而滤波计算回路依赖于增益计算回路。

由上述递推公式可知,在进行滤波之前,一般需要预先计算系统的状态转移矩阵 $\boldsymbol{\Phi}_{k,k-1}$、观测矩阵 $\boldsymbol{H}_k$、动态噪声协方差矩阵 $\boldsymbol{Q}_k$ 及观测噪声协方差矩阵 $\boldsymbol{R}_k$,作为滤波系统的参数存储在计算机内。当给定初始值 $\boldsymbol{X}_0$ 及 $\boldsymbol{P}_0$ 后,随着观测值 $\boldsymbol{Z}_k$ 的不断输入,滤波系统就不断地给出状态矢量的最佳估计 $\hat{\boldsymbol{X}}_{k/k}$,以及估计的协方差矩阵 $\boldsymbol{P}_{k/k}$,由于式(C.7)、式(C.8)和式(C.9)构成一个独立的循环,与观测值 $\{\boldsymbol{Z}_k\}$ 无关,因此可以预先离线计算出 $\{\boldsymbol{K}_k\}$,以减少在线计算量。

根据无偏性的要求,应选取滤波初始估计值 $\hat{\boldsymbol{X}}_0 = E(\boldsymbol{X}_0)$,$\text{var}(\boldsymbol{X}_0) = \boldsymbol{P}_0$ $(\boldsymbol{P}_0 \geqslant 0)$,这实际上是难以做到的。可以证明,当线性系统式(C.3)和式(C.4)为一致完全可控和一致完全可观测时,滤波估值 $\hat{\boldsymbol{X}}_{k/k}$ 与方差矩阵 $\boldsymbol{P}_{k/k}$ 将渐渐与初值的选取无关,这表明,即使滤波初值选取得不当,随着 $\boldsymbol{K}$ 的增加,滤波值 $\hat{\boldsymbol{X}}_{k/k}$ 与 $\boldsymbol{P}_{k/k}$ 的偏差也会逐渐消失。

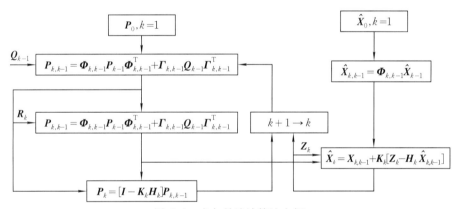

图 C.2 卡尔曼滤波算法方框

附录 D　陆态网络 GNSS 基线时间序列 GAMIT 和 Bernese 解算结果对比

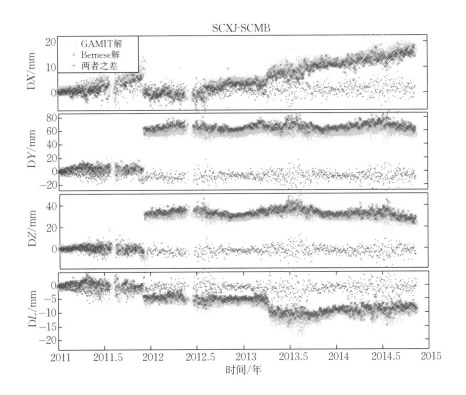

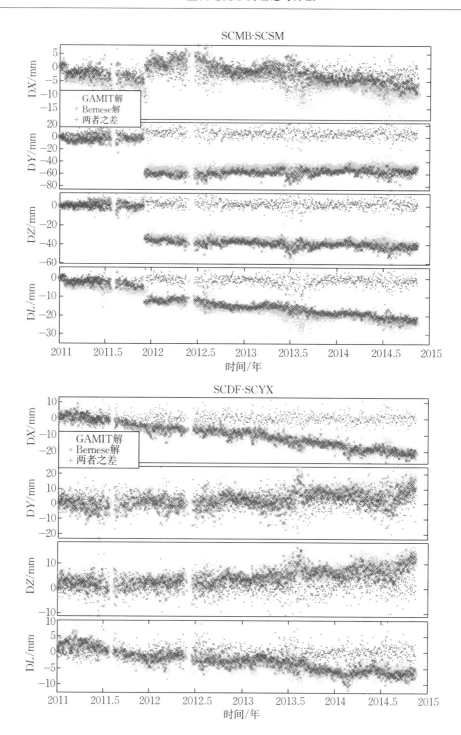

附录 E　陆态网络 GNSS 坐标时间序列 GAMIT 和 Bernese 解算结果对比

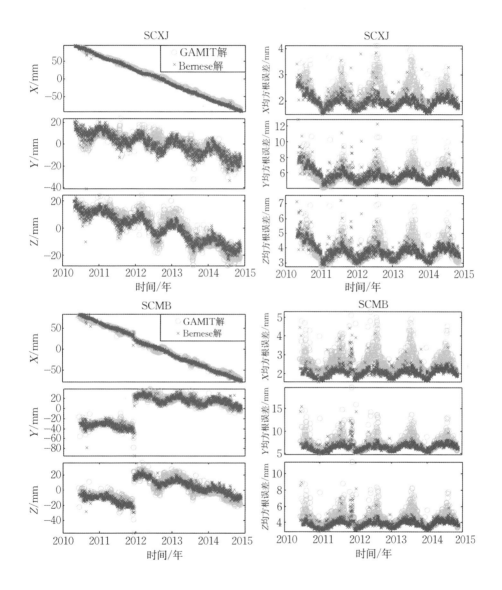

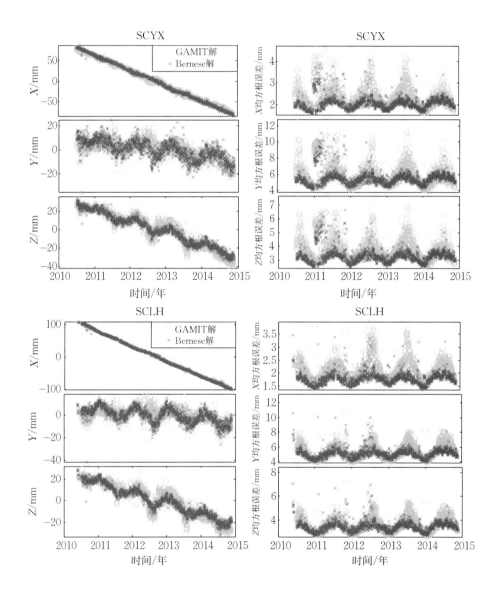

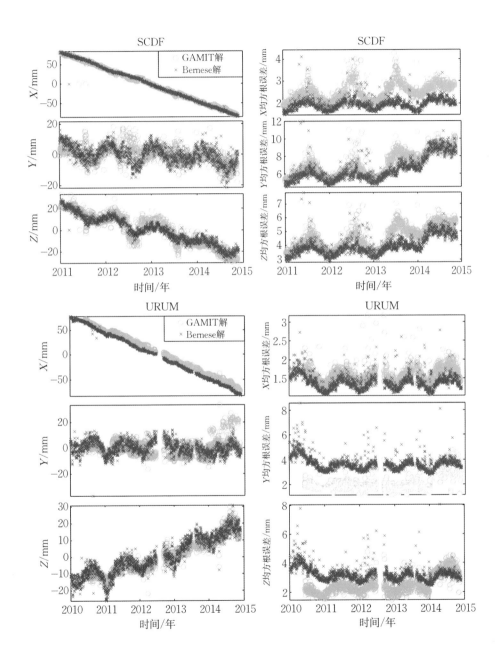

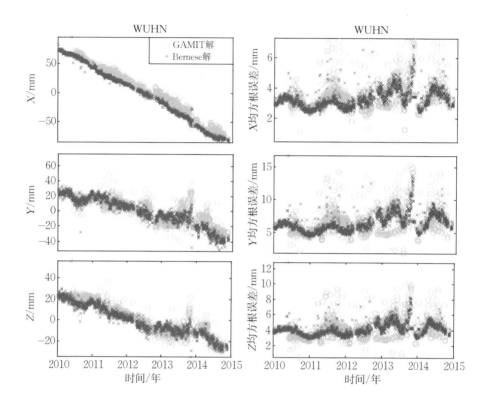